开发建设项目水利工程水土保持
设施竣工验收方法与实务

鲍宏喆 杨 二 申震洲 等编著

黄河水利出版社

· 郑州 ·

内 容 提 要

本书为水土保持工作内有关开发建设项目水利工程相关设计实例丛书,由直接参与开发建设项目水利工程水土保持设施竣工验收技术评估的人员撰写,在全面系统地总结了黄河流域、海河流域和淮河流域的大型水利工程水土保持设施竣工验收工作实例的基础上,叙述了水利工程水土保持设施竣工验收工作中水土保持防治分区、防治责任范围界定、水土保持工程和投资估算效益对比分析等。同时,详细地介绍了水利工程水土保持设施竣工验收的工作重点和技术方向,以及法律依据和最终目标结论。

本书可供从事水土保持工作的方案设计、施工、监测、监理、评估、后续设计、科研、教学等相关人员参考,也可作为大专院校师生的参考资料和工程实例读物。

图书在版编目(CIP)数据

开发建设项目水利工程水土保持设施竣工验收方法与实务/鲍宏喆等编著. —郑州:黄河水利出版社,2018.12
ISBN 978 - 7 - 5509 - 1643 - 2

Ⅰ.①开⋯ Ⅱ.①鲍⋯ Ⅲ.①水利工程 - 水土保持 - 工程验收 Ⅳ.①TV512

中国版本图书馆 CIP 数据核字(2018)第 263947 号

组稿编辑:岳晓娟 电话:0371 - 66020903 E-mail:2250150882@qq.com

出 版 社:黄河水利出版社
    地址:河南省郑州市顺河路黄委会综合楼 14 层   邮政编码:450003
发行单位:黄河水利出版社
    发行部电话:0371 - 66026940、66020550、66028024、66022620(传真)
    E-mail:hhslcbs@ 126. com
承印单位:河南新华印刷集团有限公司
开本:787 mm × 1 092 mm 1/16
印张:20
字数:462 千字   印数:1—1 000
版次:2018 年 12 月第 1 版   印次:2018 年 12 月第 1 次印刷

定价:89.00 元

前　言

　　水土保持工作是大型开发建设类项目的重要组成部分之一。大型水利工程属于大型开发建设类项目中比较特殊的一种,具有设计路线长、辐射范围广、对环境影响大等特点。水利工程从施工准备到动工兴建,再到竣工验收投入运行,往往需要经历较长的时间,如果没有有效的、科学的防治体系和方法,势必造成严重的水土流失。因此,国家强制规定项目负责单位必须编制水土保持方案,目的是为有效控制开发建设项目建设和运行期间所造成的水土流失提供科学有效的依据。开发建设项目水土保持设施验收技术评估的作用,一方面是行政验收的技术支持与确认,直接服务于行政验收,肩负着行政职能外延的责任;另一方面受建设单位委托,对建设单位在工程项目建设过程中实施的水土保持设施的数量、质量、进度及水土流失防治效果等方面进行确认和评定,承担咨询评估服务的角色。这就要求在技术评估工作中,技术评估单位要担当好行政职能外延和咨询评估服务的角色,处理好依法行政、业主需求和技术服务之间的关系,摆正自身位置,在工作中体现依法、求真、科学的作风,从而为技术评估工作奠定全面、稳固的技术和行政基础。

　　开发建设项目水土保持设施验收技术评估的主要工作内容包括:检查水土保持设施是否符合设计要求,施工质量、投资使用和管护责任落实情况,评价防治水土流失效果,对存在问题提出处理意见及建议等。

　　本书为水土保持工作内有关开发建设项目水利工程相关设计实例丛书,由直接参与开发建设项目水利工程水土保持设施竣工验收技术评估的人员撰写,在全面系统地总结了黄河流域、海河流域和淮河流域的大型水利工程水土保持设施竣工验收工作实例的基础上,叙述了水利工程水土保持设施竣工验收工作中水土保持防治分区、防治责任范围界定、水土保持工程和投资估算效益对比分析等。本书主要包括水利工程项目概况、水利工程项目区概况、水土保持方案和设计情况介绍、水利工程水土保持防治责任范围面积对比分析、水土保持工程质量评价、水土保持监理评价、水土保持监测评价、水土保持投资及资金管理评价、水土保持效果评价和总体结论等内容。同时,详细地介绍了水利工程水土保持设施验收的目标、依据及方法,还提供了对比分析以及使用的公式、计算方法和技术支撑资料。希望本书的出版能对我国水利工程水土保持验收工作起到阶段性显示作用,将我国水土保持生态文明建设推向更高水平。

　　本书撰写人员及分工如下:鲍宏喆撰写了前言,第 1 章,第 2 章第 2.1、2.2、2.5 节,第 3 章第 3.3、3.4、3.5、3.8 节和第 4 章 4.5、4.7、4.8 节,共计约 5.2 万字;杨二撰写了第 2 章第 2.3 节和第 3 章第 3.1、3.2 节,共计约 2 万字;申震洲撰写了第 2 章第 2.4、2.5、2.10 节,第 3 章第 3.6、3.7 节和第 4 章第 4.2、4.3 节,共计约 5 万字;倪用鑫撰写了第 3

章第3.8、3.9、3.10、3.11节和第4章第4.4节，共计约3万字；杨玉庆撰写了第2章第2.4、2.7、2.8、2.9、2.10节，第3章第3.2、3.7节和第4章第4.6节，共计约5万字；罗俊皓撰写了第2章第2.6、2.7、2.11节，第3章第3.2节和第4章和第4.1、4.2、4.3、4.5、4.6节，共计约4万字；吕锡芝撰写了第2章第2.5、2.8节，第3章第3.6、3.7、3.8节和第4章第4.1、4.2节，共计约5万字；黄静撰写了第2章第2.3、2.4节，第3章第3.9、3.10、3.11节和第4章第4.4、4.8节，共计约5万字；焦鹏撰写了第2章第2.7、2.9和第4章第4.5、4.8节，共计约3万字；金锦撰写了第3章第3.1、3.10、3.11节和第4章第4.1、4.3、4.6节，共计约3万字；张利敏撰写了第2章第2.8、2.9、2.10、2.11节和第3章第3.1、3.6、3.9节，共计约3万字；胡恬撰写了第3章第3.3、3.11节，第4章第4.1、4.4节，共计约3万字；全书由鲍宏喆统稿。

为总结开发建设项目水利工程水土保持设施竣工验收工作的过程和经验，故撰写本书，与同行和老师共同学习、交流。

本书得到了多位行业专家的大力支持，在此表示衷心的感谢！

由于撰写时间仓促，书中难免出现不当之处，敬请同行专家和广大读者赐教指正。

作　者

2018 年 7 月

目　录

前　言
第 1 章　生产建设项目水土保持设施技术评估方法 ………………………… (1)
　1.1　评估工作概述 ……………………………………………………… (2)
　1.2　项目与项目区概况及项目建设的水土流失问题 ………………… (6)
　1.3　水土保持方案和设计情况 ………………………………………… (7)
　1.4　水土保持设施建设情况评估 ……………………………………… (8)
　1.5　水土保持工程质量评价 …………………………………………… (9)
　1.6　水土保持监测评价 ………………………………………………… (10)
　1.7　水土保持监理评价 ………………………………………………… (11)
　1.8　水土保持投资及资金管理评价 …………………………………… (12)
　1.9　水土保持效果评价 ………………………………………………… (12)
　1.10　水土保持设施管理维护评价 …………………………………… (13)
　1.11　结论、经验及建议 ……………………………………………… (14)
第 2 章　岳城水库除险加固工程水土保持设施竣工验收 ……………… (15)
　2.1　概　述 ……………………………………………………………… (15)
　2.2　评估总则 …………………………………………………………… (16)
　2.3　项目与项目区概况及项目建设的水土流失问题 ………………… (21)
　2.4　水土保持方案和设计情况 ………………………………………… (26)
　2.5　水土保持设施建设情况评估 ……………………………………… (30)
　2.6　水土保持工程质量评价 …………………………………………… (40)
　2.7　水土保持监测评价 ………………………………………………… (42)
　2.8　水土保持投资及资金管理评价 …………………………………… (47)
　2.9　水土保持效果评价 ………………………………………………… (51)
　2.10　水土保持设施管理维护 ………………………………………… (55)
　2.11　综合结论及建议 ………………………………………………… (56)
第 3 章　河南省宿鸭湖水库除险加固工程水土保持设施竣工验收 …… (57)
　3.1　概　述 ……………………………………………………………… (57)
　3.2　评估工作概述 ……………………………………………………… (58)
　3.3　工程概况及项目建设的水土流失问题 …………………………… (64)
　3.4　水土保持方案和设计情况 ………………………………………… (69)
　3.5　水土保持设施建设情况评估 ……………………………………… (73)
　3.6　水土保持工程质量评价 …………………………………………… (81)

　3.7　水土保持监测评价 ……………………………………………………（84）

　3.8　水土保持投资及资金管理评价 ……………………………………（88）

　3.9　水土保持效果评价 ……………………………………………………（91）

　3.10　水土保持设施管理维护 ……………………………………………（95）

　3.11　综合结论及建议 ……………………………………………………（95）

第4章　沁河河口村水库工程水土保持设施验收 ……………………………（97）

　4.1　概　述 …………………………………………………………………（97）

　4.2　项目与项目区概况 ……………………………………………………（100）

　4.3　水土保持方案和设计情况 ……………………………………………（119）

　4.4　水土保持方案实施情况 ………………………………………………（155）

　4.5　水土保持工程质量 ……………………………………………………（259）

　4.6　工程初期运行及水土保持效果 ………………………………………（284）

　4.7　水土保持管理 …………………………………………………………（288）

　4.8　自验结论及评估整改意见 ……………………………………………（311）

第1章 生产建设项目水土保持设施技术评估方法

《中华人民共和国水土保持法》(简称《水土保持法》)第二十七条规定:依法应当编制水土保持方案的生产建设项目中的水土保持设施,应当与主体工程同时设计、同时施工、同时投产使用;生产建设项目竣工验收,应当验收水土保持设施;水土保持设施未经验收或者验收不合格的,生产建设项目不得投产使用。第五十四条规定:违反本法规定,水土保持设施未经验收或验收不合格将生产建设项目投产使用的,由县级以上人民政府水行政主管部门责令停止生产或者使用,直至验收合格,并处五万元以上五十万元以下的罚款。

《开发建设项目水土保持设施验收管理办法》:

第九条 国务院水行政主管部门负责验收的开发建设项目,应当由国务院水行政主管部门委托有关技术机构进行技术评估。

省级水行政主管部门负责验收的开发建设项目,可以根据具体情况参照前款规定执行。

地、县级水行政主管部门负责验收的开发建设项目,可以直接进行竣工验收。

第十条 承担技术评估的机构,应当组织水土保持、水工、植物、财务经济等方面的专家,依据批准的水土保持方案、批复文件和水土保持验收规程规范对水土保持设施进行评估,并提交评估报告。

第十一条 县级以上人民政府水行政主管部门在受理验收申请后,应当组织有关单位的代表和专家成立验收组,依据验收申请、有关成果和资料,检查建设现场,提出验收意见。其中,对依照本办法第九条规定,需要先进行技术评估的开发建设项目,建设单位在提前验收申请时,应当同时附上技术评估报告。

建设单位、水土保持方案编制单位、设计单位、施工单位。监理单位、监测报告编制单位应当参加现场验收。

《开发建设项目水土保持设施验收技术规程》(GB/T 22490—2008)提出了《水土保持技术评估报告的编写提纲》。贯彻落实《水土保持法》、水利部规章和技术规程,各生产建设项目水土保持设施验收技术评估机构在评估报告编制的实践中总结出一些新经验,有了新发展,呈现出新特点。

技术评估即建设单位委托第三方机构对项目所涉及的水土保持设施进行技术评估,对项目建设中的水土保持设施的数量、质量、进度,投资使用,管理维护和防治效果等进行全面的评估。《生产建设项目水土保持设施技术评估报告》是竣工验收工作的必备文件。为又好又快地编制《生产建设项目水土保持设施技术评估报告》,作者以《开发建设项目水土保持技术规范》(GB 50433—2008)、《开发建设项目水土保持设施验收技术规程》(GB/T 22490—2008)、《水土保持工程质量评定规程》(SL 336—2006)等有关标准为依据,在分析研究各类技术评估报告的基础上,吸收有关报告的精华,结合从事水土保持工作的经验和评估报告编制的实践,撰写了《生产建设项目水土保持设施技术评估报告编制技术》,以通俗的语言、简洁的文字、典型的实例,图文表并茂地介绍了评估报告的结构安排、各章节的内容、编制方法、图件、表式和应注意的问题,供评估报告编制人员使用、验收人员参考。

1.1 评估工作概述

本节应简述技术评估的依据、组织、程序、内容、方法和标准,以便参加验收工作的领导、专家分析评估的依据是否充分、组织是否健全、程序是否合理、内容是否全面、方法是否可行、评定标准是否符合技术规程的规定。只有遵循上述原则进行评估,才能编制出全面、科学、客观、公正的技术评估报告。

1.1.1 评估依据

按法律法规、部委规章、规范性文件、技术标准、技术文件、技术资料分层次列出。应注意依据的时效性,采用最新的,与技术评估无直接关系的不要罗列。

1.1.2 评估组织

说明评估单位的资质、评估组织、参加评估人员的构成等情况。

1.1.3 评估程序

评估程序应从成立评估组织开始介绍到评估成果产生的过程。可用文字说明,也可用框图反映。

1.1.4 评估内容

一是评价项目建设是否履行了法律法规手续,落实了法律法规要求。

二是从以下几方面对水土保持设施进行技术评估:

(1)水土保持设施建设情况。

(2)水土保持工程质量。

(3)水土保持监测。

(4)水土保持监理。

(5)水土保持投资及资金管理。

(6)水土保持效果。

(7)水土保持设施管理维护。

1.1.5 评估方法

评估方法有现场查勘、资料查询和公众调查。实行内业查询资料与外业查勘现场相结合,问卷调查与座谈讨论相结合。

1.1.5.1 现场查勘

现场查勘主要查勘生产建设项目水土流失防治责任范围,水土保持设施总体布局,水土保持工程措施与植物措施完成的数量、质量和管理维护情况,水土保持效果等。

现场查勘应采取普查与重点核查相结合的方法,根据生产建设项目类型,确定重点评估范围内与其他评估范围内水土保持单位工程、重要单位工程的核查比例,分部工程抽查核实比例。

1.评估项目划分

项目划分是技术评估的基础,划分为单位工程、分部工程、单元工程,并明确重要单位工程、主要分部工程。

单位工程:可以独立发挥作用,具有相应规模的单项治理措施。

分部工程:单位工程的主要组成部分,可单独或组合发挥一种水土保持功能的措施。

单元工程:分部工程中由几个工序、工种完成的最小综合体,是日常质量考核的基本单位。

重要单位工程:对周边可能产生水土流失重大影响或投资较大的单位工程,包括征占地面积不小于 5 hm² 或土石方量不小于 5 万 m³ 的大中型弃土(渣)场或取土场的防护措施;工程投资不小于 1 万元的穿(跨)越工程及临河建筑物;周边有居民点或学校且征占地面积不小于 1 hm² 或土石方量不小于 5 万 m³ 的小型弃渣场的防护措施;征占地面积 1 hm² 及以上的园林绿化工程等。

重要单位工程应说明名称、位置、规模、主要设计内容,关键部位的几何尺寸、防御标准。

主要分部工程有:拦渣工程和防洪排涝工程的基础开挖与处理、坝(墙、堤)体,斜坡防护工程的工程护坡、截(排)水,土地整治工程的场地平整,降雨蓄渗工程的径流拦蓄,临时防护工程的拦挡和排水,植被建设工程的点片状植被,防风固沙工程的植物固沙等。

2.评估核查比例

为了保证评估质量,核查数量必须达到一定比例。《开发建设项目水土保持设施验收技术规程》(GB/T 22490—2008),对各类型项目水土保持设施的核查比例做了如下规定:

(1)点型生产建设项目。

点型生产建设项目包括矿山、电厂、城市建设、水利枢纽、水电站、机场等布局相对集中、呈点状分布的生产建设项目。这类项目的重点评估范围应为土石方扰动较强、水土流失防治措施集中、投资份额较高,以及容易造成水土流失危害的区域。如火电厂的贮灰场、水利枢纽的取土场和弃土(渣)场及周边地区、矿山中的矸石山(场)等区域。

点型生产建设项目技术评估核查的比例应达到下列要求:

①重点评估范围内的水土保持单位工程应全面查勘,分部工程的核查比例应达到50%。其中,植物措施中的草地核查面积应达到 50%,林地核查面积应达到 80%。

②其他评估范围内的水土保持单位工程核查比例应达到 50%,分部工程的核查比例应达到 30%。其中,植物措施中的草地核查面积应达到 30%,林地核查面积应达到50%。

③重要单位工程应全面查勘,其分部工程的核查比例应达到50%。重要单位工程中,植物措施中的草地核查面积应达到80%,林地核查面积应达到90%。

（2）线型生产建设项目。

线型生产建设项目包括公路、铁路、管道工程、灌渠等布局跨度较大、呈线状分布的生产建设项目。重点评估范围应为:主体工程沿线附近的弃土(石、渣)场、取土(石、料)场、伴行(临时)道路,穿(跨)越河(沟)道、中长隧道、管理站所等沿线关键控制点。

线型生产建设项目水土保持单位工程的核查比例应达到下列要求:

①重点评估范围内,单位工程核查比例应达到50%;在不同地貌类型或不同侵蚀类型区,应分别进行核实。

②其他评估范围内,单位工程核查比例应达到30%。

③对重要单位工程,核查比例应达到80%。

（3）按照工程建设扰动地表强度的不同,线型生产建设项目可分为扰动强度较弱的A类项目和扰动强度较强的B类项目。输气(油)管、输电线路等属于A类项目,公路、铁路等属于B类项目。

对A类项目,重点评估范围中分部工程核查比例应达到40%,其他评估范围内的分部工程核查比例应达到30%。

对B类项目,重点评估范围中分部工程核查比例应达到50%,其他评估范围内的分部工程核查比例应达到30%。

（4）混合类型项目应先划分成点型和线型分(支)项目,再参照上述要求确定单位工程核查比例和分部工程核查比例,其中线型分项目的比例应调增10%。

3. 核查方法

应说明重要单位工程和其他单位工程的核查方法,工程措施核查典型和植物措施核查样地与样地面积确定原则。

《开发建设项目水土保持设施验收技术规程》(GB/T 22490—2008)关于核查方法的规定如下:

（1）对重要单位工程,应全面核查工程措施的外观质量并对关键部位的几何尺寸进行测量;全面核查植物措施生长状况(完成率、成活率和保存率)和林草植被种植面积;检查水土流失防治效果等。

对其他单位工程,应核查主要分部工程的外观质量,对关键部位的几何尺寸进行测量;核查主要部位植物措施生长状况和林草种植面积;检查水土流失防治效果等。

（2）对重要单位工程,工程措施的外观质量和几何尺寸可采用目视检查和皮尺(或钢卷尺)测量,必要时采用GPS、经纬仪或全站仪测量;混凝土浆砌石强度可采用混凝土回弹仪检查,必要时可做破坏性检查。植物措施可采用样方测量,必要时可对覆土厚度、坑穴尺寸等做探坑和挖掘检查。

对其他单位工程,工程措施的外观质量和几何尺寸可采用目视检查和皮尺(或钢卷尺)测量。植物措施采用样方测量。

《水土保持工程质量评定规程》(SL 336—2006)规定:

①造林成活率检查应采用标准地或标准行法。造林面积在 7 hm² 以下,标准地或标

准行应占 5%;造林面积为 7~32 hm²,标准地或标准行应占 3%;造林面积在 32 hm² 以上,标准地或标准行应占 1%。标准地、标准行选择应随机抽样。山地幼林成活率检查应包括不同地形和坡向。

②造林成活率和保存率测定。一般情况下,在规定的抽样范围内取 30 m×30 m 样方,检查造林株数、成活株数与保存株数。成活株数除以造林株数为成活率(%),保存株数除以造林株数为保存率(%)。

③种草出苗与生长情况测定。在规定抽样范围内取 2 m×2 m 样方,测定其出苗与生长情况。用目测清点出苗数、垂直投影对地面的盖度,计算其成活率、保存率。

1.1.5.2　资料查询

资料查询主要查阅分析技术文件、技术资料,评估水土保持监测、监理,临时防护措施的数量和质量,水土保持投资及资金管理;结合外业查勘评估水土保持工程措施与植被措施的数量、质量和管理维护情况。

1.1.5.3　公众调查

公众调查采用发放问卷和座谈访问的方式,从项目建设对当地经济发展的影响和项目林草植被建设、项目建设期间防护、土地恢复和绿化情况等方面征求项目区干部及群众的意见和看法。

1.1.6　评估标准

评估标准为说明单位工程和工程项目质量评定标准。《水土保持工程质量评定规程》(SL 336—2006)规定如下。

1.1.6.1　单位工程质量评定

(1)同时符合下列条件的单位工程可确定为合格:

①分部工程质量全部合格。

②中间产品和原材料质量全部合格。

③大中型工程外观质量得分率达到 70% 以上。

④施工质量检验资料基本齐全。

(2)同时符合下列条件的单位工程可确定为优良:

①分部工程质量全部合格,其中 50% 以上达到优良,主要分部工程质量优良,且施工中未发生过重大质量事故。

②中间产品和原材料质量全部合格。

③大中型工程外观质量得分率达到 85% 以上。

④施工质量检验资料齐全。

1.1.6.2　工程项目质量评定

(1)单位工程质量全部合格的工程可评定为合格。

(2)符合以下标准的工程可评为优良:单位工程质量评定全部合格,其中有 50% 以上的单位工程质量评定优良,且重要单位工程质量优良。

1.2 项目与项目区概况及项目建设的水土流失问题

全面了解项目规模、特性和项目区自然与水土流失情况,掌握项目建设造成水土流失的因素与环节,是搞好技术评估工作的前提。应高度概括、突出重点地介绍与评估有关的内容。

1.2.1 项目概况

1.2.1.1 项目地理位置

介绍项目在行政区划中所处位置(点型工程到乡级,线型工程说明起点、线路走向、途经县级单位名称、终点),附项目地理位置图。

1.2.1.2 项目规模与特性

用文字说明项目建设性质、规模、等级、设计标准、项目组成、总投资与土建投资等内容。对矿山类项目还应介绍矿田境界范围、资源与可采储量、开采年限、开采方式,首采区面积、可采储量、开采年限等;与原项目或其他项目有依托关系(包括利用原项目已征地面积和供水、供电、通信、道路、弃渣场及其他设施情况等)的应加以说明。用工程特性表反映工程特性。工程特性表应反映项目与水土保持有关的全部内容。

1.2.1.3 项目实施单位

用文字或列表说明项目建设单位、设计单位、施工单位、监理单位和监测单位。

1.2.2 项目区概况

项目区概况主要介绍项目所在地在全国土壤侵蚀类型区划中所处的类型区、地形地貌、气候类型和主要气象要素、主要土类、植被类型与林草覆盖率、水土流失类型、土壤侵蚀模数、容许土壤流失量、在全国或省级水土流失重点防治区公告中所处的区域名称。

1.2.3 项目建设水土流失问题

1.2.3.1 工程建设造成水土流失的因素分析

可根据项目所处水土流失类型区,针对工程建设、生产特点,按项目组成分时段列表说明各组成部分造成新增水土流失因素、侵蚀类型、形式,绘制产生水土流失框图。

1.2.3.2 可能造成水土流失的影响及危害

分析按生产建设项目正常设计进行、无新增水土保持措施条件下,项目建设、生产过程中可能造成的水土流失影响及危害。可直接引用该项目已批复的水土保持方案中关于水土流失危害的预测内容,也可从以下几个方面进行分析:

(1)对土地资源和生产力可能造成的影响分析。

(2)对河流行洪、防洪的影响分析。

(3)对可能形成泥石流危害性的分析。

(4)对可能出现的地面沉陷和危害的分析。

(5)对可能形成大型滑坡和崩塌的危险性分析。

（6）对周边环境可能造成的影响分析。

（7）对地下水位下降的影响分析。

（8）对地表水资源损失及城市洪灾的影响分析。

1.3 水土保持方案和设计情况

本节主要介绍水土保持方案编报和工程设计过程，水土保持方案和设计确定的水土流失防治责任范围和防治分区、防治目标、防治措施体系及各类措施数量、水土保持投资。

1.3.1 水土保持方案编制报批和工程设计过程

1.3.1.1 方案编制、审查、批复过程

简述水土保持方案的委托—编制—送审—审查—报批—批复的过程。

1.3.1.2 后续设计开展情况

说明何时由何单位编制完成初步设计，是否独立成册或在主体设计中列有专章，何时完成施工图设计。

分析水土保持初步设计是否全面落实有关水行政主管部门审批的水土保持方案，是否满足水土保持标准的要求。

1.3.1.3 设计变更

介绍水土保持方案实施过程中设计变更内容，说明变更原因，是否按规定程序报批。

设计变更应介绍水土保持措施和工程量变化情况。对方案确定的取土场和砂、石、矸石、尾矿、废渣专门存放场地发生变更的，应说明变更后的位置、规模、设计标准、防治措施和工程量的变化情况。

水土保持方案实施过程中水土保持措施发生下列重大变化之一的，生产建设单位应当自确知需要变更之日起 30 个工作日内报原审批机关批准：

（1）植物措施总面积变化超过 40%的。

（2）工程措施工程量变化超过 30%的。

（3）取土量在 5 万 m^3 以上，取土场位置发生变化的。

水土保持方案确定的砂、石、土、矸石、尾矿、废渣专门存放地位置发生变更的，应当报原审批机关批准。其中，排弃量不足 5 万 m^3 的，由所在地县级人民政府水行政主管部门批准。

1.3.2 水土保持设计情况

1.3.2.1 防治责任范围和防治分区

1. 防治责任范围

用文字说明设计文件确定的水土流失防治责任范围×× hm^2，其中项目建设区××hm^2、直接影响区×× hm^2，并按项目组成，分项目建设区、直接影响区、地类列表说明，跨行政区的应将防治责任范围分省落实到县。

2. 防治分区

用文字说明项目划分为××、××、××防治分区。列出防治分区表。

1.3.2.2 水土流失防治目标

用文字说明项目设计水平年的 6 项综合目标值,用表格反映各防治分区的目标值。

1.3.2.3 防治措施体系及防治分区工程量

1. 防治措施体系

用文字说明项目设计采用的各类水土流失防治措施,用框图反映防治措施体系。

2. 防治分区工程量

用文字说明项目总工程量,列表反映各防治分区工程量。

1.3.2.4 水土保持投资

用文字说明水土保持总投资××万元,其中工程措施、植物措施、临时措施、独立费用、基本预备费、水土保持设施补偿费各××万元。详细用水土保持方案及设计文件的水土保持投资估(概)算总表反映。

1.4 水土保持设施建设情况评估

水土保持设施建设情况评估,就是评价防治责任范围、防治措施体系布局和各项水土保持设施是否按批准的水土保持方案及其设计文件执行和完成。

1.4.1 防治责任范围

1.4.1.1 实际发生的防治责任范围

实际发生的防治责任范围是指水土保持监测和评估调查认定的防治责任范围。用文字说明项目的防治责任范围面积为×× hm²,其中项目建设区×× hm²、直接影响区×× hm²;列表反映各防治分区的防治责任范围。

1.4.1.2 运行期水土流失防治责任范围

说明运行期水土流失防治责任范围、面积、已治理面积和待治理面积。运行期水土流失防治责任范围是指项目永久占地的区域。

1.4.1.3 评估意见

将实际发生的防治责任范围与批复方案确定的防治责任范围进行对比分析,列表反映增减情况,说明变化原因,确定符合实际的防治责任范围,作为本次评估的依据。

1.4.2 水土保持措施总体布局评估

1.4.2.1 防治分区

如果项目实施中采用了方案确定的防治分区,说明防治分区按方案确定的分区执行。如果防治分区发生变更,说明实际采用的防治分区为××、××、××…,并按防治分区、面积、占地类型列表说明。

1.4.2.2 水土保持措施总体布局

如果工程建设中按方案确定的防治体系布设各项水土保持措施,说明防治措施体系布设与方案确定的防治体系一致。如有变动,应列出实际布设的防治措施体系,并说明变化原因。

1.4.2.3 评估意见

评估实际采用的防治分区划分是否合理,防治措施选择是否得当,防治措施体系布设是否体现"因地制宜,因害设防,科学配置,综合防治"的原则。

1.4.3 各类水土保持设施完成数量评估

1.4.3.1 工程措施

工程措施建设情况评估分三个步骤进行:一是给出自查初验完成的工程数量;二是介绍评估抽查结果,明确评估抽查占自查初验的比例;三是综合分析自查初验完成的工程数量和评估抽查结果,合理确定各项措施完成的数量,并与设计工程量进行对照,说明增减情况和变化原因。

1.4.3.2 植物措施

1. 自查初验完成的措施数量

根据自查初验或竣工资料,说明项目植物措施总体完成情况,列表反映各防治分区完成的工程量。

2. 评估抽查结果

说明评估抽查位置、比例,列表给出评估抽查结果。

3. 评估意见

综合分析自查初验完成情况和评估抽查结果,合理确定各类植物措施完成的数量与面积,并与设计量进行对比,说明增减情况和变化原因。

1.4.3.3 临时防护措施

考虑临时防护措施竣工验收评估时已不存在,主要根据水土保持监测、工程监理、水土保持档案和有关影像资料进行评估。

应按防治分区,将分措施名称、完成数量,列表说明。

1.5 水土保持工程质量评价

质量评价包括对质量管理体系、工程措施、植物措施、临时措施、重要单位工程和工程项目的质量评价。

1.5.1 质量管理体系

说明项目建设是否建立了质量管理体系和体系中相关单位在质量管理中的作用、采取的措施,评价质量管理体系在保障工程质量中的作用。

1.5.2 工程措施质量评价

1.5.2.1 自查初验质量评定结果

通过查阅水土保持设施竣工验收技术报告,监理、监测、设计、施工的总结报告,工程质量检查和质量评定记录与水土保持设施验收鉴定书,列出自查初验的质量评定表。

1.5.2.2 评估抽查结果

说明评估抽查的比例和方法,列表反映抽查结果。

1.5.2.3 评估意见

分析自查初验和评估抽查结果,对照单位工程质量评定标准,给出工程措施评定等级。

1.5.3 植物措施质量评价

1.5.3.1 自查初验质量评定结果

根据自查初验、工程质量检验和评定记录、验收鉴定书,说明自查初验质量评定结果,列出自查初验质量评定表。

1.5.3.2 评估抽查结果

说明评估抽查地点、样方数量、抽样比例,列表反映抽查结果。

1.5.3.3 评估意见

综合分析自查初验和抽查结果,对照单位工程质量评定标准,确定质量等级。

1.5.4 临时措施质量评价

可根据建设单位自查初验结果、工程监理、水土保持档案和有关影响资料进行评估。

1.5.5 重要单位工程质量评价

应对照单位工程质量评定等级标准,对重要单位工程逐个进行评价,并附照片资料。

对拦渣工程、防洪排导工程、临河建筑物,还应评价以下几个方面:

(1)是否按照设计选址施工建设,未按设计选址施工建设的要说明原因,分析其合理性。

(2)复核工程规模、等级、设计标准是否符合设计和规范要求。

(3)关键部位几何尺寸是否符合设计要求。

对园林绿化工程,还应评价其树草品种选择的适宜性、配置的合理性、保土性能和美观性。

1.5.6 工程项目质量评价

应对照工程项目质量评定标准,确定工程项目的质量等级。

1.6 水土保持监测评价

本节主要介绍监测的实施情况,给出主要监测成果,评价监测实施是否符合《水土保持监测技术规程》(SL 277—2017)的要求,监测成果是否可信。

1.6.1 监测实施

从监测机构、分区、时段、内容、方法、频次和监测点位布设等方面简要说明监测开展情况。

1.6.2 主要监测成果

1.6.2.1 扰动地表面积监测

给出项目建设扰动地表总面积和各防治分区扰动面积监测成果,并对照方案预测扰动地表面积,说明增减情况。

1.6.2.2 土壤侵蚀模数动态监测

给出项目建设区原地貌土壤侵蚀模数、扰动后土壤侵蚀模数、防治措施实施后土壤侵蚀模数的监测结果,并列表反映各防治分区侵蚀模数变化情况。

1.6.2.3 土壤流失量动态监测

给出项目建设区原地貌土壤流失量、扰动后土壤流失量和新增土壤流失量、防治措施实施后土壤流失量的监测成果,分析原地貌、扰动后和防治措施实施后年土壤流失量的变化情况。

1.6.2.4 弃土(石、渣)量监测

给出各弃土(石、渣)场弃土(石、渣)量、拦挡量和拦渣率监测结果。

1.6.2.5 设计水平年六项防治目标值监测

给出设计水平年各防治分区和项目综合目标值监测成果。

1.6.3 评价意见

评价监测机构是否具有与项目相应的资质,监测组织是否健全,监测分区和时段划分是否正确,监测内容是否全面,监测方法是否可行,监测点位布设是否合理,监测频次能否满足要求,监测结果是否可信。

1.7 水土保持监理评价

本节主要介绍监理工作的实施,给出监理结果,评价监理实施的规范性、监理成果的可靠性和监理工作的作用。

1.7.1 监理的实施

监理的实施主要说明监理机构的设置、监理人员的配备、监理制度的建立、采用的监理方法、监理的主要内容。

1.7.2 主要监理成果

主要监理成果包括开工条件控制、质量控制、进度控制、投资控制、信息管理的成果。

1.7.3 评价意见

评价监理机构是否健全、监理人员配备是否合理、监理制度是否完善、监理方法是否可行、监理内容是否全面、监理成果是否可信和监理发挥的作用。

1.8 水土保持投资及资金管理评价

1.8.1 水土保持投资

1.8.1.1 实际发生的水土保持投资

通过查阅水土保持工程决算资料,核算得出实际发生的水土保持总投资和工程措施、植物措施、临时措施、独立费用、预备费、水土保持设施补偿费等各组成部分的投资数额,用文字说明,详细内容列表反映。

1.8.1.2 水土保持投资分析

将实际发生的投资与方案或设计文件估(概)算投资进行对比分析,说明总投资和各防治分区投资的增减情况及变化原因。

1.8.2 投资控制和财务管理

投资控制和财务管理从水土保持投资管理、规章制度制定、投资控制方法和开工预付款支付、工程进度款支付、工程竣工结算的支付程序等方面分析说明。

1.8.3 经济财务评价

经济财务评价应评价水土保持投资是否及时足额到位,资金管理组织、财务制度是否健全,工程的投资控制和价款结算程序是否严格,是否做到施工单位、监理单位和建设单位之间相互监督制约,财务支出是否合理。

1.9 水土保持效果评价

本节包括水土流失防治效果、防治效果分析、公众满意度和评价意见共四部分内容。

1.9.1 水土流失防治效果

水土流失防治效果包括水土流失治理、生态环境和土地生产力恢复情况两方面。水土流失治理用扰动土地整治率、水土流失总治理度、土壤流失控制比、拦渣率反映。生态环境和土地生产力恢复情况用林草植被恢复率、林草覆盖率、耕地恢复率说明。

评估组通过收集、调查、量测获取设计水平年的工程建设和水土保持各项指标,采取下列公式计算各项目标达到值:

$$扰动土地整治率(\%) = \frac{水土保持措施面积 + 永久建筑物占地面积 + 硬化面积}{建设期扰动地表面积} \times 100\%$$

$$水土流失总治理度(\%) = \frac{水土保持措施面积}{项目建设区水土流失总面积} \times 100\%$$

$$土壤流失控制比 = \frac{项目区土壤容许流失量}{采取措施后土壤侵蚀模数}$$

$$\text{拦渣率}(\%) = \frac{\text{采取措施后实际拦挡的弃土(石、渣)量}}{\text{弃土(石、渣)总量}} \times 100\%$$

$$\text{林草植被恢复率}(\%) = \frac{\text{林草植被面积}}{\text{可恢复林草植被面积}} \times 100\%$$

$$\text{林草覆盖率}(\%) = \frac{\text{林草植被面积}}{\text{项目建设区总面积}} \times 100\%$$

$$\text{耕地恢复率} = \frac{\text{恢复(造)耕地面积}}{\text{破坏耕地面积}} \times 100\%$$

式中:各种面积均为项目建设区范围内相应的垂直投影面积;水土保持措施面积=工程措施面积+植物措施面积;项目建设区水土流失总面积=项目建设区面积-永久建筑物占地面积-场地道路硬化面积-建设区内未扰动的微度侵蚀面积;林草植被面积为采取林草措施的面积;可恢复林草植被面积为目前经济、技术条件下可能恢复林草植被的面积(不含复耕面积);水利水电类项目建设区总面积应扣除正常水位的淹没面积;乔、灌、草结合的立体防护措施面积不能重复计算;土地整治按其利用方向计算面积,整治后造林种草的计入植物措施面积,复耕的计入工程措施面积;采取措施后实际拦挡的弃土(石、渣)量应为各弃土(石、渣)场实际拦挡量之和;采取措施后土壤侵蚀模数应为各防治分区土壤侵蚀模数的加权平均值;恢复(造)耕地面积为项目建设区恢复耕地面积+异地造地面积。

1.9.2　防治效果分析

列表分析比较评估确认的防治目标与方案批复的防治目标,说明方案实施后是否达到批复的防治目标。

1.9.3　公众满意度

列表反映公众调查情况,说明满意度。

1.9.4　评价意见

从以下四个方面进行评价:

(1)水土流失防治目标值是否符合设计和标准要求。

(2)恢复耕地面积和异地造地面积是否与损坏耕地面积数量相等,质量相当。

(3)项目建设前与建成后项目区水土保持功能总体变化情况。用下降、恢复或增强表示。

(4)公众是否满意。

1.10　水土保持设施管理维护评价

水土保持设施管理维护是确保其永续发挥效益的关键,应从明确管护责任、制定管护制度、落实管护人员和管护效果几个方面分析评价。明确管护责任,是指项目永久占地范围内的水土保持设施由项目法人单位负责管理维护;项目临时占地、直接影响区的水土保持设施,由项目法人单位移交给土地所有权单位或个人使用、管理、维护。

1.11 结论、经验及建议

1.11.1 结论

根据上述评估,对照《开发建设项目水土保持设施验收技术规程》(GB/T 22490—2008)规定的五条标准,逐一说明,得出项目是否具备竣工验收条件,可否组织竣工验收的结论。这五条标准如下:

(1)建设项目水土保持方案的审批手续完备,水土保持工程设计、施工、监理、质量评定、监测、财务支出的相关文件等资料齐全。

(2)水土保持设施按批准的水土保持方案及其设计文件建成,全部单位工程自查初验合格,符合主体工程和水土保持要求。

(3)建设项目的扰动土地整治率、水土流失总治理度、土壤流失控制比、拦渣率、林草植被恢复率、林草覆盖率等指标符合《开发建设项目水土流失防治标准》(GB 50434—2008)的规定,以达到批复水土保持方案的防治目标。

(4)水土保持投资使用符合审批要求,管理制度健全。

(5)水土保持设施的后续管理、维护措施已落实,具备正常运行条件,且能持续、安全、有效运转,符合交付使用要求。

1.11.2 经验

应从组织领导、设计、施工、管理和技术方面总结值得借鉴的经验。

1.11.3 建议

说明验收前应完成的主要工作、遗留的主要问题及建议。

第2章 岳城水库除险加固工程水土保持设施竣工验收

2.1 概　述

岳城水库位于河北省磁县与河南省安阳县交界处,是海河流域漳河上的一个控制性工程。坝址以上控制流域面积18 100 km²,占漳河流域面积的94.2%。水库总库容13.0亿 m³,是一个以防洪、灌溉为主,兼顾供水、发电的大(1)型工程。水库于1959年正式动工兴建,1970年竣工,由拦河坝、溢洪道、泄洪洞、电站、灌溉渠渠首组成。

岳城水库自运行以来,在防洪、灌溉、供水、发电等方面发挥了重要作用,保障了水库下游河北、河南、山东20余县(市)上千万人口和京广铁路的防洪安全,发挥了显著的社会效益和经济效益。但枢纽工程已经运行多年,相关设施出现了不同程度的老化和破损,特别是"96·8"洪水过后,工程上暴露出了多处质量隐患,如坝体散浸、涌沙,坝头渗漏及绕渗等。自1987年以来曾多次对大坝实施加高、加固维护。加固后的岳城水库主要建筑物和管理设施破损情况虽然有所改善,但问题一直没有彻底得到解决。主坝散浸、主坝右坝坝基渗水量较大等安全隐患一直困扰着枢纽的安全运行。另外,多处管理设施缺失损坏、溢洪道金属结构及启闭机老化、溢洪道闸墩裂缝等问题也未得到解决。

为此,2002年7月,在水利部海河水利委员会主持下,对岳城水库大坝进行了安全鉴定。鉴定结果为:岳城水库大坝为三类坝,建议对岳城水库进行全面彻底的除险加固。

岳城水库自竣工以来大坝已经进行了两次加高工程,但是受原有工程布置和技术条件限制,单纯的坝体加高或加大已有溢洪道泄量的方案是不能满足规范的要求的,且再加大溢洪道泄量也是不可能的。而岳城水库地理位置和防洪功能非常重要,为保证水库现状防洪标准下的安全运行,并考虑今后水库提高校核防洪标准实施不能重复建设和浪费投资的要求,根据岳城水库存在的安全隐患内容以及提高水库防洪标准实施方案存在的实际困难,对岳城水库除险加固实施分期建设是非常必要的。

岳城水库除险加固工程由岳城水库除险加固建设管理局作为项目法人组织实施,并负责工程的策划、决策、设计、建设、运营等全过程的管理工作。按照《开发建设项目水土保持方案编报审批管理规定》的要求,岳城水库除险加固建设管理局委托中水北方勘测设计研究有限责任公司(原水利部天津水利水电勘测设计研究院)编制该工程的水土保持方案报告书,并于2008年6月编制完成了《岳城水库除险加固工程水土保持方案报告书(报批稿)》,2008年8月26日,水利部以水保〔2008〕322号文对《岳城水库除险加固工程水土保持方案报告书(报批稿)》进行了批复。

根据《开发建设项目水土保持设施验收管理办法》的规定,2012年8月,受岳城水库除险加固建设管理局的委托,黄河水利科学研究院承担了本项目水土保持设施验收的技术评估工作;依据《开发建设项目水土保持设施验收技术规程》(GB/T 22490—2008),于2012年8月成立了技术评估组,下设综合、工程措施、植物措施和经济财务四个专业组;于2012年8月20~22日和2012年9月5~8日两次深入现场,听取了建设、监理、监测等单位关于工程建设和水土保持方案等实施情况的介绍,分组查阅了工程设计、招标文件、验收、监理、监测、质量管理、财务等档案资料;核查了水土流失防治责任范围,水土保持措施数量、质量及其防治效果;全面了解了水土保持设施运行及管护责任的落实情况;向水库周边居民进行了公众调查,并发放调查问卷50份;分别召开了工程建设、监理和监测等部门参加的座谈会,广泛听取了各方面的意见;对存在的问题提出了补充完善意见和建议,最后对补充完善意见的落实情况进行了复查。

2.2　评估总则

2.2.1　评估依据

评估工作的主要依据是包括水土保持相关的法律法规、技术规程和规范、项目的批复文件、水土保持方案及其设计文件、初步设计方案及其设计文件、相关合同等。所需的相关技术资料有监理资料、监测资料、工程竣工资料、工程变更情况说明、财务决算资料、工程质量评定资料等。

2.2.1.1　法律法规

(1)《中华人民共和国水土保持法》(2010年12月)。

(2)《中华人民共和国防洪法》(1998年1月)。

(3)《中华人民共和国水法》(2002年10月)。

(4)《建设项目环境保护管理条例》(1998年11月)。

(5)《中华人民共和国环境影响评价法》(2002年10月)。

2.2.1.2　部委规章

(1)《开发建设项目水土保持设施验收管理办法》(2002年10月,水利部令第16号,第24号令修改)。

(2)《开发建设项目水土保持方案编报审批管理规定》(1995年5月)。

(3)《水土保持生态环境监测网络管理办法》(2000年1月)。

(4)《中华人民共和国河道管理条例》(1988年6月10日)。

(5)《开发建设项目水土保持设施验收管理规定》(2005年7月8日第一次修正)。

2.2.1.3　规范性文件

(1)《关于加强大中型开发建设项目水土保持监理工作的通知》(水保〔2003〕89号)。

(2)《关于规范生产建设项目水土保持监测工作的意见》(水保〔2009〕187号)。

(3)《关于加强大型开发建设项目水土保持监督检查工作的通知》(水保办〔2004〕97号)。

(4)《关于印发生产建设项目水土保持设施验收技术评估工作座谈会会议纪要的通

知》(水保函〔2009〕4号)。

(5)《关于印发生产建设项目水土保持设施验收技术评估工作座谈会会议纪要的通知》(水保监便字〔2010〕65号)。

2.2.1.4 技术规范和标准

(1)《开发建设项目水土流失防治标准》(GB 50434—2008)。

(2)《水土保持综合治理效益计算方法》(GB/T 15774—2008)。

(3)《开发建设项目水土保持设施验收技术规程》(GB/T 22490—2008)。

(4)《水土保持工程质量评定规程》(SL 336—2006)。

(5)《土壤侵蚀分类分级标准》(SL 190—2007)。

2.2.1.5 技术文件和资料

(1)《岳城水库除险加固工程水土保持方案报告书(报批稿)》。

(2)《岳城水库除险加固工程可研初步设计》及批复文件。

(3)有关水土保持工程竣工资料,竣工决算资料,施工、监理和质量评定资料。

(4)水土保持方案实施工作总结报告、水土保持设施竣工验收技术报告、水土保持监测总结报告、水土保持监理总结报告。

2.2.2 评估程序

在岳城水库除险加固建设管理局自查初验的基础上,评估组对岳城水库除险加固工程采取了现场勘查、查阅资料、公众满意度调查和与有关单位座谈相结合的方式进行了全面评估,提交技术评估报告。

水土保持设施技术评估技术路线见图2-1。

2.2.3 评估内容

《开发建设项目水土保持设施验收管理办法》第六条规定:水土保持设施验收的范围应当与批准的水土保持方案及批复文件一致。本次水土保持设施竣工验收工作内容为:检查水土保持设施是否符合设计要求,施工质量、投资使用和管理维护责任落实情况,评价防治水土流失效果,对存在的问题提出处理意见等。

(1)水土保持设施建设情况。包括防治责任范围、水土保持设施总体布局、各类水土保持设施数量和实施进度的评估。

(2)水土保持工程质量。包括质量管理体系和工程措施、植物措施、重要单位工程、工程项目质量评价。

(3)水土保持监测。主要评价监测实施的合理性、监测成果的可信度。

(4)水土保持监理。主要评价监理实施的规范性、监理成果的可靠性和监理的作用。

(5)水土保持投资及资金管理。主要分析评价水土保持投资数量、变化情况和投资控制与财务管理。

(6)水土保持效果。评价水土流失防治目标是否达到设计要求,耕地恢复情况,项目建设前、后项目区水土保持功能变化情况,公众满意度。

(7)水土保持设施管理维护。主要从明确管护责任、制定管护制度、落实管护人员和

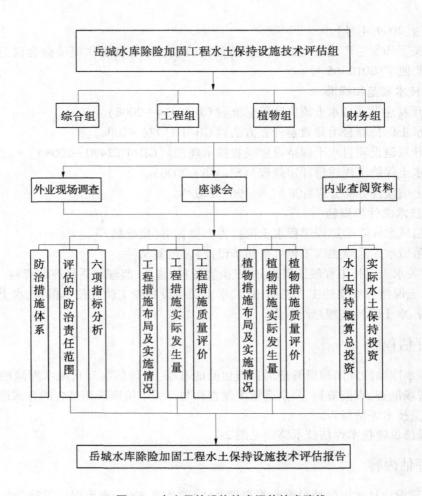

图 2-1 水土保持设施技术评估技术路线

管护效果几方面进行评价。

2.2.4 评估方法

2.2.4.1 现场勘查

根据《水土保持工程质量评定规程》(SL 336—2006)和《开发建设项目水土保持设施验收技术规程》(GB/T 22490—2008)的要求,评估组对工程措施和植物措施采取了普查与重点核查相结合的方式,并对调查对象进行项目划分,确定核查内容、抽查比例和评估标准。

1. 项目划分

结合本工程的特点,在工程的 5 个单位工程中,划分为 11 个与水土保持相关的分部工程,根据查阅相关资料,最终确定为 437 个单元工程。项目划分见表 2-1。

表 2-1　岳城水库除险加固工程水土保持工程评估项目划分

工程项目	单位工程名称	分部工程名称	单元工程名称	划分标准	单元工程数量	工程量
岳城水库除险加固工程水土保持设施	拦渣工程	开挖与处理	基础开挖	按 1 000 m³ 为一单元	56	5.54 万 m³
	土地整治工程	土地整治	表土回填整治	按 1 000 m³ 为一单元	56	5.54 万 m³
		土地整治	覆土还耕	每 1 hm² 作为一个单元	3	2.72 hm²
	防洪排导工程	基础开挖与处理	基础开挖	排水按 100 m³ 为一单元	37	3 620 m³
		排洪导流设施	排水管道、排水沟	排水按 1 000 m 为一单元	17	16 040 m
	临时防护工程	拦挡	挡水土埝、挡土土埝	按 100 m 为一单元	46	4 581 m
		拦挡	土方开挖	按 100 m³ 为一单元	15	1 436 m³
		排水	排水沟	按每 100 m 为一单元	40	3 980 m
	植被建设工程	种植乔木	道路两侧植树	按每 100 株为一单元	74	7 340 株
		种植灌木	区域绿化植灌木	按每 100 株为一单元	87	8 697 株
		植草	区域绿化草皮	每 1 hm² 作为一个单元	6	5.14 hm²
合计	5	11			437	

2. 评估范围及核查比例

本项目为点型工程,布局相对集中,水土保持单位工程核查比例应满足:①重点评估范围内的水土保持单位工程应全面查勘,分部工程的核查比例应达到 50%;②其他评估范围内的水土保持单位工程核查比例应达到 50%,分部工程的核查比例应达到 30%;③重要单位工程应全面查勘,其分部工程的核查比例应达到 50%。

3. 核查内容、方法

1) 工程措施

按核查比例抽查典型,评估工程数量、质量。

对重要单位工程全面核查外观质量,其他单位工程核查主要分部工程外观质量,包括:规格尺寸、砌石工艺是否存在缺陷,是否存在因施工不规范和人为破坏等因素造成的破损、变形、裂缝、滑塌等。对关键部位几何尺寸常规采用目视检查和皮尺、测距仪测量,必要时采用 GPS 定位测量。综合上述现场勘查结果,结合监理的质量评定资料对工程措施质量等级进行评定。

2) 植物措施

主要采取样方调查方法,全面核查植物措施生长状况(措施完成率、成活率和保存率),并对已实施的植物措施质量进行检查和评定;调查相关绿化措施合同和现场测量相结合的方法确定林草植被种植面积;造林成活率与保存率样方面积30 m×30 m;种草出苗率与生长情况采用2 m×2 m样方测定。

2.2.4.2 资料查询

评估组查阅有关水土保持方面的档案资料,主要包括:水土保持方案,批复的水保文件;工程可研和初步设计报告及批复文件;一期工程水土保持设施验收文件;建设用地文件、国家核准批复文件、水土保持监督检查文件等;工程竣工报告、竣工图纸、竣工验收证书、施工现场绿化合同、施工总结报告、质量评定资料、厂区绿化合同、设计变更情况说明、竣工决算清单、监理和监测报告等。

2.2.4.3 公众满意度调查

为了更好地评价项目水土保持效果,评估组采用发放调查问卷方式,征求水库、坝下公路等区域周边的群众对项目建设的意见和看法。主要包括施工过程中对周边的环境影响、临时征地是否已经归还并已复耕,采石场、弃渣场等运行过程中对周边环境的影响,以及水库对当地经济发展的影响等方面。

2.2.5 评估标准

单位工程质量等级评定标准详见表2-2,工程质量评定标准详见表2-3。

表2-2 单位工程质量等级评定标准

评定等级	所含分部工程
合格	质量全部合格
	工程措施外观质量评定得分率≥70%,植物措施成活率60%~85%
	质量保证资料基本齐全,并整理成册
优良	质量全部合格,其中50%以上达到优良
	工程措施外观质量评定得分率≥85%,植物措施成活率85%以上
	质量保证资料基本齐全,并整理成册

表2-3 工程质量评定标准

评定等级	所含单位工程
合格	单位工程质量全部合格
优良	单位工程质量全部合格,50%以上的单位工程质量优良,且重要单位工程质量优良

2.3 项目与项目区概况及项目建设的水土流失问题

2.3.1 项目概况

2.3.1.1 项目地理位置

岳城水库为大(1)型水库,位于漳河干流上。漳河有清漳、浊漳两大支流,清漳分东、西两支,浊漳有北、西、南三源,清、浊两支在合漳汇合,流经观台后入岳城水库。岳城水库地处河北省磁县与河南省安阳县交界处,总库容 13 亿 m^3,控制流域面积 18 100 km^2,是一座集防洪、灌溉、供水及发电等综合利用功能的大型水利枢纽。

2.3.1.2 项目规模与特性

岳城水库总库容为 13 亿 m^3,主要建筑物主副坝、溢洪道和泄洪洞级别为 1 级。本次岳城水库设计洪水系列仍采用 1978 年的审批成果:1 000 年一遇洪水水位 157.40 m,2 000 年一遇洪水水位 159.03 m。

岳城水库由大坝、溢洪道、泄洪洞、电站及渠首工程等部分组成。大坝为均质土坝,坝顶高程为 159.5 m,防浪墙顶高程为 161.3 m。溢洪道为开敞式,地基为第三系砂和黏土,进口闸共 9 孔,净宽 108 m,堰顶高程 143 m,闸门高 10 m,设计最大泄流量 11 000 m^3/s,强迫泄流量 12 820 m^3/s。泄洪洞为坝下埋管式,共 9 孔,右侧边孔为电站引水洞,其余 8 孔用以泄洪,最大泄流量 3 530 m^3/s。电站装机容量 1 × 17 000 kW。民有灌渠、漳南灌渠渠首闸分别位于泄洪洞消力池左、右边墙上,最大流量均为 100 m^3/s。

本项目占地 33.51 hm^2,其中主体工程区占地 18.2 hm^2,包括坝体加固工程区永久占地 7.1 hm^2 和坝下公路区永久占地 8.3 hm^2 及临时占地 2.8 hm^2;土料场、红土卵石料场等临时占地 4.1 hm^2;施工道路及施工生产生活区等临时占地 11.11 hm^2。

工程挖方总量 35.81 万 m^3(自然方),填筑总量 67.69 万 m^3(自然方);需外借土方 54.12 万 m^3(自然方),工程布置 1 个土料场和 3 个红土卵石料场;需弃方 22.24 万 m^3(自然方),工程共布置 3 个弃渣场(利用红土卵石料场)。

工程于 2009 年 9 月开工,2010 年 12 月底竣工。按 2008 年一季度价格水平计算,岳城水库除险加固工程的总投资为 2.09 亿元,其中土建投资 1.08 亿元。本工程属防洪工程,由国家出资建设,建设单位为岳城水库除险加固建设管理局。

岳城水库除险加固工程特性见表 2-4。

2.3.1.3 项目实施单位

岳城水库除险加固工程批复的总投资为 2.1 亿元,本工程属防洪工程,由国家出资建设,建设单位为岳城水库除险加固工程建设管理局。工程设计、土建监理、施工、水土保持监测基本情况见表 2-5。

表 2-4　岳城水库除险加固工程特性

一、项目基本情况

项目名称	岳城水库除险加固工程	项目性质	改扩建
建设单位	岳城水库除险加固工程建设管理局	工程投资	2.09 亿元
建设地点	河北省磁县和河南省安阳县	土建投资	1.08 亿元
建设规模	超大型	建设工期	24 个月

二、项目组成

1. 主、副坝加固	主、副坝加固设计主要包括:主坝右岸坝段基础防渗工程、主坝下游坡散浸处理工程、主坝下游桩号 2+450 m~3+200 m 排水暗管改造工程、下游护坡及排水沟塌陷处理工程、坝顶公路(包括上坝公路)改建工程和坝顶防浪墙加固工程
2. 溢洪道加固	溢洪道加固设计主要包括:裂缝处理工程、进水闸公路桥改建工程、混凝土防碳化处理工程和泄槽边墙加高工程
3. 泄洪洞加固	(1)进水塔混凝土防碳化处理工程。 工程选用实际应用较多且效果较好的防碳化材料进行防碳化处理。泄洪洞防碳化处理面积 15 400 m²。 (2)进水塔启闭机房及外观设计。 将 1# 和 9# 启闭机房拆除重建,其他部位结构不变,对外观进行重新装修。新建的启闭机房建筑面积 400 m²
4. 坝下公路工程	坝下公路工程起点始于 2# 副坝北端,跨香水河,经香水村附近的岳城至峰峰公路进入岳城镇内,利用镇内原有的水利大街,跨民有渠、漳河及漳南渠途经河南英烈村及河北东清流村至主坝南端,全长 9.43 km。交叉建筑物有香水河桥、民有渠桥、漳河桥、漳南渠桥及东清流桥共 5 座

三、项目占地

防治分区	占地性质	占地面积(hm²)	
坝体加固工程区	永久占地	7.1	
坝下公路区	永久占地	11.1	
移民安置区	永久占地	0	
料场	临时占地	4.1	新占地
弃渣场	临时占地	0.1	利用料场占地,不计入总面积
施工生产生活区	临时占地	4.21	
施工道路	临时占地	6.9	已征地 1.50 hm²,新占地 4.20 hm²
合计		33.51	

四、项目土石方量

开挖总量为 35.81 万 m³(自然方);填筑总量 67.69 万 m³(自然方),利用土方 13.57 万 m³(自然方),外借土方 54.12 万 m³(自然方);弃渣量共 22.24 万 m³(自然方)

表 2-5　岳城水库除险加固工程实施单位一览表

序号	单位分类	承担任务	单位名称
1	建设单位	项目管理	岳城水库除险加固工程建设管理局
2	工程设计单位	工程设计	中水北方勘测设计研究有限责任公司
3	水土保持方案编制单位		中水北方勘测设计研究有限责任公司
4	工程监理单位		天津市华朔水利工程咨询监理有限公司
5	水土保持监测单位		海河流域水土保持监测中心站
6	施工单位	水土保持施工	中国水电基础局有限公司
			河北省水利工程局
			华北水利水电工程集团有限公司
			中国水利水电第五工程局有限公司

2.3.2　项目区概况

2.3.2.1　地形地貌

漳河是海河流域南运河水系的支流,流经山西省、河北省、河南省,地势为西北高、东南低。太行山主脉南北向贯穿流域中部,主峰高程达 1 800 m 以上,将流域分成太行山以西和以东两个自然地理特性不同的区域。西区面积约 11 000 km², 四面环山,中部为上党盆地;南部为石灰岩地区,裂隙发育,渗漏严重,其他边缘地区为土石山区,地形陡峻,植被较少;盆地中部为土质丘陵区,黄土覆盖深厚,垦殖指数较高,天然植被差。东区绝大部分为石质山区,山高谷深,岩石裸露,局部地区有石灰岩分布。太行山山区向平原地区过渡的丘陵地带很短。

本项目区位于土质低山丘陵区,该区除个别丘顶或陡坡处页岩和砂岩裸露外,大面积由第四纪黄土覆盖。区域内丘体缓延低矮,海拔为 100～200 m,地势北高南低,相对高差一般为 10～30 m。

2.3.2.2　气象

本工程区位于漳河干流出山口处,海拔一般为 100～150 m,属温带大陆性季风气候区。冬季为极地大陆气团所控制,多西北风,干冷少雨;夏季因太平洋副热带高压加强北上,盛行偏南风。漳卫河流域降水主要集中于 6～9 月,其中 7～8 月降水量约占全年降水量的 50%。漳河的多年平均降水量分布有地域特性,太行山东坡(迎风坡)可达 650 mm,西坡(背风坡)约 550 mm,向西至太岳山,多年平均降水量又有回升趋势,达 600 mm。流域内年平均气温约 12.4 ℃,并由南向北、由平原向山区递减。

据河北省磁县气象站气象资料统计,多年平均降水量 514 mm,最大年降水量 1 159 mm(1963 年),最小年降水量 236 mm(1986 年);多年平均水面蒸发量 1 832 mm(φ20 cm 蒸发皿);多年平均风速 2.70 m/s,多年平均最大风速 11.1 m/s;多年平均气温约 13.2 ℃;多年平均冻土深度 19 cm,最大冻土深度 46 cm;≥10 ℃的平均积温为 4 470.5 ℃。

2.3.2.3 水文

岳城水库库区位于漳河流域,漳河为海河流域南运河水系的主要支流,发源于山西高原,流经山西、河南、河北三省。漳河有清漳河、浊漳河两大支流,于合漳村汇合始称漳河,漳河自观台水文站附近出山,流入岳城水库。

漳河干流建有岳城水库、观台(上七垣)等水文站。观台(上七垣)为本流域最早的水文站,于 1923 年始测,之后时断时续,并于 1941 年移至观台继续观测至今。岳城水库站于 1960 年设立。观台(上七垣)站、岳城水库站属国家基本站,观测资料具有一定的精度。岳城水库站实测资料至 2004 年,观台站实测资料至 2005 年。

漳河上游水库拦蓄水量和工农业引用水量较大,对天然洪水有一定影响。本次工程收集了岳城水库、漳泽水库、后湾水库及大跃峰、小跃峰、红旗渠、跃进渠的蓄引水资料,除岳城水库资料至 2004 年外,其余至 2005 年。关河、申村、屯绛等水库没有整编的蓄水资料。

本次设计洪水采用 1 000 年—遇洪水设计洪峰流量为 22 200 m³/s,5 d 洪量 30.40 亿 m³,万年—遇洪水设计洪峰流量 31 400 m³/s,5 d 洪量 43.30 亿 m³。

2.3.2.4 土壤

项目区主要土类有褐土、潮土和风沙土等,其中主要以褐土类为主。土壤质地以中壤质为主,土壤养分状况较好,耕层有机质、氮属中级含量,磷属低级含量,钾属高级含量。

2.3.2.5 植被

项目区植被分区属华北落叶阔叶林区,境内有野生植物 310 种,栽培植物 206 种,区内自然植被类型有阔叶林、灌丛、灌草丛、草甸、沼泽植被和水生植被等。区内无国家级生态保护的野生植物、野生动物。项目区人口稠密、区域自然植被稀少,森林植被主要分布在山区,草丛植被主要分布在山地丘陵区的沟谷和荒坡,草甸植被则遍布全区,沼泽植被和水生植被主要分布在滞水洼地。项目区林草覆盖率达 15%。

根据现有资料及现场查勘结果,区域内现有植物种类主要有:粮食作物有小麦、玉米、甘薯等,经济作物有棉花、向日葵等,林木有榆树、杨树、刺槐和椿树等,果木有枣、杏、桃、梨等,野生植物有酸枣、杜梨和茅草、节节草等。这些植物分布在不同的地区,组成了不同的生物群落。

2.3.2.6 水土流失现状

本项目区地处太行山东麓,地形受岩性和构造控制,可划分为三大地貌单元,即中低山区、丘陵和河谷地貌。其特点是以水力侵蚀中的面蚀形式为主,土壤侵蚀模数背景值为 700 t/(km²·a)。岳城水库工程所在区域位于太行山水土流失治理区,该区按《关于划分国家级水土流失重点防治区的公告》,属国家级水土流失重点治理区,同时也属河北省和河南省两省划定的重点水土流失治理区。

2.3.3 工程建设水土流失问题

2.3.3.1 工程建设造成的水土流失因素分析

本工程区所在地属于中低山区、丘陵和河谷地貌,水土流失类型主要是以水蚀中的面蚀为主,侵蚀强度以轻度为主。岳城水库位于漳河干流上,自建成以来受漳河上游地区水土流失影响较严重。漳河上游地处太行山区,土层浅薄,植被稀少,是全国水土流失最严重的区域之一。本工程为点型工程,除险加固工程区属于点型工程,坝下公路修建区线路、工期较长,建设占地面积较大。土石方开挖、回填、弃渣及建筑材料用量也都比较多,对水土流失的影响因素也较多。

岳城水库除险加固工程水土流失影响因素分析列于表 2-6,水土流失产生过程见图 2-2。

表 2-6 岳城水库除险加固工程水土流失影响因素分析

时段	工程分项目	水土流失因素分析
建设期	主体工程区	场地平整、基础开挖以及临时堆放弃土等,扰动地表,弃土、渣造成水土流失
	临时施工区	场地开挖、平整、设备材料堆放,使地面裸露,破坏原地貌
	料场	扰动、占压地表,破坏植被,堆放弃渣造成水土流失
	坝下公路	扰动地表,破坏植被造成水土流失
生产期	建设区及影响区	运行初期植物措施恢复期的水土流失
	料场	方案服务期内料场的水土流失

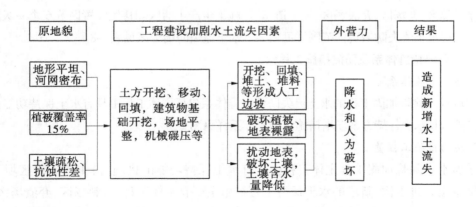

图 2-2 水土流失产生过程

2.3.3.2 建设过程中水土流失情况

(1)工程建设扰动、破坏原地貌和植被面积 33.51 hm²。

(2)损坏水土保持设施数量与面积 29.62 hm²。

（3）施工期弃土弃渣量 26.78 万 m³（自然方）。

（4）造成水土流失总量 1 882.23 t，其中新增水土流失量 1 541.62 t。

（5）水土流失防治的重点部位为主体工程区、料场和弃渣场防治区。

2.4　水土保持方案和设计情况

2.4.1　水土保持方案报批情况

根据水利部 1995 年第 5 号令《开发建设项目水土保持方案编报审批管理规定》的要求，受岳城水库除险加固建设管理局的委托，中水北方勘测设计研究有限责任公司进行了《岳城水库除险加固工程水土保持方案报告书》的编制工作，在水土保持方案中明确了主体设计中具有水土保持功能的措施和水土保持方案新增的措施及工程量；2008 年 6 月编制完成了《岳城水库除险加固工程水土保持方案报告书（送审稿）》；2008 年 8 月 26 日水利部以水保〔2008〕322 号对《岳城水库除险加固工程水土保持方案报告书（报批稿）》进行了批复。

2.4.2　水土保持设计

2.4.2.1　防治责任范围和防治分区

根据水利部批复的《岳城水库除险加固工程水土保持方案报告书（报批稿）》，本工程设计水土流失防治责任范围总面积为 45.65 hm²，其中项目建设区面积 40.95 hm²、直接影响区面积 4.70 hm²。根据工程实际占地情况、扰动原地貌、损坏土地和植被面积、区域自然条件、对水土流失的影响，以及主体工程布局、防治责任区的划分等对工程区域水土流失防治进行分区，分为主体工程区、料场区、弃渣场区、施工道路区、施工生产生活区和移民安置区等 6 个一级防治分区。工程水土流失防治责任范围详见表 2-7，水土流失防治分区见表 2-8。

2.4.2.2　防治措施体系及防治措施工程量

1. 防治措施体系

岳城水库除险加固工程的水土流失防治措施体系包括主体工程中具有水土保持功能的水土保持措施和水土保持方案新增措施。措施体系详见图 2-3。

2. 防治措施工程量

岳城水库除险加固工程主体工程中具有水土保持功能的措施有：主体工程区坝下公路两侧浆砌石排水沟；新增的水土保持工程措施主要有主体工程区、料场区、弃渣场区、施工道路区和施工生产生活区的土方开挖、土地整治和挡水土埝等；新增的水土保持植物措施主要是各区内实施种植乔木、灌木和植草等措施。新增的临时措施主要是各区内实施临时挡水土埝、挡土土埝和临时排水沟等。主体设计中已有和方案新增工程量详见表 2-9、表 2-10。

表 2-7　工程水土流失防治责任范围　　　　　　　　　　　　　　（单位:hm²）

项目区			河北省					河南省				合计	说明
			耕地	林地	荒地	建设用地	小计	耕地	林地	建设用地	小计		
项目建设区	主体工程区	坝体加固工程区				7.1	7.1					7.1	已征地
		坝下公路区	3.89	0.97		2.08	6.94	1.53		1.84	3.37	10.31	新征地
	料场区	土料场区					0					0	
		红土卵石料场区	9.87	1.2			11.07	3.64	0.4		4.04	15.11	新征地
	弃渣场区		-9.87	-1.2			-11.07					-11.07	利用卵石料场占地,不计入总面积
	施工道路区				1.5	4.2	5.7					5.7	已征地1.50 hm²,新征地4.20 hm²
	施工生产生活区					1.09	1.09					1.09	已征地
	移民安置区					0.62	0.62			1.02	1.02	1.64	新征地
	小计		13.76	2.17	2.59	14	32.52	5.17	0.4	2.86	8.43	40.95	
直接影响区	坝下公路影响区		2.17	0.15			2.32	0.73		0.45	1.18	3.5	未征地
	施工道路影响区				0.3	0.9	1.2					1.2	未征地
	小计		2.17	0.15	0.3		3.52	0.73		0.45	1.18	4.70	
合计			15.93	2.32	2.89	14.9	36.04	5.9	0.4	3.31	9.61	45.65	

表 2-8　水土流失防治分区

编号	一级分区	二级分区	水土流失特点
1	主体工程区	坝体加固工程区	工程建设以"点"为表现形式,水土流失主要形式为面蚀,形式单一,影响范围较小
		坝下公路区	
2	料场区	土料场区	
		红土卵石料场区	
3	弃渣场区	弃渣场区	
4	施工道路区	施工道路区	工程建设以"线"为表现形式,水土流失影响表现为"带"状,影响范围大。地貌的变化,导致施工工艺发生变化,水土流失形式表现为多样性,面蚀、沟蚀、坍塌等形式的水土流失并存
5	施工生产生活区	施工生产生活区	工程建设以"点"为表现形式,水土流失主要形式为面蚀,形式单一,影响范围较小
6	移民安置区	移民安置区	

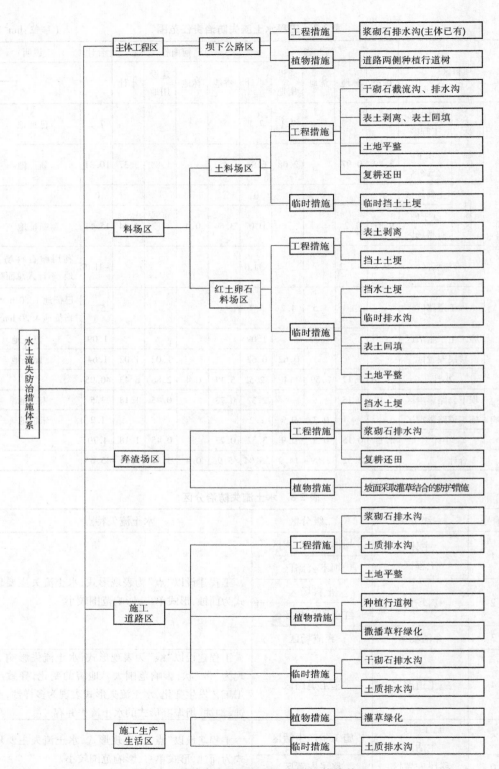

图 2-3　岳城水库除险加固工程防治措施体系

2.4.2.3 水土流失防治目标

方案批复的水土流失防治目标见表2-11。

表2-9 主体工程设计中具有水土保持功能工程量

防治分区	措施类别	措施名称	单位	数量
坝下公路区	工程措施	浆砌石排水沟	m³	6 168

表2-10 建设期方案新增水土保持措施工程量

措施类型	措施名称	单位	数量
主体工程区			
植物措施	种植乔木	株	3 296
料场区			
工程措施	表土回填	万 m³	2.02
	土方开挖	m³	496
	干砌石	m³	328
植物措施	植草	hm²	0.24
临时措施	土方开挖	m³	408
	挡水土埂	m	2 428
	挡土土埂	m	3 096
弃渣场区			
工程措施	表土回填	万 m³	5.54
	土方开挖	m³	1 214
	浆砌石	m³	742
	挡水土埂	m	2 283
植物措施	种植灌木	丛	3 151
	植草	hm²	1.58
施工道路区			
工程措施	土地整治	hm²	1.5
	土方开挖	m³	2 716
	浆砌石	m³	625
植物措施	种植灌木	丛	1 680
	植草	hm²	1.5

措施类型	措施名称	单位	数量
临时措施	土方开挖	m³	1 494
	干砌石	m³	473
施工生产生活区			
工程措施	土地整治	hm²	1.09
植物措施	种植灌木	丛	4 844
	植草	hm²	1.09
临时措施	土方开挖	m³	34
移民安置区			
植物措施	种植乔木	株	1 020

注:草种按每公顷60 kg计。

表 2-11　本工程水土流失防治目标

序号	项目	目标值
1	扰动土地整治率(%)	95
2	水土流失总治理度(%)	95
3	土壤流失控制比	0.8
4	拦渣率(%)	95
5	林草覆盖率(%)	15
6	林草植被恢复率(%)	97

2.5　水土保持设施建设情况评估

2.5.1　防治责任范围

2.5.1.1　实际发生的防治责任范围

评估组根据《岳城水库除险加固工程水土保持监测报告》并结合征租地文件、工程竣工资料及实地调查,本工程实际水土流失防治责任范围为 33.51 hm²,其中项目建设区永久占地面积 25.3 hm²,临时占地面积 8.21 hm²。建设期实际发生的水土流失防治责任范围详见表 2-12。

表 2-12　建设期实际发生的水土流失防治责任范围　　　　（单位：hm²）

序号	防治分区		实际发生防治责任范围		合计
			项目建设区永久占地	临时占地	
1	主体工程区	坝体加固工程区	7.1		7.1
		坝下公路区	8.3	2.8	11.1
2	料场区		4.1		4.1
3	弃渣场区		0.1		0.1
4	施工道路区		5.7	1.2	6.9
5	施工生产生活区			4.21	4.21
合计			25.3	8.21	33.51

2.5.1.2　水土流失防治责任范围的变化情况及原因分析

依据《岳城水库除险加固工程水土保持方案报告书（报批稿）》，本工程设计水土流失防治责任范围总面积为 45.65 hm²，工程实际发生的防治责任范围为 33.51 hm²，与方案相比，防治责任范围总面积减少了 12.14 hm²。本工程水土流失防治责任范围面积变化的原因主要有以下几个方面。

1. 坝下公路区

本项目坝下公路原设计道路长度为 9.43 km，实际建设长度为 9.54 km，但是在建设过程中施工方减少了路肩宽度，实际的占地面积为 11.1 hm²，比方案批复的面积减少了 2.71 hm²。

2. 料场区

本工程设计料场区有 4 个，其中 1 个为土料场区，剩下 3 个为红土卵石料场区。根据实地调查和查阅相关监测资料得知，英烈村土料场区在实际施工中并未取土；实际发生的红土卵石料场区位于设计的坝体右肩 A 区、B 区和东清流取土场之间的区域，实际发生的料场区的面积为 4.1 hm²。因此，综合分析，建设期间实际发生的料场开采面积为 4.1 hm²，比方案批复的面积减少了 11.01 hm²。

3. 弃渣场区

按照方案设计，工程产生的弃渣主要弃置场地为料场取料后原占地，弃渣场区实际发生的面积为 4.2 hm²，其中 4.1 hm² 位于原料场区，因为没有重新征地，故不重复计算防治责任范围面积，并纳入料场区范围内；新增面积 0.1 hm²，位于坝体右肩临时施工便道处，与方案相比为新增面积，占地类型为荒地。

4. 施工生产生活区

根据实地调查和查阅相关资料，施工生产生活区实际发生的占地面积为 4.21 hm²，比方案设计的 1.09 hm² 增加了 3.12 hm²。增加原因主要是在建设期间，为方便工人进行施工作业，加快建设进度，而增加了工作人员，同时增加了局部的生活区范围。增加的区域均位于岳城水库管理处东北紧邻公路段，交通便利，易于平整和绿化区域。

5. 移民安置区

在方案设计中移民安置区面积为 1.64 hm²，而在实际工程建设中由业主出资，当地地方政府出面协调，因此该区域防治责任范围不列入本次评估范围。本工程水土流失防治责任范围变化见表2-13。

表 2-13　实际发生的水土流失防治责任范围变化　　　　（单位：hm²）

序号	防治分区		批复的防治责任范围			实际发生防治责任范围			增减情况
			项目建设区	直接影响区	合计	永久占地	临时占地	合计	
1	主体工程区	坝体加固工程区	7.1		7.1	7.1		7.1	
		坝下公路区	10.31	3.5	13.81	8.3	2.8	11.1	−2.71
2	料场区		15.11		15.11	4.1		4.1	−11.01
3	弃渣场区					0.1		0.1	0.1
4	施工道路区		5.7	1.2	6.9	5.7	1.2	6.9	
5	施工生产生活区		1.09		1.09		4.21	4.21	3.12
6	移民安置区		1.64		1.64				−1.64
合计			40.95	4.7	45.65	25.3	8.21	33.51	−12.14

2.5.1.3　运行期防治责任范围

岳城水库除险加固工程在建设期的水土流失防治责任范围中，有部分占地属于临时占地，如坝下公路区、施工道路区和施工生产生活区等。在项目建设结束投入运行后，这部分临时占地已经全部恢复原状（如覆土还耕），或者得到治理，这部分临时占地也不再属于本工程的防治责任范围。因此，本工程在植被恢复期的防治责任范围只包括永久占地的范围。经查阅相关资料，本工程运行期水土保持防治责任范围为 25.3 hm²，具体如表2-14 所示。

表 2-14　岳城水库除险加固工程运行期水土流失防治责任范围　　　　（单位：hm²）

序号	防治分区		运行期防治责任范围
1	主体工程区	坝体加固工程区	7.1
		坝下公路区	8.3
2	料场区		4.1
3	弃渣场区		0.1
4	施工道路区		5.7
5	施工生产生活区		0
6	移民安置区		0
合计			25.3

2.5.1.4 评估意见

根据评估组查阅相关资料和现场调查得出结论:各防治分区征地面积均有据可查,又经实地调查量测后,认为岳城水库除险加固工程水土流失防治责任范围变化基本合理,数据符合实际,实际发生的水土流失防治责任范围可作为本次评估的依据。

2.5.2 水土保持措施总体布局评估

2.5.2.1 防治分区

在水土流失防治中,整个工程分为5个防治区,分别为主体工程区、料场区、弃渣场区、施工道路区和施工生产生活区。岳城水库除险加固工程水土流失防治分区详见表2-15。

表2-15 岳城水库除险加固工程水土流失防治分区

序号	防治分区	占地面积(hm²)	占地类型
1	主体工程区	18.2	耕地、建设用地
2	料场区	4.1	耕地、林地
3	弃渣场区	0.1	弃渣场为原料场占地
4	施工道路区	6.9	荒地、建设用地
5	施工生产生活区	4.21	荒地
合计		33.51	

2.5.2.2 水土保持措施总体布局

根据岳城水库除险加固工程建设的规模及可能形成的水土流失的特点和时空变化情况,本水土保持方案措施布局在充分利用主体工程中具有水土保持功能措施的基础上,因地制宜,因害设防,系统配置工程措施,并与植物措施相结合,做到重点治理与一般防治相结合,改善恢复生态环境,提高土地生产力。在此基础上充分发挥生物措施的后效性,使水土保持措施布局尽量与当地的生产实践相结合,实现水土流失的根本治理。水土保持措施总体布局详见图2-4。

2.5.2.3 评估意见

评估组结合实际的防治措施体系布局与方案批复的防治措施体系布局相比,在措施布局上各个防治分区结合实际情况布设工程措施、植物措施、临时措施,并进行了优化,总体上体现了因地制宜、因害设防、科学配置、综合治理、注重实效的原则。评估组认为岳城水库除险加固工程水土保持防治措施体系布局是合理的。

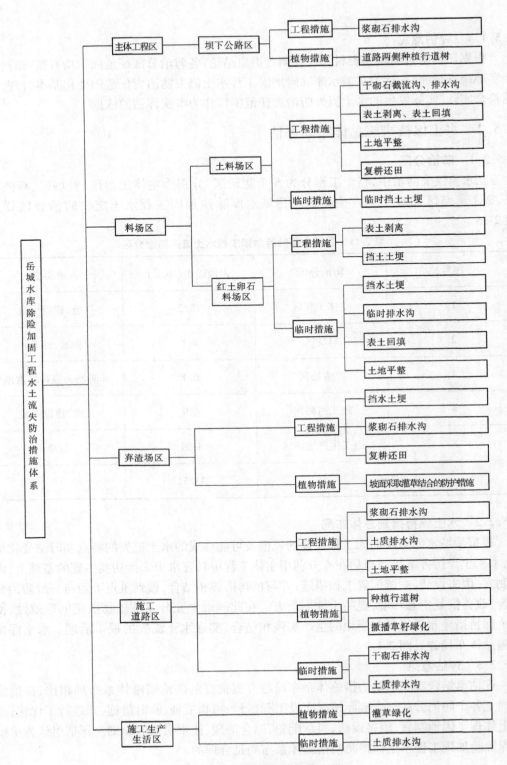

图 2-4　水土保持措施总体布局

2.5.3 水土保持措施完成情况评估

2.5.3.1 工程措施完成情况

根据建设单位自查初验和查阅相关资料,完成的工程措施主要如下。

1. 主体工程区

主体工程区主要分为坝体加固工程区和坝下公路区。从水土保持措施角度考虑,坝体加固工程区主要以建筑物的构建和坝坡的硬化衬砌为主,建设区面积为7.1 hm²。

坝下公路全长9 540.2 m,包括5座跨河桥。从起点2#副坝北端K0 + 000 m至K4 + 262 m段(含香水河桥)共4 262 m,由河北省磁县交通运输局建设和管理,该段为沥青路面,路宽9 m,两侧路肩宽各0.5 m;其余5 878.2 m由岳城水库除险加固工程建设和管理。共扰动土地面积8.3 hm²,其中路面硬化面积为7.13 hm²,其他水土保持工程措施包括道路两侧排水沟工程,其断面为矩形,断面尺寸为50 cm×50 cm。

实际完成工程措施工程量:坝下公路两侧排水沟,共计11 000 m。

2. 料场区及弃渣场区

由于本项目实施中,英烈村土料场并未进行开挖,并且料场区全部位于弃渣场区,为避免重复计算,将两个分区作为一个整体进行防护和治理。治理措施主要为在渣面四周修建土质挡水土埂,在渣体坡面修建与挡水土埂相连的浆砌石排水沟和修建浆砌石挡墙等。弃渣场完成使用后,开展了现场平整,并进行了压实和局部碎石铺盖。

实际完成工程措施工程量:浆砌石拦渣墙150 m,挡水土埂776 m³,干砌石974 m³,完成表土回填5.54万 m³。

3. 施工道路区

本工程施工道路区的工程措施主要是在临时道路两侧修筑浆砌石排水沟、土质排水沟和土地整治等。

实际完成工程措施工程量:浆砌石排水沟577 m³,土质排水沟5 040 m,土地整治1.5 hm²。

4. 施工生产生活区

本工程施工结束后,对施工生产生活区进行迹地土地整治,整治面积1.22 hm²。

岳城水库除险加固工程各防治分区方案设计工程量和实际工程量对比分析见表2-16。

表 2-16　岳城水库除险加固工程实际完成工程量

防治分区	防治措施	单位	设计工程量	实际工程量	变化值
主体工程区	浆砌石排水沟	m	6 168	11 000	4 832
料场区及弃渣场区	表土回填	万 m³	5.54	5.54	未变化
	土方开挖	m³	1 214	1 474	260
	浆砌石拦渣墙	m	未设计	150	150
	排水沟	m³	1 070(浆砌石)	974(干砌石)	−96
	挡水土埂	m³	2 283	776	−1 507
施工道路区	土地整治	hm²	1.5	1.5	未变化
	土方开挖	m³	2 716	2 646	−70
	浆砌石排水沟	m³	625	577	−48
	土质排水沟	m	5 040	5 040	未变化
施工生产生活区	土地整治	hm²	1.09	1.22	0.13

工程措施完成时间为 2009 年 10 月~2011 年 12 月。

2.5.3.2　植物措施完成情况

1. 主体工程区

主体工程区的植物措施是坝下公路的绿化,具体措施是在公路两侧植树种草,以榆树为主。总共为 3 680 株,绿化面积约为 0.71 hm²。

2. 料场区和弃渣场区

因英烈村土料场未开挖,该部分无须实施,而方案设计中的红土卵石料场区位于弃渣场区域内,实际措施为坡面绿化,主要栽植紫穗槐 3 141 株,植草采用播撒狗牙根的方式,面积为 1.05 hm²。

3. 施工道路区

在施工结束后,对新建的 1.5 km 施工道路占压部分进行撒播狗牙根和沙打旺草籽绿化,绿化面积 1.32 hm²。

对改建施工道路两侧布置植物进行绿化美化。路两侧各种植 1 排防护林带,防护林选择柳树和榆树等,株距 2 m,共种植 3 360 株。

4. 施工生产生活区

在工程施工结束后,对该区域进行绿化,栽植的乔木包括梧桐、火炬树、柳树等,灌木选用连翘,株行距为 1.5 m × 1.5 m,共种植 5 556 丛;播撒三叶草面积 1.22 hm²。

各防治分区实际完成植物措施量见表 2-17。

表 2-17 岳城水库除险加固工程实际完成植物措施量

防治分区	植物措施	单位	设计工程量	实际工程量	变化值
主体工程区	种植树木	株	3 296(乔木)	3 680(榆树)	384
	植草	m²	未设计	7 054	7 054
料场区	狗牙根	hm²	0.24	0	−0.24
弃渣场区	紫穗槐	株	3 151	3 141	−10
	狗牙根	hm²	1.58	1.05	−0.53
施工道路区	植树	株	1 680(毛白杨)	3 360(旱柳)	1 680
	植草	hm²	1.5(狗牙根、沙打旺)	2.17(三叶草)	0.67
施工生产生活区	连翘	株	4 844	5 556	712
	植草	hm²	1.09	1.22	0.13

绿化工程施工时间为 2011 年 4 月 ~ 2012 年 5 月,在工程措施完工后开展。

2.5.3.3 临时措施完成情况

在工程施工过程中,由于基础开挖、土方堆放、地面碾压等,均能造成一定量的水土流失,因此本工程在施工中采取了一系列临时工程措施,目的是防止并减少水土流失。这些临时工程措施包括临时挡土埝和临时排水沟等。

工程实际实施临时措施工程量为:①料场区修建临时挡水土埝 2 428 m,土质排水沟 980 m;②施工道路区修建土质排水沟 3 000 m;③施工生产生活区土方开挖 35 m³。

岳城水库除险加固工程临时措施工程量详见表 2-18。

表 2-18　岳城水库除险加固工程临时措施工程量

防治分区	防治措施	单位	设计工程量	实际工程量	增减数量
土料场	挡土土埂	m	1 000	855	−145
红土卵石料场	土方开挖	m³	408	345	−63
	土质排水沟	m	1 214	980	−234
	挡水土埂	m	2 428	2 428	0
	挡土土埂	m	2 096	522	−1 574
施工道路区	土方开挖	m³	1 494	1 056	−438
	土质排水沟	m	2 258	3 000	742
	干砌石排水沟	m	742	0	−742
施工生产生活区	土方开挖	m³	34	35	1

工程临时措施实施时间为 2011 年 4 月~2012 年 2 月。

2.5.3.4　实施情况与方案的对比分析

在工程建设过程中,实际完成的水土保持工程措施和植物措施与方案的设计相比有所变化,实际变化见表 2-16、表 2-17。

从表 2-16、表 2-17 中可以看出,和方案设计相对照,在建设过程中,工程措施和植物措施的措施量较水土保持方案设计有所变化,具体措施量变更内容和变更主要原因分析如下。

1. 工程措施

1)主体工程区

主体工程区内的坝下公路两侧排水沟实际为 11 000 m,比设计的 6 168 m 增加了 4 832 m。

2)料场区和弃渣场区

建设单位在弃渣场内的排水沟的施工过程中结合当地实际情况,把设计中的浆砌石排水沟变更为干砌石排水沟,工程量减少了 96 m³;挡水土埂也减少了 1 507 m³,增加浆砌石挡渣墙 150 m。

3)施工道路区

施工道路区的工程措施变化主要为浆砌石排水沟,实际浆砌石排水沟为 577 m³,比方案设计减少了 48 m³;实际土方开挖为 2 646 m³,比方案设计减少了 70 m³。

4)施工生产生活区

施工道路区在施工完毕之后进行了土地整治,通过查阅相关资料,土地整治面积为 1.22 hm²,比方案设计的 1.09 hm² 增加了 0.13 hm²。

2. 植物措施

1)主体工程区

主体工程区在方案中设计种植乔木 3 296 株,在实际过程中建设单位增加了种植的数量,实际种植榆树 3 680 株,比方案设计增加了 384 株,并实施了植草 7 054 m²。

2)料场区和弃渣场区

由于英烈村料场并未开挖取料,故土料场内的原设计实施狗牙根绿化未实施。弃渣场区内实际播撒狗牙根 1.05 hm²,比方案设计减少了 0.53 hm²。

3)施工道路区

施工单位根据当地情况,把该区域内原设计的道路两侧种植毛白杨 1 680 株,改为种植旱柳 3 360 株,比方案设计的增加了 1 680 株。植草措施由方案设计的撒播狗牙根 1.5 hm²,改为成活率较高的三叶草 2.17 hm²,面积增加了 0.67 hm²。

4)施工生产生活区

施工生产生活区种植连翘 5 556 株,比方案中的 4 844 株增加了 712 株。植草面积为 1.22 hm²,比方案中的 1.09 hm² 增加了 0.13 hm²。

2.5.4　评估意见

工程在实际施工过程中,部分工程量发生了一定的变化,评估组对变化较大的措施进行了分类并分析,分析结果主要有以下几点。

2.5.4.1　工程量变化的分析

(1)主体工程坝下公路两侧排水沟增加了 4 832 m,根据评估组的实地调查,认为该变化是合理的,符合水土保持工程的要求。

(2)施工道路区两侧种植树木的数量增加了 1 680 株,主要是树种变化之后,旱柳比毛白杨的规格小,导致种植密度加大,根据评估组的实地调查,认为该变化是合理的,符合水土保持工程的要求。

2.5.4.2　工程措施的变化

(1)在弃渣场内的浆砌石排水沟在实际施工中变更为干砌石排水沟,评估组采取了查阅当地降水及现场查勘地形等方法,认为干砌石工艺可以满足工程要求。

(2)施工道路区两侧植树的种类由方案设计的毛白杨变更为旱柳,根据实际调查,评估组认为旱柳比毛白杨的规格小,且成活率高,更适合施工道路两侧行道树的标准,其变化符合水土保持工程的要求。

(3)弃渣场区、施工道路区等区域植草的方案由方案设计的撒播狗牙根变更为三叶草,评估组根据实际调查后认为,这些区域一般都是经过开挖以后采取植草措施,狗牙根的成活率和绿化效果不及三叶草,施工方此变更更符合实际,也符合水土保持工程的要求。

综上所述,评估组认为,岳城水库除险加固工程建设管理局结合本工程的实际特点,做到了既满足工程建设的技术要求,又符合水土保持的相关技术标准。水土保持相关措施及措施量较方案设计发生了部分变更。变更后既可以保障生产运营期间的安全生产,又能避免产生新的水土流失隐患,基本完成了水土保持设施的建设任务,并建立了工程措施和植物措施相结合的水土保持综合防治体系。

2.6　水土保持工程质量评价

2.6.1　质量管理体系

岳城水库除险加固工程建设实行了较严格的项目法人制、招标投标制、建设监理制和合同制，对工程质量建立了"项目法人负责，监理单位控制，施工单位保证，接受政府职能部门监督"的管理体系。

为进一步加强对工程质量的管理，岳城水库除险加固建设管理局制定了工程建设管理的一系列管理制度，包含内部管理制度、工程所涉及的设备管理、施工招标投标管理、安全文明施工管理、工程质量管理、工程档案管理、工程进度管理。

本工程在实施过程中，质量管理机构健全、制度完善、责任明确，体现出了强有力的质量控制能力。水土保持设施建设管理是整个水库除险加固工程建设过程中的一部分，建设单位充分发挥了沟通协调作用，促进了水土保持工程安全、优质、高效。

监理单位把握"事前、事中、事后"三个控制环节，根据工程承建合同，签发施工图纸，审查施工单位的施工组织设计和技术措施，指导和监督执行有关质量标准，参加工程质量检查、工程质量事故调查处理和工程验收，对施工单位进行全方位、全过程的监督。

施工单位按照 ISO 9002 标准建立了质量保证体系，制定了质量保证措施，实行了质量责任制。在施工组织设计中，均包括质量保证措施和 HSE 管理措施的内容。施工中坚持对工程采用的原材料、构配件质量进行检验，对水泥砂浆和混凝土的抗压强度进行测试，质量保证资料完整。坚持四个不开工：没有设计技术交底不开工，施工组织设计未批复不开工，施工图纸未会审不开工，施工现场准备条件不充分不开工。同时，对工程质量实行自验、互验、专验的"三检制"，确保工程质量。

在工程建设期间，政府相关职能部门加强了监督检查，项目所在流域机构、省、地、县水行政主管部门多次到施工现场检查指导水土保持工作。质监部门对参建、监理、水土保持监测等单位及其人员资质、质量管理体系、施工方案、检测设备、质量记录、质量等级评定等进行抽查和审核。

综上所述，该输气管道工程的质量管理体系健全、制度完善、措施有力，为保证工程质量奠定了坚实的基础。

2.6.2　工程措施质量评价

2.6.2.1　自查初验结果

工程措施质量自查初验结果见表 2-19。

2.6.2.2　评估抽查结果

评估组按照防治分区对本项目工程措施的单位工程进行了全面核查；对重要单位工程的分部工程核查比例达到 100%，其他单位工程的分部工程采取抽查的方式；共抽查了 5 个分部工程的 232 个单元工程，抽查比例达 50% 以上，抽查结果见表 2-20。

表 2-19　工程措施质量自查初验结果

单位工程所在分区	分部工程				单元工程				质量评定
	总数（个）	合格项目（个）	优良项目（个）	优良率（%）	总数（个）	合格项目（个）	优良项目（个）	优良率（%）	
主体工程区	3	3	2	67	76	76	60	79	合格
料场区	1	1	0	0	33	33	28	85	合格
弃渣场区	3	3	2	66	65	65	55	85	合格
施工道路区	3	3	2	66	38	38	35	92	优良
施工生产生活区	1	1	1	100	58	58	46	79	合格

表 2-20　水土保持工程措施现场检查

单位工程	分部工程	抽查位置	外观质量描述	质量评定
拦渣工程	挡水土埝	弃渣场西南角	挡水土埝外观平整,无坍塌现象	合格
防洪排导工程	排水系统	施工道路	排水沟外观平整,无堵塞物	合格
土地整治工程	土地整治	施工生产生活区	土地已经全部平整,农作物长势良好	合格

2.6.2.3　评估意见

综合竣工资料和现场抽查结果,评估组一致认为,本项目工程措施质量报验、检验和验收,以及质量评定资料齐全;各项措施均经过施工单位自检、监理抽检、业主联检和省质监站的验收,验收程序完善;中间产品及原材料质量全部合格。分部工程和单元工程质量全部合格,分部工程外观质量得分率有 3 个≥85%,有 5 个在 75%~80%。综合评定工程措施质量总体达到合格。

2.6.3　植物措施质量评估

2.6.3.1　自查初验结果

自查初验植物措施质量为合格,详见表 2-21。

表 2-21　单位工程质量评定统计

单位工程所在分区	分部工程				单元工程				质量评定
	总数（个）	合格项目（个）	优良项目（个）	优良率（%）	总数（个）	合格项目（个）	优良项目（个）	优良率（%）	
主体工程区	3	3	2	67	45	45	34	75	合格
料场区	1	1	0	0	35	35	28	80	合格
弃渣场区	3	3	2	66	36	36	30	83	合格
施工道路区	3	3	2	66	18	18	17	94	优良
施工生产生活区	1	1	1	100	33	33	26	79	合格

2.6.3.2 现场检查情况

评估组对植物措施进行了全面的调查,以检查质量、核实面积和林草覆盖度为主,同时还检查林草的长势、成活率和造林密度。共选取了4个调查点抽样调查了20个样方地块,现场抽查结果见表2-22。

表 2-22　绿化工程质量评定

抽样地点	样方（个）	抽样面积（hm²）	植物措施面积（hm²）	抽样比例（%）	树草种	长势	覆盖率（%）	成活率（%）
坝下公路两侧	5	0.42	0.68	61.76	榆树	好		96
					狗牙根	好	96.4	98
施工道路两侧	6	1.03	1.35	76.30	旱柳	好		96
					海棠	好		98
弃渣场西南角	3	0.7	1.12	62.5	草坪	好	96	98
施工生产生活区	6	2.4	4.21	57.00	草坪	好		98

2.6.3.3 评估意见

根据抽样调查结果,评估组认为,岳城水库除险加固工程植物措施质量总体合格,临时用地绿化达到要求,可以起到控制水土流失的作用;坝下公路区域等绿化符合设计标准和规范要求,整齐美观,既保持了水土,又美化了环境。

评估组在查阅植物措施竣工图、绿化施工合同、工程现场签证单、工程绿化造价审核通知单、施工单位总结报告、监理单位总结报告、建设单位竣工报告、绿化工程质量评定资料的基础上,认为岳城水库除险加固工程植物措施在施工过程中能够按照绿化标准要求执行;绿化工程均有施工合同,施工作业图纸完备,质量检验和质量评定资料齐全,程序完善,均有施工单位、监理单位、业主单位的签章,符合质量管理的要求;绿化工程通过自检、监理抽检后,于2012年8月进行初步验收,各项指标均达到要求,工程质量合格。

2.7　水土保持监测评价

2.7.1　监测实施

监测机构:本项目属于工程等别为Ⅰ等的大(1)型水库工程。根据《开发建设项目水土保持设施验收管理办法》(水利部令第16号)的规定,岳城水库除险加固工程建设管理局于2012年6月委托具有甲级监测资质的海河流域水土保持监测中心站对本工程进行了水土保持监测。监测单位接受委托后成立了项目水土保持监测领导小组和项目部,参加监测人员8人。制订了监测实施方案,全面开展了水土保持监测工作。

监测分区:本工程施工区较集中,根据工程建设的实际特点,监测分区以防治责任分区为依据,以不同的施工区作为划分的主要指标,并结合各施工区的工程项目特征、施工工艺、施工组织和开发利用方向,以及各施工区所在地貌单元的特点等划分水土保持防治类型区。水土流失防治区主要为主体工程监测区、坝下公路监测区、土料场监测区、石料场监测区、施工道路及施工生产生活监测区等5个分区。

监测方法:采用样地调查和定位观测相结合的方法。

监测内容:包括水土流失因子监测、水土流失状况监测、水土保持成效监测和重大水土流失事件监测。

监测频次:根据监测内容和工程进度确定,土料场、红土卵石料场、弃土(渣)场的取土(石)量、弃土(渣)量,每10天监测记录1次。扰动土地面积、水土保持工程措施拦挡效果、主体工程建设进度、水土流失影响因子、水土保持植物措施生长情况,每月监测记录1次。

水蚀定位监测频次:资料分析显示,项目所在区域70%以上降雨量集中在6~9月,降雨量大且多暴雨,是水土流失多发期,因此6~9月为重点监测时段。在施工期每年的5月(雨季前)、10月(雨季后)各监测1次,6~9月(雨季)每月监测1次;每次大雨或暴雨(雨量≥50 mm/d)后加测。连续监测3年,监测时段为2009年8月~2011年8月,每次监测结束后,填写监测记录表。

监测点位布设:监测单位以水保方案为依据,根据每个监测点监测目的和指标不同,分为观测样点和调查样点两种,共计11个监测点位。通过对项目各分区的分析,在主体工程区设置1个观测样点、1个调查样点;料场区设置3个观测样点、1个调查样点;弃渣场区设置3个观测样点;施工道路区设置1个调查样点;施工生产生活区设置1个调查样点。

本工程水土保持监测点布置见表2-23。

表2-23 本工程水土保持监测点布置

序号	监测点分区	监测点位置	监测点性质
1	主体工程区	1#——主体工程开挖扰动坡面	观测样点
		2#——坝下公路区	调查样点
2	料场区	3#——英烈土料场区坡面——未发生	观测样点
		4#——红土卵石料场第一坡面	观测样点
		5#——红土卵石料场第二坡面	调查样点
		6#——东清流红土卵石料场区坡面	观测样点
3	弃渣场区	7#——红土卵石料场第三坡面	观测样点
		8#——红土卵石料场第四坡面	观测样点
		9#——东清流红土卵石料场区坡面	观测样点
4	施工道路区	10#——施工道路区	调查样点
5	施工生产生活区	11#——施工生产生活区	调查样点

2.7.2 主要监测成果

2.7.2.1 扰动地表面积监测结果

本项目实际扰动地表面积 33.51 hm²,较方案预测扰动地表面积 45.65 hm² 减少了 12.14 hm²,本工程各防治分区扰动地表面积监测结果见表 3-24。

表 2-24　岳城水库除险加固工程扰动地表面积监测结果

序号	防治分区		面积(hm²)
1	主体工程区	坝体加固工程区	7.1
		坝下公路区	11.1
2	料场区		4.1
3	弃渣场区		0.1
4	施工道路区		6.9
5	施工生产生活区		4.21
	合计		33.51

2.7.2.2 土壤侵蚀模数与侵蚀强度监测结果

根据监测单位 2012 年 6 月完成的《岳城水库除险加固工程水土保持监测报告》,项目区土壤侵蚀模数见表 2-25。

2.7.2.3 土壤流失量的动态监测结果

监测结果表明,与原地貌相比,由工程建设而造成的新增土壤流失量为 1 521.94 t。其中,工程开挖、回填造成新增土壤流失量为 509.02 t,料场开挖造成新增土壤流失量为 285.36 t,弃渣场弃土、平整造成新增土壤流失量为 488.04 t,施工道路区和施工生产生活区等施工活动造成新增土壤流失量为 239.52 t。土壤流失量监测结果见表 2-26。

2.7.2.4 弃土弃渣量监测结果

本项目弃渣量共 26.784 8 万 m³(自然方),弃土弃渣都按照设计堆放在指定的弃渣场。坝体加固工程区共产生弃渣 26.75 万 m³(自然方),大部分弃于右坝肩红土卵石料场区(弃方 24.75 万 m³)、临时汽运道路北侧区(弃方 2.03 万 m³)。取土(石)弃土(渣)量动态监测结果见表 2-27。

2.7.2.5 设计水平年六项防治目标监测结果

(1)扰动土地整治率 98.0%;

(2)水土流失总治理度 95.5%;

(3)土壤流失控制比 0.8;

(4)拦渣率 97%;

(5)林草植被恢复率 98.3%;

(6)林草覆盖率 23.9%。

表 2-25　工程施工阶段各扰动地表类型土壤侵蚀模数

防治分区	扰动面积（hm²）	扰动类型	起止时间		历时（年）	侵蚀模数背景值 [t/(km²·a)]	土壤侵蚀量动态值					
			开始	结束			植被恢复期		原地貌侵蚀量（t）	扰动地貌侵蚀量（t）	植被恢复期第一年侵蚀量（t）	新增侵蚀量（t）
							地表扰动后水力侵蚀模数 [t/(km²·a)]	第一年侵蚀模数 [t/(km²·a)]				
主体工程区	7.1	开挖、回填	2009年10月	2010年11月	1.16	500	3 000	250	41.18	247.08	17.75	205.90
料场区	4.1	开挖	2009年10月	2010年11月	1.16	1 000	7 000	250	47.56	332.92	37.78	285.36
弃渣场区	(4.1+0.1)	弃土、平整	2009年10月	2011年6月	1.66	1 000	8 000	250	69.72	557.76	27.68	488.04
施工道路区	6.9	开挖、回填、填筑	2009年10月	2010年3月	0.5	800	3 000	250	22.80	85.5	14.25	62.70
施工生产生活区	4.21	施工活动	2009年10月	2011年6月	1.75	600	3 000	250	44.21	221.025	2.73	176.82
坝下公路区	11.1	开挖、回填、填筑	2010年4月	2011年12月	1.66	800	3 000	250	110.22	413.34	25.78	303.12
合计	33.51								335.69	1 857.625	125.97	1 521.94

表 2-26　工程建设区各扰动地类型土壤流失量监测结果

扰动类型	监测分区	土壤流失量计算		
		原地貌土壤流失量(t)	扰动地貌土壤流失量(t)	新增土壤流失量(t)
开挖、回填	主体工程区	41.18	247.08	205.90
	坝下公路区	110.22	413.34	303.12
	小计	151.40	660.42	509.02
开挖	料场区	47.56	332.92	285.36
弃土、平整	弃渣场区	69.72	557.76	488.04
施工活动	施工道路区	22.80	85.50	62.70
	施工生产生活区	44.21	221.025	176.82
	小计	67.01	306.525	239.52
总　计		335.69	1 857.625	1 521.94

表 2-27　取土(石)弃土(渣)量动态监测结果　　　　（单位:m³）

项目		挖方		填方	利用方		借方		弃方	
		开挖	拆除		数量	用途	数量	来源	数量	去向
坝体加固工程区	主坝散浸处理	779	1 086	2 466	1 056	回填	1 410	外购	809	料场区
	主坝下游排水暗管改造	52 716	3 858	55 543	3 701	回填	51 842	料场开采	52 873	料场区
	坝顶公路修复		12 842	4 908		回填	4 908	外购	12 842	临时汽运道路北侧料场区
	观测设备改造	17 903		17 903	13 869	回填	4 034	外购	4 034	
	下游护坡及排水沟塌陷处理	7 755	5 170	20 680	10 340	回填	10 340	料场开采	2 585	
	防渗处理混凝土防渗墙	59 481	36 510	68 098	32 139	回填	35 959	料场开采	63 852	

项目		挖方		填方	利用方		借方		弃方	
		开挖	拆除		数量	用途	数量	来源	数量	去向
坝体加固工程区	防渗墙观测	1 030		1 030	774	回填	256	外购	256	临时汽运道路北侧
	防渗处理帷幕灌浆		580	580			580	外购	580	
	施工平台		90 492	465 050			465 050	料场开采	90 492	料场区
	小计	139 664	150 538	636 258	61 879		574 379		228 323	
坝下公路		59 440		80 340	23 340	回填	57 000	料场开采	36 100	料场区
临时施工道路		2 625	2 100	1 300	1 300				3 425	料场区
合计		201 729	152 638	717 898	86 519		631 379		267 848	

2.7.3 评估意见

在工程建设过程中,建设单位实施的水土保持措施有效地抑制了新增水土流失,经调查监测,本项目治理后各防治分区的平均土壤侵蚀模数为 250 t/(km² · a),水土流失防治目标达到水土保持方案确定的目标,水土保持设施运行情况总体良好,工程建设水土流失未对周边造成明显的影响。

评估组认为,监测单位能够按照开发建设项目水土保持监测的有关规定积极开展水土保持监测工作,监测分区、监测点位布设合理,监测方法可行,监测内容较为全面,监测数据能够真实反映实际情况,监测结果是可靠的。

2.8 水土保持投资及资金管理评价

2.8.1 实际发生的水土保持投资

根据岳城水库除险加固工程竣工决算资料,共实际完成水土保持总投资 160.67 万元,其中工程措施 45.14 万元,植物措施 53.21 万元,临时工程措施 2.62 万元,独立费用 59.70 万元,具体内容详见表 2-28。

2.8.2 水土保持投资分析

2.8.2.1 投资变化分析

岳城水库除险加固工程新增水土保持投资与方案批复的投资相比减少了 73.47 万元,与初步设计批复的水土保持投资相比增加 19.67 万元,变化情况详见表 2-29。

2.8.2.2 变化原因分析

(1)工程措施投资比初步设计增加 17.93 万元,主要原因是料场和渣场实施了方案批复的土地整治(表土回填)措施,与方案批复对比减少13.64万元,主要原因是工程量变化。

(2)植物措施投资比初步设计增加5.99万元,比方案批复多18.09万元,主要原因是增加了坝下公路的植草护坡措施,苗木、种子变更且单价提高。

(3)临时工程措施与方案对比减少8.15万元,主要原因是没有实施干砌石排水沟;与初步设计对比减少0.97万元,主要是由于工程量变化。

(4)独立费用与方案对比减少42.53万元,与国家发展和改革委员会核准的初步设计投资对比增加0.46万元;水土保持方案编制费用按初步设计批复的投资计列,水土保持监测费、水土保持设施验收技术评估费以合同计列;工程建设监理费纳入主体监理中,不单独计列;根据相关文件,取消工程质量监督费。

表 2-28　岳城水库除险加固工程水土保持投资完成情况

序号	防治分区	措施名称	单位	工程量	投资
第一部分　工程措施					45.14
1	料场和渣场	表土回填	万 m³	5.54	15.79
		土方开挖	m³	1 474	0.62
		干砌石排水沟	m³	974	10.76
		挡水土埂	m³	776	1.02
2	施工道路区	土地整治	hm²	1.5	1.34
		土方开挖	m³	2 646	1.12
		浆砌石截水沟	m³	577	11.26
		土质排水沟	m	5 040	2.14
3	施工生产生活区	土地整治	hm²	1.22	1.09
第二部分　植物措施					53.21
1	主体工程区	行道树	株	3 680	14.16
		植草	m²	7 054	12.70
2	弃渣场	紫穗槐	丛	3 141	1.27
		狗牙根	hm²	1.05	0.71
3	施工道路区	栽植旱柳	株	3 360	7.67
		三叶草	hm²	2.17	5.65
4	施工生产生活区	栽植连翘	株	5 556	7.87
		三叶草	hm²	1.22	3.18

序号	防治分区	措施名称	单位	工程量	投资
	第三部分 临时工程措施				2.62
1	料场	土方开挖	m³	345	0.15
		挡水土埝	m	2 428	1.28
		挡土土埝	m³	1 377	0.73
2	施工道路区	土方开挖	m³	1 056	0.45
3	施工生产生活区	土方开挖	m³	35	0.01
	第四部分 独立费用				59.70
1	建设管理费				2.02
2	工程建设监理费				0
3	科研勘测费				29.68
4	水土保持监测费				10.00
5	水土保持设施验收技术评估费				18.00
	第一至四部分合计				160.67
	基本预备费				0
	水土保持设施补偿费				0
	水土保持总投资				160.67

表 2-29　实际完成投资与方案批复和初步设计批复投资对比　　（单位：万元）

编号	工程费用名称	方案批复	初步设计批复	完成投资	与方案对比	与初步设计对比
一	工程措施	58.78	27.21	45.14	−13.64	17.93
1	排水工程	32.18	23.76	25.91	−6.27	2.15
2	拦挡工程	2.74	1.02	1.02	−1.72	0
3	土地整治	23.86	2.43	18.21	−5.65	15.78
二	植物措施	35.13	47.23	53.22	18.09	5.99
1	乔灌草	35.13	47.23	53.22	18.09	5.99
三	临时工程措施	10.77	3.59	2.62	−8.15	−0.97
1	拦挡工程	8.71	0.16	2.01	−6.70	1.85

编号	工程费用名称	方案批复	初步设计批复	完成投资	与方案对比	与初步设计对比
2	排水工程	0.18	1.94	0.61	0.43	−1.33
3	其他临时工程	1.88	1.49	0	−1.88	−1.49
四	独立费用	102.23	59.24	59.70	−42.53	0.46
1	建设管理费	2.09	1.56	2.02	−0.07	0.46
2	科研勘测设计费	51.98	29.68	29.68	−22.30	0
3	水土保持监测费	20	10	10.00	−10.00	0
4	工程监理费	16	10	0	−16.00	−10.00
5	竣工验收费	12	8	18.00	6.00	10.00
6	工程质量监督费	0.16	0	0	−0.16	0
五	基本预备费	12.41	3.73	0	−12.41	−3.73
六	水土保持设施补偿费	14.82	0	0	−14.82	0
七	水土保持总投资	234.14	141.00	160.67	−73.47	19.67

（5）基本预备费与主体合并考虑，不再单独计列，与方案对比减少 12.41 万元，与初步设计对比减少 3.73 万元。

（6）水土保持设施补偿费由国家发改委核减，不再计列。

2.8.3 投资控制和财务管理

2.8.3.1 合同管理

岳城水库除险加固工程建设管理局建立健全合同编审及管理，对整个承发包合同进行管理，水土保持工程已经纳入主体工程建设中，为了明确水土保持责任、保障水土保持工程的质量，制定了《岳城水库除险加固工程建设管理局工程建设合同管理办法》，在确保工程质量和安全并符合工程造价的原则上控制工程进度和工程质量。

2.8.3.2 计划财务管理

为了规范财务管理行为、加强水利基本建设资金管理、降低项目建设风险、保证资金安全、提高投资效益，根据财政部颁发的《基本建设财务管理若干规定》和《基本建设项目投资预算细化暂行办法》等相关规定，岳城水库除险加固工程建设管理局结合本工程实际情况，制定了《岳城水库除险加固工程建设管理局工程建设合同管理办法》《岳城水库除险加固工程建设管理局工程质量管理办法》《岳城水库除险加固工程建设管理局财务管理办法》，保证了建设资金的到位及时、合理、有序，为水土保持措施顺利实施提供了有力的资金保证。

岳城水库除险加固工程建设管理局严格按照水利建设资金使用有关规定,规范财务管理和资金使用管理,并结合实际制定了《岳城水库除险加固工程建设财务管理办法》等一系列内部管理办法。岳城水库除险加固工程建设资金实行项目法人统一管理、集中核算,实行"报账制",切实把好资金拨付关,较好地保证了工程建设资金安全。

2.8.3.3　工程价款支付

工程价款支付和结算是财务管理中投资控制的最后环节,是合同管理的重要内容。水土保持工程投资已列入主体工程投资概算,投资控制以合同管理为主,重点加强工程量计量、单价和索赔管理。

项目资金分为前期费用及工程进度款两部分。项目组建设协调专职收到"工程进度款报审表"后 3 个工作日内,复核工程量,并签署意见;项目组技经专职根据审定的工程量,审核"工程进度款报审表"的费用计算是否正确、扣款是否计列,确定支付金额后上报项目经理;项目组建设协调专职在每月 25 日前,填报前期费用支付计划,抄送项目组技经专职并上报项目经理;项目经理审核"工程进度款报审表"及前期费用支付计划,提交工程项目部主任;工程项目部主任审核"工程进度款报审表"及前期费用支付计划;项目组技经专职按审核的金额提交次月工程款计划到综合管理部计划专职,建设协调专职按审核的金额提交次月前期费用支付计划到综合管理部计划专职;综合管理部计划专职汇总工程进度款和前期费用支付计划后,报公司财务部审核及岳城水库除险加固工程建设管理局财务部审批;项目组技经专职、建设协调专职根据已核准的金额填报"付款申请单";项目经理审核"付款申请单";公司经理室审批"付款申请单";财务部出纳核对"付款申请单"、合同等相关材料并支付款项。

2.8.4　评估意见

岳城水库除险加固工程建设管理局计划财务管理机构及制度健全,合同管理规范,工程的投资控制和价款结算程序较为严格,施工、计划、财务与监理等部门相互监督、相互制约,涉及水土保持工程项目支出基本按计划执行。因此,评估组认为可以对其进行水土保持设施竣工验收。

2.9　水土保持效果评价

2.9.1　水土流失治理情况

岳城水库除险加固工程经过工程措施、植物措施和耕地恢复措施等全面治理,各项防护措施已具备了一定的水土保持功能,水土流失基本得到控制。根据水土保持监测数据,结合现场调查,综合分析表明,项目区内的水土流失强度已低于工程建设前的水平。

2.9.1.1　扰动土地整治率

岳城水库除险加固工程在工程建设期间累计扰动土地面积为 29.51 hm^2,截至 2012 年 9 月,工程占(借)地范围内建筑物及硬化面积 16.27 hm^2,实施水土保持措施面积共计

$12.65 \ hm^2$,共治理扰动的土地面积 $28.92 \ hm^2$,扰动土地整治率为98.0%,达到水土保持方案95%的目标。本工程扰动土地整治情况详见表2-30。

表2-30 扰动土地整治情况

防治分区		占地面积（hm^2）	扰动面积（hm^2）	建筑物及硬化面积（hm^2）	水土保持措施面积（hm^2）	土地整治面积（hm^2）	扰动土地整治率（%）
主体工程区	坝体加固工程区	7.1	7.1	7.1	0	7.1	100.0
	坝下公路区	8.3	8.3	7.13	1.13	8.26	99.5
料场区和弃渣场区		4.2	4.2	0.18	3.81	3.99	95.0
施工道路区		5.7	5.7	1.86	3.5	5.36	94.0
施工生产生活区		4.21	4.21	0	4.21	4.21	100.0
合计		29.51	29.51	16.27	12.65	28.92	98.0

2.9.1.2 水土流失总治理度

岳城水库除险加固工程水土流失面积为 $13.24 \ hm^2$,其中绝大部分区域采取了水土保持措施,水土流失治理面积 $12.65 \ hm^2$,由此计算出水土流失总治理度为95.5%,达到水土保持方案95%的目标。本工程水土流失治理情况详见表2-31。

表2-31 水土流失治理情况

防治分区		占地面积（hm^2）	扰动面积（hm^2）	建筑物及硬化面积（hm^2）	水土流失面积（hm^2）	水土流失治理面积（hm^2）	水土流失总治理度（%）
主体工程区	坝体加固工程区	7.1	7.1	7.1	0	0	0
	坝下公路区	8.3	8.3	7.13	1.17	1.13	96.6
料场区和弃渣场区		4.2	4.2	0.18	4.02	3.81	94.8
施工道路区		5.7	5.7	1.86	3.84	3.5	91.1
施工生产生活区		4.21	4.21	0	4.21	4.21	100.0
合计		29.51	29.51	16.27	13.24	12.65	95.5

2.9.1.3 拦渣率与弃渣利用率

根据主体工程施工和监理、监测等资料,结合现场调查,本项目弃渣主要来源于坝体加固工程区、坝下公路区和临时施工道路区的清基清淤和拆除物,弃土（渣）总量约 26.78 万 m^3,弃渣绝大部分倒运到弃渣场区（原有的红土卵石场开采处）,以及临时汽运道路北侧新增的小部分区域内,并进行了平整,做了拦渣坝工程,拦挡总量约 25.99 万 m^3。根据查阅监测结果,本项目综合拦渣率为97.0%,达到水土保持方案95%的目标。工程建设区各部分拦渣率结果见表2-32。

表 2-32　拦渣率结果

项目		挖方（m³）		填方（m³）	利用方（m³）	借方（m³）	弃方（m³）	拦渣量（m³）	拦渣率（%）
		开挖	拆除						
坝体加固工程区	主坝散浸处理	779	1 086	2 466	1 056	1 410	809	796	98.4
	主坝下游排水暗管改造	52 716	3 858	55 543	3 701	51 842	52 873	51 527	97.5
	坝顶公路修复		12 842	4 908		4 908	12 842	12 647	98.5
	观测设备改造	17 903		17 903	13 869	4 034	4 034	4 034	100.0
	下游护坡及排水沟塌陷处理	7 755	5 170	20 680	10 340	10 340	2 585	2 585	100.0
	防渗处理混凝土防渗墙	59 481	36 510	68 098	32 139	35 959	63 852	63 552	99.5
	防渗墙观测	1 030		1 030	774	256	256	256	100.0
	防渗处理帷幕灌浆		580	580		580	580	580	100.0
	施工平台		90 492	465 050		465 050	90 492	89 130	98.5
坝下公路		59 440		80 340	23 340	57 000	36 100	34 781	96.3
临时施工道路区		2 625	2 100	1 300	1 300		3 425		0
合计		201 729	152 638	717 898	86 519	631 379	267 848	259 888	97.0

2.9.1.4　土壤流失控制比

岳城水库除险加固工程区域属于北方土石山区,其容许土壤侵蚀模数200 t/（km²·a）。根据土壤流失量监测结果,该项目治理后的平均土壤侵蚀模数为250 t/（km²·a）。本工程土壤流失控制比为0.8,达到水土保持方案报告书0.8的防治目标。

2.9.2　林草植被恢复率和林草覆盖率

根据主体工程验收资料,结合本次现场调查和测量,该工程防治责任范围内的可绿化面积为7.16 hm²,已经采取植物措施的面积为7.04 hm²,项目区总林草植被恢复率达到98.3%,林草覆盖率可达23.9%,均高于方案设计的防治标准15%。工程建设区各部分林草植被恢复率和林草覆盖率结果见表2-33。

2.9.3　水土保持效果评估分析

截至2012年9月,本工程水土流失防治的六项指标均达到或超过了方案报告书中提出的水土保持防治目标。

这些措施使工程建设破坏的生态环境得到了有效的治理和恢复,在一定程度上改善了水库周边生态环境,有效地控制了工程水土流失的危害。水土保持防治指标对比见表 2-34。

表 2-33　工程建设区各部分林草植被恢复率和林草覆盖率

防治分区		项目建设区面积（hm²）	建筑物及不可绿化面积（hm²）	可绿化面积（hm²）	植物措施（hm²）	林草植被恢复率（%）	林草覆盖率（%）
主体工程区	坝体加固工程区	7.1	7.1	0	0	0	0
	坝下公路区	8.3	7.62	0.68	0.66	97.1	8.0
料场区和弃渣场区		4.2	3.28	0.92	0.85	92.4	20.2
施工道路区		5.7	4.35	1.35	1.32	97.8	23.2
施工生产生活区		4.21	0	4.21	4.21	100.0	100.0
合计		29.51	22.35	7.16	7.04	98.3	23.9

表 2-34　水土保持防治指标对比

序号	指标名称	方案确定目标值	监测结果	评估结果	验收结果
1	扰动土地整治率	95%	98.0%	98.0%	达标
2	水土流失总治理度	95%	95.5%	95.5%	达标
3	拦渣率	95%	97%	97%	达标
4	土壤流失控制比	0.81	0.8	0.8	达标
5	林草植被恢复率	97%	98.3%	98.3%	达标
6	林草覆盖率	15%	23.9%	23.9%	达标

2.9.4　公众满意度

根据技术评估工作的有关规定和要求,在评估工作过程中,评估组向水库周边沿线群众发放了 50 份水土保持公众调查表,所调查的对象主要是当地群众。被调查者中有老年人、中年人,还有青年人和学生。其中男性 38 人,女性 12 人。在被调查的 50 人中,90% 的人认为水库的建设对当地经济有促进,80% 的人认为工程对当地环境有好的影响,80% 的人认为工程区林草植被建设搞得好,70% 的人认为工程对弃土弃渣管理得好,70% 的人认为工程对所扰动的土地恢复得好。水体保持公众调查见表 2-35。

表 2-35 水土保持公众调查

调查年龄段人数（人）	青年	中年	老年	男	女
	18	22	10	38	12

调查工程评价	好		一般		差		说不清	
	人数（人）	占总人数（%）	人数（人）	占总人数（%）	人数（人）	占总人数（%）	人数（人）	占总人数（%）
工程对当地经济影响	45	90	5	10				
工程对当地环境影响	40	80	10	20				
工程对弃土弃渣管理	35	70	15	30				
工程林草植被建设	40	80	10	20				
土地恢复情况	35	70	15	30				

2.9.5 评估意见

（1）根据评估组调查计算与分析，岳城水库除险加固工程扰动土地整治率为 98.0%，水土流失总治理度为 95.5%，拦渣率为 97%，土壤流失控制比为 0.8，林草植被恢复率为 98.3%，林草覆盖率为 23.9%。本工程水土流失防治的六项指标除林草植被恢复率比设计目标值低外，其余五项指标均达到或超过了方案报告书中设计的水土保持防治目标。

林草植被恢复率虽然未达到方案设计标准，但是该系数符合《开发建设项目水土流失防治标准》要求。评估组一致认为工程水土保持防治目标合格。

（2）项目恢复耕地面积与损坏面积数量相等，质量相当。

（3）项目建成后与建设前相比，林草覆盖率由 15% 提高到 23.9%，土壤侵蚀模数由 700 t/（km² · a）下降到 250 t/（km² · a），水土流失治理度达到 98.3%，项目建设后的水土保持功能较建设前大大增强。

（4）根据公众调查，五项指标中满意度最低的为 70%，最高的达 90%，说明绝大多数公众对项目建设表示满意。

2.10 水土保持设施管理维护

本着"谁使用、谁保护"的原则，项目建设单位将临时占地、直接影响区的水土保持设施移交给土地所有权单位或个人使用、管理、维护；对项目永久占地范围内的水土保持设施由岳城水库除险加固工程建设管理局负责，制定了《岳城水库管理办法》《岳城水库管理细则》。管理处下设水库维护队，负责项目区内的堤坝、道路等日常维护工作，以及水工保护、水土保持设施的维护工作。共有水库维护工作人员约 30 人。根据水库管理办法及细则，工作人员每周进行一次检查，内容包括挡土墙完整情况、周围山体稳定情况、水工保护与水土保持设施的完好程度、可能引起的滑坡和塌方的灾害隐患等，遇有特殊情况及时上报处理。

综上所述，本工程的水土保持设施管理维护责任明确、机构人员落实、制度健全、效果显著，具备正常运行条件，符合交付使用要求。

2.11 综合结论及建议

2.11.1 综合结论

岳城水库除险加固工程水土保持设施验收技术评估工作综合以上评估意见得出如下结论：

（1）岳城水库除险加固工程水土保持方案审批手续完备，水土保持工程管理、设计、施工、监理、监测、财务等建档资料齐全。

（2）项目水土流失防治分区合理，防治措施选择得当，形成了综合防治体系，基本按批复的初步设计和设计变更建成。工程措施、植物措施和工程项目总体评价为合格。

（3）岳城水库除险加固工程水土保持工程实施后，工程扰动土地整治率为 98.0%，水土流失总治理度为 95.5%，拦渣率为 97.0%，土壤流失控制比为 0.8，林草植被恢复率为 98.3%，林草覆盖率为 23.9%。本工程水土流失防治的六项指标除林草植被恢复率比设计目标值低外，其余五项指标均达到或超过了方案报告书中设计的水土保持防治目标。林草植被恢复率虽然未达到方案设计标准，但是该系数符合《开发建设项目水土流失防治标准》要求。评估组一致认为工程水土保持防治目标合格。评估组对沿线群众访问调查，公众对该工程的建设比较满意。

（4）水土保持管理组织、财务制度健全，投资控制和价款结算程序严格，财务支出合理，投资及时到位；工程新增水土保持投资与方案批复的投资相比减少 73.47 万元，与初步设计批复的水土保持投资相比增加 19.67 万元。

（5）项目临时占地水土保持设施，移交给土地所有权的单位或个人使用，并负责管理维护；项目永久占地范围内的水土保持设施，建设单位出资委托有关部门负责维护。各项水土保持设施具备正常运行条件，能持续、安全、有效地发挥作用，符合交付使用要求。

综上所述，岳城水库除险加固工程已经实施的各项水土保持工程，已经具备较好的水土保持功能，可以保证水土保持功能的有效发挥。该工程的水土保持设施达到设计和技术标准规定的验收条件，可以进行水土保持专项验收。

2.11.2 遗留问题及建议

（1）红土卵石料场的绿化措施由于土质原因，绿化成活率低，项目建设方应尽快落实绿化问题（如外购土覆盖表层绿化等），避免大风或降雨等自然条件对裸露地面区域造成新的水土流失。

（2）项目区内个别排水沟内存在堵塞现象，应及时清理。

第3章 河南省宿鸭湖水库除险加固工程水土保持设施竣工验收

3.1 概 述

宿鸭湖水库位于河南省驻马店市汝南县城西 6 km 汝河与臻头河汇合处,属淮河流域大洪河支流汝河干流控制工程,坝址以上控制流域面积 4 498 km²,占汝河全流域面积 7 376 km² 的 61%。水库总库容 16.56 亿 m³,是一座以防洪为主,结合灌溉、发电、养殖、旅游等多项目综合利用的大(1)型水利枢纽工程。水库于 1958 年 2 月 20 日开工兴建,同年 8 月 20 日建成。工程主要建筑物包括均质土坝、泄洪建筑物(五孔泄洪闸、七孔泄洪闸)、输水建筑物(桂庄渠首闸、南干灌溉渠首闸、桂庄输水涵闸和夏屯输水涵闸)等。现状坝顶高程 59.2 m,坝宽 8 m。

宿鸭湖水库为淮河上游的大型水利工程,既担负着为淮河干流错峰调度的重任,又是一座典型的以防洪为主的大型平原水库,是汝河流域三大水库中的最后一级控制工程。水库保护了汝河两岸、洪汝河区间及大洪河三岔口以下,包括河南省驻马店市的汝南、平舆、新蔡、正阳 4 县和信阳市的部分县及安徽省的部分市县。仅驻马店市 4 县就有耕地约 24.7 万 hm²、人口 300 多万。

水库保护了范围内的新阳高速、G106 新蔡至潢川段、开封至龚店的开龚公路、驻马店至周口、驻马店至新蔡的省级公路等,防洪位置十分重要。虽然经过五次除险加固,但目前水库主要建筑物还不同程度地存在一些问题,如大坝各坝段下游渗水异常,泄洪闸的闸门及启闭机设备老化,坝下埋管的管身下游段周围和伸缩缝周围无反滤层等,影响水库的安全运行。

为治理宿鸭湖水库存在的安全隐患,确保水库安全,使水库能够正常运行,充分发挥其综合效益,解除水库安全隐患对下游威胁,需要进行除险加固处理。

宿鸭湖水库除险加固工程由河南省宿鸭湖水库管理局作为项目法人单位组织实施,并负责工程的策划、决策、设计、建设、运营等全过程的管理工作。按照《开发建设项目水土保持方案编报审批管理规定》的要求,河南省宿鸭湖水库管理局委托河南省水保生态工程监理咨询公司和河南省江河水利水保工程管理有限公司编制该工程的水土保持方案报告书,并于 2009 年 3 月编制完成了《河南省宿鸭湖水库除险加固工程水土保持方案报告书(送审稿)》,2009 年 5 月 7 日,水利部以水保〔2009〕251 号文对《河南省宿鸭湖水库除险加固工程水土保持方案报告书(报批稿)》进行了批复。

根据《开发建设项目水土保持验收管理办法》的规定,2013 年 1 月,受河南省宿鸭湖水库管理局的委托,黄河水利科学研究院承担了本项目水土保持设施验收的技术评估工作;依据《开发建设项目水土保持设施验收技术规程》(GB/T 22490—2008),于 2013 年 2 月成立了技术评估组,下设综合、工程措施、植物措施和经济财务四个专业组;于 2013 年 2 月 25~26 日和 2013 年 5 月 27~28 日两次深入现场,听取了建设、监理、监测等单位关于工程建设和水土保持方案等实施情况的介绍,分组查阅了工程设计、招标文件、验收、监理、监测、质量管理、财务等档案资料;核查了水土流失防治责任范围、水土保持措施数量、质量及其防治效果;全面了解了水土保持设施运行及管理维护责任的落实情况;向水库周边居民进行了公众调查,并发放调查问卷 50 份;分别召开了工程建设、监理和监测等部门参加的座谈会,广泛听取了各方面的意见;对存在的问题提出了补充完善意见和建议,最后对补充完善意见的落实情况进行了复查。综合组、工程措施组、植物措施组、经济财务组分别提出了评估意见。

3.2 评估工作概述

3.2.1 评估依据

评估工作的主要依据是与水土保持相关的法律法规、技术规程和规范、项目的批复文件、水土保持方案及其设计文件、初步设计方案及其设计文件、相关合同等。所需的相关技术资料有监理资料、监测资料、工程竣工资料、工程变更情况说明、财务决算资料、工程质量评定资料等。

水土保持设施验收评估特性见表 3-1。

3.2.1.1 法律法规

(1)《中华人民共和国水土保持法》(2010 年 12 月)。

(2)《中华人民共和国防洪法》(1998 年 1 月)。

(3)《中华人民共和国水法》(2002 年 10 月)。

(4)《建设项目环境保护管理条例》(1998 年 11 月)。

(5)《中华人民共和国环境影响评价法》(2002 年 10 月)。

3.2.1.2 部委规章

(1)《开发建设项目水土保持设施验收管理办法》(2002 年 10 月,水利部令第 16 号,第 24 号令修改)。

表 3-1 水土保持设施验收评估特性

验收工程名称		河南省宿鸭湖水库 除险加固工程	验收工程地点	河南省驻马店市汝南县
所在流域	淮河流域	所属水土流失防治分区		不在"三区"范围内
水土保持方案批复 部门、时间及文号		2009 年 5 月 8 日,水利部以水保〔2009〕251 号文批复		
工期		主体工程		2009 年 10 月~2012 年 12 月
		水保工程		2010 年 9 月~2013 年 6 月
防治责任范围		水土保持方案确定的防治责任范围		176.31 hm²
		验收的防治责任范围		162.92 hm²

方案拟定水土流失防治目标	水土流失总治理度	90%	实际完成水土流失防治目标	水土流失总治理度	97.01%
	土壤流失控制比	1.0		土壤流失控制比	1.0
	拦渣率	95%		拦渣率	98.01%
	扰动土地整治率	97%		扰动土地整治率	98.37%
	林草植被恢复率	98%		林草植被恢复率	98.00%
	林草覆盖率	22%		林草覆盖率	49.96%
主要工程量	工程措施	土地整治面积 17.94 hm^2,坝体排水沟 11 760 m,导渗沟护砌工程量 10 000 m^3,防汛道路排水沟土方开挖 7 400 m^3。弃渣场浆砌石挡渣坎 123.63 m^3			
	植物措施	绿化面积 81.39 hm^2。种植乔(灌)木 5 780 株,人工种草 75.49 hm^2			
工程质量评定	评定项目	总体质量评定	外观质量评定		
	工程措施	合格	合格		
	植物措施	合格	合格		
投资	水土保持方案投资(万元)	266.26			
	工程实际投资(万元)	219.74			
	投资减少原因	主体工程、施工道路和弃渣场等区域优化设计,减少了部分水土保持工程措施,部分工程量变化等因素导致投资减少			
工程总体评价	水土保持工程建设符合国家相关技术标准、规程的要求,各项工程安全可靠、质量合格,总体工程质量达到了验收标准,可以组织竣工验收				
水土保持方案编制单位	河南省水保生态工程监理咨询公司等		施工单位	河南水利第一工程局等	
水土保持监测单位	河南省水文水资源局		监理单位	河南信禹监理有限公司等	
设施验收评估单位	黄河水利科学研究院		项目法人	宿鸭湖水库管理局	
地址	郑州市顺河路 45 号		地址	河南省驻马店市汝南县	
联系人	×××		联系人	×××	
电话	×××		电话	×××	
传真	×××		传真	×××	
电子信箱	×××		电子信箱	×××	

(2)《开发建设项目水土保持方案编报审批管理规定》(1995 年 5 月)。

(3)《水土保持生态环境监测网络管理办法》(2000 年 1 月)。

(4)《中华人民共和国河道管理条例》(1988 年 6 月 10 日)。

(5)《开发建设项目水土保持设施验收管理规定》(2005 年 7 月 8 日修改)。

3.2.1.3　规范性文件

(1)《关于加强大中型开发建设项目水土保持监理工作的通知》(水利部水保〔2003〕89号)。

(2)《关于规范生产建设项目水土保持监测工作的意见》(水保〔2009〕187号)。

(3)《关于加强大型开发建设项目水土保持监督检查工作的通知》(水保办〔2004〕97号)。

(4)《关于印发〈生产建设项目水土保持设施验收技术评估工作座谈会会议纪要〉的通知》(水保函〔2009〕4号)。

(5)《关于印发〈生产建设项目水土保持设施验收技术评估工作座谈会会议纪要〉的通知》(水保监便字〔2010〕65号)。

3.2.1.4　技术规范和标准

(1)《开发建设项目水土流失防治标准》(GB 50434—2008)。

(2)《水土保持综合治理效益计算方法》(GB/T 5774—2008)。

(3)《开发建设项目水土保持设施验收技术规程》(GB/T 22490—2008)。

(4)《水土保持工程质量评定规程》(SL 336—2006)。

(5)《土壤侵蚀分类分级标准》(SL 190—2007)。

3.2.1.5　技术文件和资料

(1)《河南省宿鸭湖水库除险加固工程水土保持方案报告书(报批稿)》。

(2)《河南省宿鸭湖水库除险加固工程可研初步设计》及批复文件。

(3)有关水土保持工程竣工资料、竣工决算资料,施工、监理和质量评定资料。

(4)水土保持方案实施工作总结报告、水土保持设施竣工验收技术报告、水土保持监测总结报告、水土保持监理总结报告。

3.2.2　评估程序

在宿鸭湖水库管理局自查初验的基础上,评估组对河南省宿鸭湖水库除险加固工程采取了现场勘查、查阅资料、公众满意度调查和与有关单位座谈相结合的方式进行了全面评估,提交技术评估报告。

水土保持设施技术评估技术路线见图3-1。

3.2.3　评估内容

《开发建设项目水土保持验收管理办法》第六条规定:水土保持设施验收的范围应当与批准的水土保持方案及批复文件一致。本次水土保持设施竣工验收工作内容为:检查水土保持设施是否符合设计要求,施工质量、投资使用和管理维护责任落实情况,评价防治水土流失效果,对存在的问题提出处理意见等。

3.2.3.1　水土保持设施建设情况

水土保持设施建设情况包括防治责任范围、水土保持设施总体布局、各类水土保持设施数量和实施进度的评估。

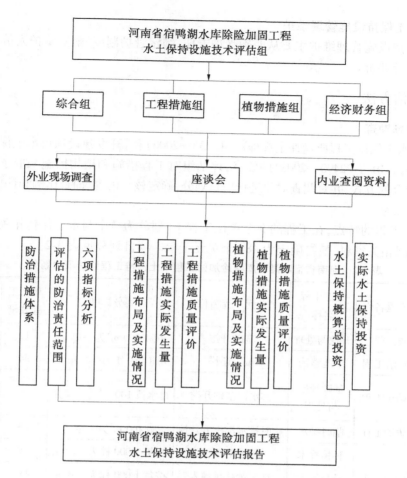

图 3-1 水土保持设施技术评估技术路线

3.2.3.2 水土保持工程质量

水土保持工程质量包括质量管理体系和工程措施、植物措施、重要单位工程、工程项目质量评价。

3.2.3.3 水土保持监测

水土保持监测主要评价监测实施的合理性、监测成果的可信度。

3.2.3.4 水土保持监理

水土保持监理主要评价监理实施的规范性、监理成果的可靠性和监理的作用。

3.2.3.5 水土保持投资及资金管理

水土保持投资及资金管理主要分析评价水土保持投资数量、变化情况和投资控制与财务管理。

3.2.3.6 水土保持效果

水土保持效果评价水土流失防治目标是否达到设计要求,耕地恢复情况,项目建设前、后项目区水土保持功能变化情况,公众满意度。

3.2.3.7 水土保持设施管理维护

水土保持设施管理维护主要从明确管护责任、制定管护制度、落实管护人员和管护效果几方面进行评价。

3.2.4 评估方法

3.2.4.1 现场勘查

根据《水土保持工程质量评定规程》(SL 336—2006)和《开发建设项目水土保持设施验收技术规程》(GB/T 22490—2008)的要求,评估组对工程措施和植物措施采取了普查与重点核查相结合的方式,并对调查对象进行项目划分,确定核查内容、抽查比例和评估标准。

1.项目划分

结合本工程的特点,在工程的 5 个单位工程中,划分为 7 个与水土保持相关的分部工程,根据查阅相关资料,最终确定为 488 个单元工程。项目划分见表 3-2。

表 3-2　河南省宿鸭湖水库除险加固工程水土保持工程评估项目划分

工程项目	单位工程名称	分部工程名称	单元工程名称	划分标准	单元工程数量	工程量
河南省宿鸭湖水库除险加固工程	拦渣工程	开挖与处理	基础开挖	按 1 000 m³ 为一单元	11	10 123.63 m³
	土地整治工程	土地整治	覆土还耕	每 1 hm² 作为一个单元	54	53.45 hm²
	防洪排导工程	基础开挖与处理	排水沟基础开挖	排水按 100 m³ 为一单元	8	7 400 m³
	临时防护工程	临时排水	临时排水沟土方开挖	按 100 m³ 为一单元	65	6 500 m³
	植被建设工程	种植乔木	上游防浪林	按每 1 000 株为一单元	10	9 530 株
		种植灌木	区域绿化植灌木	按每 1 000 株为一单元	258	257 494 株
		植草	区域绿化草皮	每 1 hm² 作为一个单元	82	81.39 hm²
合计	5	7			488	

2.评估范围及抽查比例

本项目为点型工程,点型工程布局相对集中,水土保持单位工程勘查比例应满足:①重点评估范围内的水土保持单位工程应全面查勘,分部工程的抽查核实比例应达到50%;②其他评估范围内的水土保持单位工程查勘比例应达到 50%,分部工程的核查比例应达到30%;③重要单位工程应全面查勘,其分部工程的核查比例应达到 50%。

3.核查内容和方法

1)工程措施

按核查比例抽查典型,评估工程数量、质量。

对重要单位工程全面核查外观质量,其他单位工程核查主要分部工程外观质量,包括:规格尺寸、砌石工艺是否存在缺陷,是否存在因施工不规范和人为破坏等因素造成的破损、变形、裂缝、滑塌等。对关键部位几何尺寸常规采用目视检查和皮尺、测距仪测量,必要时采用 GPS 定位测量。综合上述现场勘查结果,结合监理的质量评定资料对工程措施质量等级进行评定。

2)植物措施

主要采取样方调查方法,全面核查植物措施生长状况(措施完成率、成活率和保存率),并对已实施的植物措施质量进行检查和评定;调查相关绿化措施合同和现场测量相结合的方法确定林草植被种植面积;造林成活率与保存率样方面积 30 m×30 m;种草出苗率与生长情况采用 2 m×2 m 样方测定。

3.2.4.2 资料查询

评估组查阅有关水土保持方面的档案资料,主要包括:水土保持方案,批复的水保文件;工程可研和初步设计报告及批复文件;一期工程水土保持设施验收文件;建设用地文件、国家核准批复文件、水土保持监督检查文件等;工程竣工报告、竣工图纸、竣工验收证书、施工现场绿化合同、施工总结报告、质量评定资料、厂区绿化合同、设计变更情况说明、竣工决算清单、监理和监测报告等。

3.2.4.3 公众满意度调查

为了更好地评价项目水土保持效果,评估组采用发放调查问卷方式,征求水库、坝下公路等区域周边的群众对项目建设的意见和看法。主要包括:施工过程中对周边环境的影响、临时征地是否已经归还,是否复耕,弃渣场等运行过程中对周边环境的影响,以及水库对当地经济发展的影响等。

3.2.5 评估标准

单位工程质量等级评定标准详见表 3-3,工程质量评定标准详见表 3-4。

表 3-3 单位工程质量等级评定标准

评定等级	所含分部工程
合格	质量全部合格
	工程措施外观质量评定得分率≥70%,植物措施成活率 60%~85%
	质量保证资料基本齐全,并整理成册
优良	质量全部合格,其中 50%以上达到优良
	工程措施外观质量评定得分率≥85%,植物措施成活率 85%以上
	质量保证资料基本齐全,并整理成册

表 3-4 工程质量评定标准

评定等级	所含单位工程
合格	单位工程质量全部合格
优良	单位工程质量全部合格,50%以上的单位工程质量优良,且重要单位工程质量优良

评估组结合工程特点,查阅有关水土保持方面的档案资料,主要包括水土保持方案、

批复的水保文件,工程初步设计报告及批复的文件,工程竣工报告、竣工图纸、竣工验收证书、施工现场绿化合同、施工总结报告、质量评定资料、绿化合同、设计变更说明、竣工决算清单、监理、监测报告。

3.3 工程概况及项目建设的水土流失问题

3.3.1 项目概况

3.3.1.1 项目地理位置

宿鸭湖水库位于河南省驻马店市汝南县城西 6 km 汝河与臻头河汇合处,属淮河流域大洪河支流汝河干流控制工程,控制流域面积 4 498 km²,占汝河全流域面积 7 376 km² 的 61%。水库下游主要排洪河道为汝河,河道安全泄量 1 800 m³/s。水库以下地形自西北向东南倾斜,地面坡度约为 1/8 000。

3.3.1.2 项目规模与特性

河南省宿鸭湖水库是一座以防洪为主,结合灌溉、发电、养殖、旅游等多项目综合利用的大(1)型水利枢纽工程。坝顶高程 59.20 m,防浪墙顶高程 60.60 m,总库容 15.83 亿 m³。主要建筑物有:

(1)水库大坝包括:①北岗坝段,对应桩号为 -3-125~8+989,全长 12.114 km;②洼地坝段,对应桩号 8+989~23+797.6,全长 14.809 km;③南岗坝段,对应桩号 23+797.6~34+201.6,全长 10.404 km。

(2)泄水建筑物包括:①五孔泄洪闸,将位于臻头河堵坝段右侧的原五孔泄洪闸拆除后重建。在原闸的位置右侧扩宽,建新五孔闸,每孔闸由 10 m 扩宽至 14 m。②七孔泄洪闸,位于臻头河堵坝左侧,共 7 孔,本工程主要将其闸室胸墙拆除,闸室及上下游翼墙加固加高,消力池加固等。

(3)输水建筑物包括:①桂庄渠首闸,位于大坝桩号 15+289 处,将原输水涵闸拆除重建,新建涵闸为断面 4 m×4 m 无压洞,同时将原有消能设施拆除重建。②桂庄输水涵闸,本次加固工程将电站工作阀门以前部分拆除重建,仍采用单洞结构,不改变原有运行方式。新建输水涵闸主要包括进口连接段、覆盖段、闸室段、涵管段。③夏屯输水涵闸,位于大坝桩号 27+737 处,该闸出水口段原无排水反滤,本次加固结合坝体下游进行贴坡处理,并对部分金属结构的设备进行处理。

本次除险加固工程设计洪水标准按 100 年一遇,校核洪水按 1 000 年一遇。

本项目占地面积 162.92 hm²,其中永久占地面积 149.22 hm²、临时占地面积 13.7 hm²。

工程挖方总量 76.045 6 万 m³,填方 47.281 1 万 m³,利用方 39.332 9 万 m³,弃方 44.192万 m³。工程共布置 5 个弃渣场,占地 48.15 hm²。

2009 年 8 月,国家发展和改革委员会〔2009〕1 号文批准宿鸭湖水库除险加固工程开工,同年 10 月举行了宿鸭湖水库除险加固工程开工奠基仪式。2010 年宿鸭湖水库除险加固工程全面进入施工期,2011 年开始,五孔泄洪闸、七孔泄洪闸加固等单位工程陆续完工,同时主坝和桂庄输水闸及夏屯输水闸相继进入施工高峰。到 2012 年 11 月,主体工程基本完成,进入验收准备期。河南省宿鸭湖水库除险加固工程总投资为 2.963 亿元,其中土建投资 1.77 亿元。本工程属防洪工程,其投资组成为:中央投资 2.28 亿元、省级投资 0.51 亿元、其他投资 0.17 亿元,建设单位为宿鸭湖水库管理局。

河南省宿鸭湖水库除险加固工程特性见表 3-5。

表 3-5　河南省宿鸭湖水库除险加固工程特性

一、项目基本情况

项目名称	河南省宿鸭湖水库除险加固工程	项目性质	改扩建
建设单位	宿鸭湖水库管理局	工程投资	2.963 亿元
建设地点	河南省驻马店市汝南县	土建投资	1.77 亿元
建设规模	除险加固后总库容为 16.38 亿 m³	建设工期	39 个月

二、项目组成

水库大坝工程	①北岗坝段,对应桩号为 -3-125~8+989,全长 12.114 km;②洼地坝段,对应桩号 8+989~23+797.6,全长 14.809 km;③南岗坝段,对应桩号 23+797.6~34+201.6,全长 10.404 km
泄水建筑物工程	①五孔泄洪闸,将位于臻头河堵坝段右侧的原五孔泄洪闸拆除后重建。在原闸的位置右侧扩宽,建新五孔闸,每孔闸由 10 m 扩宽至 14 m。②七孔泄洪闸,位于臻头河堵坝左侧,共 7 孔,本工程主要将其闸室胸墙拆除,闸室及上下游翼墙加固加高,消力池加固等
输水建筑物工程	①桂庄渠首闸,位于大坝桩号 15+289 处,将原输水涵闸拆除重建,新建涵闸为断面 4 m×4 m 无压洞,同时将原有消能设施拆除重建。②桂庄输水涵闸,本次加固工程将电站工作阀门以前部分拆除重建,仍采用单洞结构,不改变原有运行方式。新建输水涵闸主要包括进口连接段、覆盖段、闸室段、涵段段。③夏屯输水涵闸,位于大坝桩号 27+737 处,该闸出水口段原无排水反滤,本次加固结合坝体下游进行贴坡处理,并对部分金属结构的设备进行处理

三、项目占地

防治分区	占地性质	占地面积(hm²)
主体工程区	永久占地	87.57
	临时占地	4.2
防汛道路	永久占地	12
取土场	永久占地	0
弃渣场	永久占地	48.15
施工道路	临时占地	3.5
施工营地和附属企业	永久占地	1.5
	临时占地	6
合计		162.92

四、项目土石方量

挖方总量 76.045 6 万 m³,填方 47.281 1 万 m³,利用方 39.332 9 万 m³,弃方 44.192 万 m³

3.3.1.3　项目实施单位

河南省宿鸭湖水库除险加固工程批复的总投资为 2.963 亿元,其投资组成为:中央投资 2.28 亿元,省级投资 0.51 亿元,其他投资 0.17 亿元。建设单位为宿鸭湖水库管理局。工程设计、土建监理、施工、水土保持监测基本情况见表 3-6。

表 3-6　河南省宿鸭湖水库除险加固工程实施单位一览表

序号	单位分类	承担任务	单位名称
1	建设单位	项目管理	宿鸭湖水库管理局
2	工程设计单位	工程设计	河南省水利勘测设计研究有限公司
3	水土保持方案编制单位		河南省水保生态工程监理咨询公司 河南省江河水利水保工程管理有限公司
4	工程监理单位		河南信禹监理有限公司 河南省河川监理有限公司
5	水土保持监测单位		河南省水文水资源局
6	施工单位	水土保持施工	河南水利第一工程局 河南水利第二工程局 安徽水利股份开发有限公司 河南地矿建设集团

3.3.2　项目区概况

3.3.2.1　地形地貌

项目区地处低山丘陵向豫东平原过渡地带,跨越汝河、英河、连红河、臻头河等河流,地形简单,自西北向东南倾斜,坝址以上地面坡度由 1/1 000 逐渐过渡到 1/5 000,自板桥水库以下,汝河两岸地势较为平坦,薄山水库以下臻头河两岸地势逐渐由浅山区到平原区,水库流域内植被发育,水土保持良好。汝河河道自板桥水库以下滩地宽阔,经过治理,水流较为平顺,河面宽度汛期与非汛期差别较大。

3.3.2.2　气象

项目区属暖温带大陆性季风气候区,阳光充足,热量丰富,雨量充沛,四季分明,温和湿润,平坦低洼,降水集中,容易发生洪涝灾害。汝南县气象局近 30 年(1977~2006 年)统计资料显示的库区气象特征如下:多年平均气温 15 ℃,极端最高气温 41.3 ℃,极端最低气温-15.2 ℃;1 月最冷,平均气温 0.8~1.3 ℃,7 月最热,平均气温 27.2~27.7 ℃;≥0 ℃积温为 5 400 ℃,≥10 ℃积温为 4 625 ℃。年降水量 962 mm,由于受季风的影响,年际降水量的波动十分明显,最多年份是最少年份降水量的 2~3 倍以上,最大年降水量为 1 550 mm,最小年降水量为 584 mm,且四季分布极不均匀,年度降水多集中于汛期(6~9 月),占全年降水量的 61%,暴雨往往集中在几天或几个小时内,24 h 最大降雨量 178.9 mm。光能资源丰富,年太阳辐射总量 112~120 kcal/cm^2,日照时数 1 900~2 100 h,5~9 月光照条件最好,多年平均蒸发量为1 050 mm。初霜期多在11月中旬,全年无霜期220 d。

3.3.2.3 水文

项目区属淮河流域,控制流域面积4 498 km²,区内主要河流及下游主要排洪河道为汝河,河道安全泄量1 800 m³/s。

汝河发源于泌阳县山区,在遂平县境穿越京广铁路,流经汝南、正阳、平舆、新蔡到班台与小洪河汇流后称大洪河,河道全长223 km,流域面积7 376 km²。汝河主要支流臻头河发源于泌阳县与确山县交界处的山区,在沙口以上汇入汝河。宿鸭湖水库控制汝河和臻头河两条主要河道,还有练江河、韩溪河、黄西河、云溪河等较小支流,包括板桥、薄山两水库控制面积在内,共控制流域面积4 498 km²,占汝河流域面积的61%。

项目区松散的第四系沉积物厚度100~300 m,具有多层松散的孔隙含水层,浅层地下水储存于埋深50 m以上的岩土孔隙裂隙中,大气降水是浅层地下水的主要补给源。地下水储存分布主要受岩性影响,在天然条件下由蒸发和河流排泄。全新统浅层地下水埋深0.8~4.67 m,单位出水量4.67~13.26 t/(h·m),渗透系数4.67~13.26 m/d,矿化度小于1 g/L;上更新统浅层水水位0.99~9.73 m,单位出水量0.46~23.33 t/(h·m),渗透系数1.04~18.99 m/d,矿化度小于1 g/L。

3.3.2.4 土壤

项目区山区多花岗岩及石英岩,部分表层风化,丘陵地区多为覆盖较厚的土层,属第四纪。遂平以上土质黏重,汝河两岸为砂壤土,低洼地多为重黏土。

3.3.2.5 植被

项目区位于北亚热带向南暖温带过渡地带,具有南北植物兼有的特点,属暖温带植被区系,植被类型为落叶阔叶植被。野生木本植物中包括乔本的合欢、黄楝、山杨、大叶柳、漆树等,灌木的山楂、酸枣、荆条、檀木、杞柳等,藤本的葛花、爬山花、猕猴桃、金银花等;野生草本植物中有红茎马唐、芭茅、马齿苋、白茅根、爬墙虎等。农作物及果树品种主要是小麦、大豆、玉米、红薯、苹果、梨、大枣、桃等。该区多为低山丘陵区,平均海拔125 m,加之长期人类活动频繁影响,植物的垂直、水平分布差异不显著。植被覆盖率29.3%。

3.3.2.6 水土流失现状

项目区位于驻马店市汝南县,水土流失类型以水蚀为主,其主要表现形式为面蚀和沟蚀,不在河南省人民政府公告的水土流失"三区"范围内。其中,林地、园地、塘地、牧业用地为微度水力侵蚀,土壤侵蚀模数200 t/(km²·a);耕地为轻度水力侵蚀,土壤侵蚀模数1 200 t/(km²·a);还有部分河滩地、渠道和荒地也为轻度水力侵蚀,土壤侵蚀模数1 800 t/(km²·a)。库区地势平坦,周边为平坦农耕地及少量林地,上下游坝坡为草皮护坡,防浪林台以下至地面高程50.5 m为浆砌石护坡,林台以上至56.5 m为干砌石护坡,水土保持现状良好,水土流失背景值为500 t/(km²·a)。

3.3.3 工程建设水土流失问题

3.3.3.1 工程建设造成的水土流失因素分析

本工程区所在地属于低山丘陵向豫东平原过渡地带,水土流失类型主要以水蚀为主,侵蚀强度为轻度。宿鸭湖水库上游有两座大型水库,是汝河流域三大水库中的最后一级控制工程。宿鸭湖水库的防洪保护范围为汝河两岸、洪汝河区间及大洪河三岔口以下,包括河南省驻马店市的汝南、平舆、新蔡、正阳4县和信阳市的部分县及安徽省的部分市县。虽然经过五次除险加固,但目前水库主要建筑物还不同程度地存在一些问题,影响水库的安全运行。为治理宿鸭湖水库存在的安全隐患,确保水库安全,使水库能够正常运行,充分发挥其综合效益,解除水库安全隐患对下游的威胁,需要进行除险加固处理。

本工程为点型工程,除险加固工程区属于点式工程,防汛道路和施工道路修建区线路,工期较长,建设占地面积较大。土石方开挖、回填、弃渣及建筑材料用量也都比较多,对水土流失的影响因素也较多。河南省宿鸭湖水库除险加固工程水土流失影响因素列于表3-7中,水土流失产生过程见图3-2。

表3-7　河南省宿鸭湖水库除险加固工程水土流失影响因素分析

时段	工程分项目	水土流失因素分析
建设期	主体工程区	场地平整、基础开挖以及临时堆放弃土等,扰动地表,弃土、弃渣,造成水土流失
	临时施工区	场地开挖、平整、设备材料堆放使地面裸露,破坏原地貌
	弃渣场	扰动、占压地表,破坏植被,堆放弃渣,造成水土流失
	防汛道路	扰动地表、破坏植被造成水土流失
生产期	建设区及影响区	运行初期植物措施恢复期的水土流失
	弃渣场	方案服务期内弃渣场的水土流失

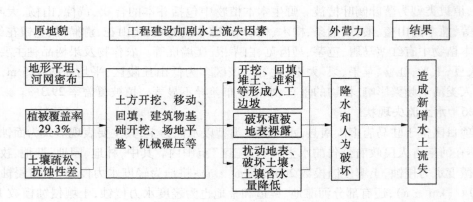

图3-2　水土流失产生过程

3.3.3.2　建设过程中水土流失情况

（1）工程建设扰动、破坏原地貌和植被面积162.92 hm^2。

（2）损坏水土保持设施数量与面积88.71 hm^2。

（3）施工期弃土、弃渣量45.91 万 m^3（自然方）。

（4）造成水土流失总量5 775.12 t,其中新增水土流失量3 451.32 t。

（5）水土流失防治的重点部位为主体工程区和弃渣场防治区。

3.4 水土保持方案和设计情况

3.4.1 水土保持方案报批情况

根据水利部 1995 年第 5 号令《开发建设项目水土保持方案编报审批管理规定》的要求,受宿鸭湖水库管理局的委托,河南省水保生态工程监理咨询公司和河南省江河水利水保工程管理有限公司进行了《河南省宿鸭湖水库除险加固工程水土保持方案报告书》的编制工作,在水土保持方案中明确了主体设计中具有水土保持功能的措施和水土保持方案新增的措施及工程量;2009 年 3 月编制完成了《河南省宿鸭湖水库除险加固工程水土保持方案报告书(送审稿)》;2009 年 5 月 8 日水利部以水保〔2009〕251 号文对《河南省宿鸭湖水库除险加固工程水土保持方案报告书(报批稿)》进行了批复。

3.4.2 水土保持设计

3.4.2.1 防治责任范围和防治分区

根据水利部批复的《河南省宿鸭湖水库除险加固工程水土保持方案报告书(报批稿)》,本工程设计水土流失防治责任范围总面积为 176.31 hm²,其中项目建设区面积 173.83 hm²、直接影响区面积 2.48 hm²。根据工程实际占地情况、扰动原地貌、损坏土地和植被面积、区域自然条件、对水土流失的影响,以及主体工程布局、防治责任区的划分等对工程区域水土流失防治进行分区,分为主体工程防治区、防汛道路防治区、取土场防治区、弃渣场防治区、施工道路防治区、施工营地和附属企业防治区等 6 个防治分区。工程水土流失防治责任范围详见表 3-8,水土流失防治分区见表 3-9。

表 3-8 工程水土流失防治责任范围 (单位:hm²)

项目	项目建设区			直接影响区	合计
	永久	临时	小计		
主体工程防治区	87.57	3.5	91.07		91.07
防汛道路防治区	12		12	2.3	14.3
取土场防治区	7.25		7.25		7.25
弃渣场防治区	52.51		52.51		52.51
施工道路防治区		3.5	3.5		3.5
施工营地和附属企业防治区	1.5	6	7.5	0.18	7.68
合计	160.83	13	173.83	2.48	176.31

表 3-9　水土流失防治分区

序号	分区	水土流失特点
1	主体工程防治区	该区域主要是大坝拆除及填筑、排水沟土方开挖、建筑物及防汛道路施工等,破坏地表植被和临时堆土渣造成水土流失
2	防汛道路防治区	在防汛道路施工期间,容易破坏地表植被和临时堆土渣造成水土流失
3	取土场防治区	取土场在取土过程中破坏了原有地貌及地表植被,改变了原有自然坡度,形成了裸露地面,易产生水土流失
4	弃渣场防治区	弃土渣为松散堆积体,在堆放过程中易造成水蚀,由于没有植被覆盖,粒径较小的石渣在大风天气条件下易形成扬尘,造成风蚀
5	施工道路防治区	施工道路建设期间,对植被的破坏和人为活动加剧改变地面结构,造成水土流失加剧
6	施工营地和附属企业防治区	该区域在建设期由于人为活动的加剧和植被的破坏造成土壤风蚀增大,地貌变化改变径流方向造成土壤水蚀

3.4.2.2　水土流失防治目标

方案批复的水土流失防治目标见表 3-10。

表 3-10　方案批复的水土流失防治目标

序号	项目	目标值
1	扰动土地整治率(%)	95
2	水土流失总治理度(%)	88
3	土壤流失控制比	1
4	拦渣率(%)	95
5	林草覆盖率(%)	22
6	林草植被恢复率(%)	98

3.4.2.3　防治措施体系及防治措施工程量

(1)防治措施体系。

河南省宿鸭湖水库除险加固工程的水土流失防治措施体系包括主体工程中具有水土保持功能的水土保持措施和水土保持方案新增措施。措施体系详见框图 3-3。

(2)防治措施工程量。

河南省宿鸭湖水库除险加固工程主体工程中具有水土保持功能的措施有:①主体工程区排水沟和导渗沟护砌;②防汛道路区两侧浆砌石排水沟;③主体工程区大坝下游草皮护坡和上游防浪林。

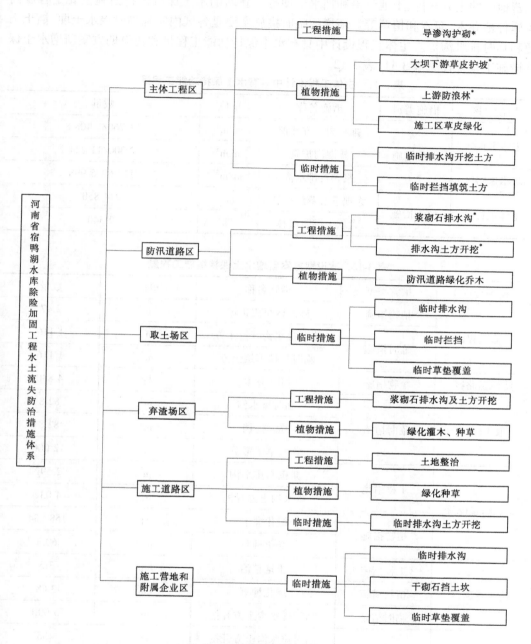

注:带 * 号为主体工程已有措施。

图 3-3　河南省宿鸭湖水库除险加固工程防治措施体系

新增的水土保持工程措施主要有主体工程区、取土场区、弃渣场区、施工道路区和施工营地区的土方开挖、土地整治和挡水土埂等。新增的水土保持植物措施主要是各区内实施种植乔木、灌木和植草等。新增的临时措施主要是各区内实施临时挡水土埂、挡土土埂和临时排水沟等。主体工程设计中具有水土保持功能工程量和建设期方案新增水土保持措施工程量详见表 3-11、表 3-12。

表 3-11　主体工程设计中具有水土保持功能工程量

防治分区	措施类别	措施名称	单位	数量
主体工程区	工程措施	排水沟土方开挖	m/m³	11 760/7 408.8
		导渗沟护砌	m/m³	2 300/11 224
防汛道路区		浆砌石排水沟	m/m³	11 760/5 998
主体工程区	植物措施	大坝下游草皮护坡	m²	214 850
		大坝上游防浪林	棵	9 340

表 3-12　建设期方案新增水土保持措施工程量

防治分区	措施类型	措施名称	单位	数量
主体工程区	植物措施	施工区草皮护坡	hm²	2.47
	临时措施	临时排水沟开挖土方	m³	1 116
		临时拦挡填筑土方	m³	1 116
防汛道路区	植物措施	绿化(乔木)	棵	4 830
取土场区	临时措施	临时排水沟	m³	82.8
		临时拦挡	m³	82.8
		临时草垫覆盖	个	12 000
弃渣场区	工程措施	浆砌石排水沟	m³	2 592
		排水沟土方开挖	m³	4 032
	植物措施	绿化灌木	株	158 834
		绿化种草	hm²	60.3
施工道路区	工程措施	土地整治	hm²	3.5
	植物措施	绿化种草	hm²	3.68
	临时措施	临时排水沟土方开挖	m³	5 000
施工营地和附属企业区	临时措施	临时排水沟土方开挖	m³	458
		干砌石挡土坎	m³	103.5
		临时草垫覆盖	个	10 000

3.5 水土保持设施建设情况评估

3.5.1 防治责任范围

3.5.1.1 实际发生的防治责任范围

评估组根据《河南省宿鸭湖水库除险加固工程水土保持监测报告》并结合征租地文件、工程竣工资料及实地调查,本工程实际水土流失防治责任范围 162.92 hm²,其中项目建设区永久占地面积 149.22 hm²、临时占地面积 13.7 hm²。建设期实际发生的水土流失防治责任范围详见表 3-13。

表 3-13　建设期实际发生的水土流失防治责任范围　　　　　　（单位:hm²）

序号	项目组成	永久占地	临时占地	合计
1	主体工程区	87.57	4.2	91.77
2	防汛道路区	12		12
3	弃渣场区	48.15		48.15
4	施工道路区		3.5	3.5
5	施工营地和附属企业区	1.5	6	7.5
	合计	149.22	13.7	162.92

3.5.1.2 水土流失防治责任范围的变化情况及原因分析

依据《河南省宿鸭湖水库除险加固工程水土保持方案报告书(报批稿)》,本工程设计水土流失防治责任范围为 176.31 hm²,工程实际发生的防治责任范围为 162.92 hm²,与方案相比,防治责任范围减少了 13.39 hm²。本工程水土流失防治责任范围变化的原因主要有以下几个方面。

1.主体工程区

本工程主体工程项目建设区在方案中设计的防治责任范围为 91.07 hm²,根据查阅工程图纸及项目相关资料得知,实际发生的面积为 91.77 hm²,防治责任面积比方案批复的面积增加了 0.7 hm²。

2.防汛道路区

本工程防汛道路区方案中设计的防治责任范围为 14.3 hm²,其中项目建设区为 12 hm²、直接影响区为 2.3 hm²。在实际施工过程中建设方施工较为规范,未对原设计影响区发生影响,故比方案批复的面积减少了 2.3 hm²。

3.取土场区

本工程设计的取土场共有 3 个。根据实地调查和查阅相关监测资料得知,设计的取土场位置均在水库库区内,由于土层的含水量过高,故设计的 3 个取土场都无法使用,建设单位在实际施工过程中的用土是采用从五孔泄洪闸加宽工程施工现场溢洪道开挖的弃土(五孔泄洪闸加宽工程原址工程完工后也进行了工程护坡等措施,故不存在水土流失问题),故取土场区防治责任未发生,防治责任范围比方案批复的减少了 7.25 hm²(此变更已在河南省水利厅备案)。

4.弃渣场区

按照方案设计,工程产生的弃渣主要弃置于指定的弃渣场,在实际过程中建设单位对原有设计的弃渣场进行了优化设计,对原设计的弃渣场位置进行了变更,以便更加有效地利用现有区域,故弃渣场面积较方案批复的面积有所减少。弃渣场区实际发生的面积为48.15 hm²,比方案设计的 52.51 hm²减少了 4.36 hm²(此变更已在河南省水利厅备案)。

工程弃渣场实际占地面积见表 3-14。

表 3-14 工程弃渣场实际占地面积　　　　　　　　(单位:hm²)

序号	名称	占地面积
1	桂庄闸上、下游弃渣场	0.25
2	桂庄—刘大桥导渗沟弃渣场	3.3
3	刘大桥新增弃渣场	1.5
4	防浪林台弃渣场	37.7
5	五孔闸和七孔闸间弃渣场	5.4
	合计	48.15

5.施工营地和附属企业区

本工程施工营地和附属企业区方案中设计的防治责任范围为 7.68 hm²,其中项目建设区为 7.5 hm²、直接影响区 0.18 hm²。在实际施工过程中未对直接影响区产生影响,故比方案批复的面积减少了 0.18 hm²。本工程实际发生的水土流失防治责任范围变化见表 3-15。

表 3-15 实际发生的水土流失防治责任范围变化　　　　　(单位:hm²)

序号	防治分区	设计的防治责任范围			实际发生的防治责任范围				增减情况
		项目建设区	直接影响区	合计	永久占地	临时占地	合计		
1	主体工程区	91.07		91.07	87.57	4.2	91.77		0.7
2	防汛道路区	12	2.3	14.3	12		12		-2.3
3	取土场区	7.25		7.25					-7.25
4	弃渣场区	52.51		52.51	48.15		48.15		-4.36
5	施工道路区	3.5		3.5		3.5	3.5		0
6	施工营地和附属企业区	7.5	0.18	7.68	1.5	6	7.5		-0.18
	合计	173.83	2.48	176.31	149.22	13.7	162.92		-13.39

3.5.1.3 运行期防治责任范围

河南省宿鸭湖水库除险加固工程在建设期的水土流失防治责任范围中,有部分占地属于临时占地,如主体工程在施工过程中的施工材料、施工机械和坝体填筑物的堆放,施工临时道路区和施工营地及附属企业区等。在项目建设结束投入运行后,这部分临时占地已经全部恢复原状(如覆土还耕),部分原有施工营地现已改为养殖用地对外承包,不再属于本工程的防治责任范围。因此,本工程在运行期的防治责任范围只包括永久占地的范围。经现场查阅相关资料,本工程运行期水土保持防治责任范围为 149.22 hm²。

河南省宿鸭湖水库除险加固工程运行期水土流失防治责任范围详见表 3-16。

表 3-16 河南省宿鸭湖水库除险加固工程运行期水土流失防治责任范围(单位:hm²)

序号	防治分区	运行期防治责任范围
1	主体工程区	87.57
2	防汛道路区	12
3	弃渣场区	48.15
4	施工营地和附属企业区	1.5
	合计	149.22

3.5.1.4 评估意见

评估组查阅相关资料和现场调查得出结论:各防治分区征地面积均有据可查,又经实地调查量测后,认为河南省宿鸭湖水库除险加固工程水土流失防治责任范围变化基本合理,数据符合实际,实际发生的水土流失防治责任范围可作为本次评估的依据。

3.5.2 水土保持措施总体布局评估

3.5.2.1 防治分区

在水土流失防治中,整个工程分为 5 个防治分区,分别为主体工程区、防汛道路区、弃渣场区、施工道路区、施工营地和附属企业区。河南省宿鸭湖水库除险加固工程水土流失防治分区详见表 3-17。

表 3-17 河南省宿鸭湖水库除险加固工程水土流失防治分区

序号	防治分区	占地面积(hm²)	占地类型
1	主体工程区	91.77	耕地、建设用地
2	防汛道路区	12	耕地、林地
3	弃渣场区	48.15	荒地
4	施工道路区	3.5	荒地、建设用地
5	施工营地和附属企业区	7.5	荒地
	合计	162.92	

3.5.2.2 水土保持措施总体布局

根据河南省宿鸭湖水库除险加固工程建设的规模,以及可能形成的水土流失的特点和时空变化情况,本水土保持方案措施布局在充分利用主体工程中具有水土保持功能措施的基础上,因地制宜,因害设防,系统配置工程措施,并与植物措施相结合,做到重点治理与一般防治相结合,改善并恢复生态环境,提高土地生产力。在此基础上充分发挥生物措施的后效性,使水土保持措施布局尽量与当地的生产实践相结合,实现水土流失的根本治理。水土保持措施总体布局详见图3-4。

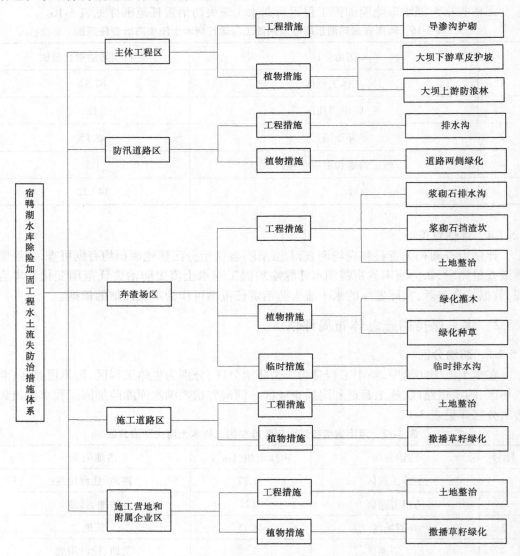

图 3-4　水土保持措施总体布局

3.5.2.3 评估意见

评估组结合实际的防治措施体系布局与方案批复的防治措施体系布局相比,在措施布局上各个防治分区结合实际情况布设工程措施、植物措施、临时措施,并进行了优化,总体上体现了因地制宜、因害设防、科学配置、综合治理、注重实效的原则。评估组认为河南省宿鸭湖水库除险加固工程水土保持防治措施体系布局是合理的。

3.5.3 水土保持措施完成情况评估

3.5.3.1 工程措施完成情况

根据建设单位自查初验和查阅相关资料,完成的工程措施如下。

1.主体工程区

主体工程水土保持工程措施主要为坝体实施排水沟,大坝下游导渗沟护砌,护砌厚度为 0.5 m,长度为 32.9 km。

实际完成工程措施工程量:坝体排水沟 11 760 m,大坝下游导渗沟护砌砌石量(混凝土量),共计 10 000 m³。

2.防汛道路区

防汛道路两侧设计排水沟将路面和边坡汇集起来的地表水,沿道路纵向引至涵洞或路基近旁的低洼处,排出路基以外。

实际完成工程措施工程量:排水沟土方开挖 7 400 m³。

3.弃渣场区

由于大坝线路长,方案设计沿大坝就近设置弃渣场,实际通过查阅监测资料和现场勘查相结合的方式得出,具体为五孔闸与七孔闸之间的弃渣场和刘大桥弃渣场弃渣完成后进行削坡、整地、植草和栽植灌乔木,弃渣场边坡与坝坡一致。工程措施主要为浆砌石挡渣坎,具体措施为采用迎水面坡脚设 M7.5 浆砌石挡渣坎,护砌长度 824.2 m;上游防浪林台弃渣场和大坝下游坡脚与导渗沟之间的工程措施主要为土地整治。

实际完成工程措施工程量:浆砌石挡渣坎 123.63 m³,土地整治面积为 43.95 hm²。

4.施工道路区

本工程施工结束后,对施工道路区进行土地整治,整治面积为 3.5 hm²。

5.施工营地和附属企业区

施工营地和附属企业主要包括施工单位生活生产区、混凝土预制厂房及库房等,临时占地面积 6 hm²。工程措施主要为土地整治,整治面积为 6 hm²。

河南省宿鸭湖水库除险加固工程各防治分区方案设计工程量和实际完成工程量对比分析见表 3-18。

表 3-18 河南省宿鸭湖水库除险加固工程实际完成工程措施工程量

防治分区	防治措施	单位	批复的工程量	实际工程量	变化值
主体工程区	排水沟	m	11 760	11 760	0
	导渗沟护砌	m	11 224	10 000	−1 224
防汛道路区	排水沟	m³	5 998	7 400	1 402

防治分区	防治措施	单位	批复的工程量	实际工程量	变化值
弃渣场区	浆砌石排水沟	m³	2 592	—	-2 592
	排水沟土方开挖	m³	4 032	—	-4 032
	浆砌石挡渣坎	m³	未设计	123.63	123.63
	土地整治	hm²	未设计	43.95	43.95
施工道路区	土地整治	hm²	3.5	3.5	0
施工营地和附属企业区	土地整治	hm²	未设计	6	6

工程措施完成时间为 2012 年 5 月~2013 年 6 月。

3.5.3.2 植物措施完成情况

1. 主体工程区

主体工程区的植物措施是大坝下游草皮护坡和主体工程施工区的绿化,上游防浪林台栽植乔木。实际完成的绿化措施为:大坝下游草皮护坡 19.74 hm²,上游防浪林台植乔木共计 9 530 株,主体工程施工区绿化面积 2.35 hm²。

2. 防汛道路区

防汛道路区植物措施是在道路两侧植树种草,绿化面积为 2.0 hm²。

3. 弃渣场区

弃渣场区的植物措施为在弃渣渣面平整后进行灌木栽植和植草绿化措施。实际完成绿化措施为:弃渣场内植灌木 5 780 株,植草绿化 48 hm²。

4. 施工道路区

在工程施工结束后,对施工道路区进行植草绿化,实际绿化面积为 3.4 hm²。

5. 施工营地和附属企业区

在工程施工结束后,对施工营地和附属企业区进行植草绿化,实际绿化面积为 5.9 hm²。

河南省宿鸭湖水库除险加固工程各防治分区实际完成植物措施量见表 3-19。

表 3-19 河南省宿鸭湖水库除险加固工程各防治分区实际完成植物措施量

防治分区	植物措施	单位	批复的工程量	实际工程量	变化值
主体工程区	大坝下游草皮护坡	hm²	21.49	19.74	-1.75
	施工区绿化	hm²	2.47	2.35	-0.12
	上游防浪林	株	9 340	9 530	190
防汛道路区	道路两侧绿化	hm²	乔木 4 380 株/1.5 hm²	2.0	0.5

防治分区	植物措施	单位	批复的工程量	实际工程量	变化值
弃渣场区	灌木	株	158 834	5 780	−153 054
	植草绿化	hm²	60.3	48	−12.3
施工道路区	植草绿化	hm²	3.68	3.4	−0.28
施工营地和附属企业区	植草绿化	hm²	未设计	5.9	5.9

绿化工程施工时间为 2011 年 6 月～2013 年 6 月,在工程措施完工后开展。

3.5.3.3 临时措施完成情况

在工程施工过程中,由于基础开挖、土方堆放、地面碾压等,均能造成一定量的水土流失,因此本工程在施工中采取了临时工程措施,目的是防治并减少水土流失。这些临时工程措施包括临时排水沟等。

(1)表土剥离措施:表土是经过熟化过程的土壤,其中的水、肥、气、热条件更适合作物的生长。表土作为一种资源,要在施工过程中单独堆存,并采取临时拦挡和覆盖措施。表土用于植物措施的换土、整地,以提高植物的成活率。

(2)在施工过程中对土方开挖要统筹考虑,杜绝重复挖填,开挖的土方要及时回填,减少临时堆土场的堆放量。

施工完成后,根据原占用土地类别,分别采取复耕、种植等措施恢复或改善原有的施工现场状况。

临时防治措施实施进度与主体工程实施进度同步,随时做好水土保持临时防护措施,尽量缩短临时堆土和裸露扰动地面的时间,减少不必要的水土流失。完成的水土保持临时措施主要为弃渣场排水沟土方开挖 6 500 m³。

3.5.3.4 实施情况与方案的对比分析

在工程建设过程中,实际完成的水土保持工程措施和植物措施与方案的设计相比有所变化,实际变化见表 3-18、表 3-19。

从表中可以看出,和方案设计相对照,在建设过程中,工程措施和植物措施的措施量较水土保持方案设计有所变化,具体措施量变更内容和变更主要原因分析如下。

1.工程措施

1)主体工程区

主体工程区导渗沟护砌的长度实际为 10 000 m,比设计的 11 224 m 减少了 1 224 m,减少的原因是在实际施工过程中对部分地段进行了优化设计,故长度有所减少。

2)防汛道路区

建设单位在防汛道路区的施工过程中结合当地实际情况加宽了排水沟,故工程量增加了 1 402 m³。

3)弃渣场区

弃渣场区工程措施的变化主要为浆砌石排水沟,实际施工过程中,由于弃渣场位置的变更,原来设计的工程措施也发生了相应的变化(如桂庄闸上、下游弃渣场是利用原有的低洼地进行了弃渣填坑造地,现已完成平整),主要的措施就是对弃渣后的渣面进行了土地整治,整治后进行草皮绿化,土地整治面积为 43.95 hm²;部分区域建造了浆砌石挡墙,浆砌石挡墙措施量为 123.63 m³。工程实际发生各弃渣场参数见表 3-20。

表 3-20　工程实际发生各弃渣场参数

序号	名称	占地面积 (hm²)	弃渣高(深)度 (m)
1	桂庄闸上、下游弃渣场	0.25	6.4
2	桂庄—刘大桥导渗沟弃渣场	3.3	1.38
3	刘大桥新增弃渣场	1.5	1.2
4	防浪林台弃渣场	37.7	0.77
5	五孔闸和七孔闸间弃渣场	5.4	1.62
	合计	48.15	

4)施工营地和附属企业区

施工营地和附属企业区在施工完毕之后进行了土地整治,查阅相关资料,土地整治面积为 6.0 hm²,而方案中对施工营地和附属企业区并未有水土保持措施设计,故本区域措施面积较比方案增加了 6.0 hm²。

2.植物措施

1)主体工程区

方案中主体工程区大坝下游草皮护坡面积为 21.49 hm²,而实际过程中实施的草皮护坡面积为 19.74 hm²,比方案中减少了 1.75 hm²。主体工程区中施工区绿化实际工程量为 2.35 hm²,比方案设计的 2.47 hm² 减少了 0.12 hm²。上游防浪林在方案中设计为种植乔木 9 340 株,而实际种植乔木为 9 530 株,比方案中增加了 190 株。

2)弃渣场区

弃渣场由于位置变化,区域内的植物措施也发生了一定的变化,批复的植物措施为种植灌木 158 834 株,在实际施工过程中种植灌木 5 780 株,比批复的栽植量减少了 153 054 株。植草绿化面积实际为 48 hm²,比批复的 60.3 hm² 减少了 12.3 hm²。

3)施工道路区

施工单位根据当地情况,在施工道路两侧植草绿化 3.4 hm²,比方案批复的 3.68 hm² 减少了 0.28 hm²。

4)施工营地和附属企业区

施工营地和附属企业区植草面积为 5.9 hm²,由于方案未对该区域植物措施进行设计,故本区植物措施面积增加了 5.9 hm²。

3.5.4 评估意见

工程在实际施工过程中,部分工程量发生了一定的变化,评估组对变化较大的措施进行了分类并分析,分析结果主要为以下几点。

3.5.4.1 措施量变化的分析

(1)弃渣场区的工程措施变化主要为浆砌石排水沟,实际施工过程中,由于弃渣场位置的变更,原来设计的工程措施也发生了相应的变化(如桂庄闸上、下游弃渣场是利用原有的低洼地进行了弃渣填坑造地,现已完成平整),而在原设计中并未对弃渣场区堆渣后的区域进行措施设计,建设单位在实际施工过程中对堆渣后的渣面进行了土地整治,整治后进行草皮绿化,土地整治面积为 43.95 hm²;部分区域建造了浆砌石挡墙,浆砌石挡墙措施量为 123.63 m³。根据评估组的实地调查,认为该变化是合理的,符合要求。

(2)弃渣场区内方案原设计为种植灌木以及工程措施中的排水沟,由于弃渣场位置的变化,相应的植物措施也发生了变化。原设计的种植灌木 158 834 株,在实际施工过程中种植的灌木为 5 780 株,比方案设计减少了 153 054 株,减少的主要原因是灌木在弃渣表层栽植成活率低,建设方经多次栽植后改为植草的方式,故灌木栽植数量变化较大;植草绿化面积为 48 hm²。根据评估组的实地调查,认为该变化是合理的,符合要求。

3.5.4.2 工程措施和植物措施变化的分析

(1)弃渣场内的浆砌石排水沟在实际施工中变更为浆砌石挡墙和土地平整措施,评估组采取了查阅当地降水及现场查勘地形等方法,认为该措施的变更可以满足工程的要求。

(2)弃渣场区由原设计的种植灌木变更为植草的方案,评估组根据实际调查后认为,弃渣场区一般都是堆放废弃渣土,植草的植物措施比种植灌木的成本低且成活率高,施工方此变更既符合实际,又符合水土保持工程的要求。

综上所述,评估组认为,宿鸭湖水库管理局结合本工程的实际特点,工程水土保持设施的建设做到了既满足工程建设的技术要求,又符合水土保持的相关技术标准。水土保持相关措施及措施量较方案设计发生了部分变更。变更后既可以保障生产运营期间的安全生产,又能避免产生新的水土流失隐患,基本完成了水土保持设施的建设任务,并建立了工程措施和植物措施相结合的水土保持综合防治体系。

3.6 水土保持工程质量评价

3.6.1 质量管理体系

河南省宿鸭湖水库除险加固工程建设实行了较严格的项目法人制、招标投标制、建设监理制和合同制,对工程质量建立了"项目法人负责,监理单位控制,施工单位保证,接受政府职能部门监督"的管理体系。

为进一步加强对工程质量的管理,宿鸭湖水库管理局制定了工程建设管理的一系列制度,包括宿鸭湖水库管理局内部管理制度、工程所涉及的设备、施工招标投标管理,安全文明施工管理,工程质量管理,工程档案管理,工程进度管理。

本工程在实施过程中,质量管理机构健全、制度完善、责任明确,体现出了强有力的质量控制能力。在水土保持设施建设管理中,建设单位充分发挥了沟通协调作用,促进了水土保持工程安全、优质、高效。

监理单位把握"事前、事中、事后"三个控制环节,根据工程承建合同,签发施工图纸,审查施工单位的施工组织设计和技术措施,指导和监督执行有关质量标准,参加工程质量检查、工程质量事故调查处理和工程验收,对施工单位进行全方位、全过程的监督。

施工单位按照 ISO 9002 标准建立了质量保证体系,制定了质量保证措施,实行了质量责任制。在施工组织设计中,均包括质量保证措施和 HSE 管理措施的内容。施工中坚持对工程采用的原材料、构配件质量进行检验,对水泥砂浆和混凝土的抗压强度进行测试,尽量保证资料完整。坚持四个不开工:没有设计技术交底不开工,施工组织设计未批复不开工,施工图纸未会审不开工,施工现场准备条件不充分不开工。同时,对工程质量实行自验、互验、专验的"三检制",确保工程质量。

在工程建设期间,政府相关职能部门加强了监督检查,项目所在流域机构、省、地、县水行政主管部门多次到施工现场,检查指导水土保持工作。质监部门对参建、监理、水土保持监测等单位及其人员资质、质量管理体系、施工方案、检测设备、质量记录、质量等级评定等进行抽查和审核。

综上所述,本次水库除险加固工程的质量管理体系健全,制度完善,措施有力,为保证工程质量奠定了坚实的基础。

3.6.2 工程措施质量评价

3.6.2.1 自查初验结果

工程措施质量自查初验结果见表 3-21。

表 3-21 工程措施质量自查初验结果

单位工程所在分区	分部工程				单元工程				质量评定
	总数（个）	合格项目（个）	优良项目（个）	优良率（%）	总数（个）	合格项目（个）	优良项目（个）	优良率（%）	
主体工程区	2	2	2	100	45	45	40	89	合格
防汛道路区	1	1	0	0	22	22	19	86	合格
弃渣场区	2	2	2	100	18	18	15	83	合格
施工道路区	1	1	0	0	31	31	28	90	优良
施工营地和附属企业区	1	1	1	100	22	22	18	82	合格

3.6.2.2 评估抽查结果

评估组按照防治分区对本项目工程措施的单位工程进行了全面核查,对重要单位工程的分部工程核查比例达到 100%。其他单位工程的分部工程采取抽查的方式;共抽查了 5 个分部工程的 95 个单元工程,抽查比例达 50% 以上,抽查结果见表 3-22。

表 3-22　水土保持工程措施现场抽查结果

单位工程	分部工程	抽查位置	外观质量描述	质量评定
拦渣工程	浆砌石挡坎	弃渣场西南角	浆砌石挡坎外观平整,无坍塌现象	合格
防洪排导工程	排水系统	防汛道路	排水沟外观平整,无堵塞物	合格
土地整治工程	土地整治	施工营地和附属企业区	土地已经全部平整,农作物长势良好	合格

3.6.2.3 评估意见

综合竣工资料和现场抽查结果,评估组一致认为,通过查阅,本项目工程措施质量报验、检验和验收以及质量评定资料齐全;各项措施均经过施工单位自检、监理抽检、业主联检和省质监站的验收,验收程序完善;中间产品及原材料质量全部合格。分部工程和单元工程质量全部合格,分部工程外观质量得分率有 3 个 ≥85%,有 5 个为 75%~80%。综合评定工程措施质量总体达到合格。

3.6.3 植物措施质量评估

3.6.3.1 自查初验结果

植物措施质量自查初验为合格,详见表 3-23。

表 3-23　植物措施质量自查初验结果

单位工程所在分区	分部工程				单元工程				质量评定
	总数(个)	合格项目(个)	优良项目(个)	优良率(%)	总数(个)	合格项目(个)	优良项目(个)	优良率(%)	
主体工程区	2	2	2	100	60	60	55	92	优秀
料场区	1	1	0	0	2	2	1	50	合格
弃渣场区	2	2	2	100	278	278	235	85	合格
施工道路区	1	1	0	0	4	4	3	75	优良
施工营地和附属企业区	1	1	1	100	6	6	4	67	合格

3.6.3.2 现场检查情况

评估组对植物措施进行了全面调查,以检查质量、核实面积和林草覆盖度为主,同时检查林草的长势、成活率和造林密度。共选取了4个调查点抽样调查了27个样方地块,现场抽查结果见表3-24。

表3-24 绿化工程质量评定

抽样地点	样方(个)	抽样面积(hm²)	植物措施面积(hm²)	抽样比例(%)	树草种	生长势	覆盖率(%)	成活率(%)
大坝下游导渗沟	8	6.5	22.09	29.43	榆树	好		96
					狗牙根	好	96.4	98
施工道路两侧	3	1.8	3.4	52.94	旱柳	好		96
					海棠	好		98
弃渣场	10	15	48	31.25	草坪	好	96	98
施工营地和附属企业区	6	2.8	5.9	47.46	草坪	好		98

3.6.3.3 评估意见

根据抽样调查结果,评估组认为,河南省宿鸭湖水库除险加固工程植物措施质量总体合格,临时用地绿化达到要求,可以起到控制水土流失的作用;防汛道路区等绿化符合设计标准和规范要求,整齐美观,既保持了水土,又美化了环境。

评估组在查阅植物措施竣工图、绿化施工合同、工程现场签证单、工程绿化造价审核通知单、施工单位总结报告、监理单位总结报告、建设单位竣工报告、绿化工程质量评定等资料的基础上,认为河南省宿鸭湖水库除险加固工程植物措施在施工过程中能够按照绿化标准要求执行;绿化工程均有施工合同,施工作业图纸完备,质量检验和质量评定资料齐全,程序完善,均有施工、监理、业主等单位的签章,符合质量管理的要求;绿化工程通过自检、监理抽检后,于2013年4月进行初步验收,各项指标均达到要求,工程质量合格。

3.7 水土保持监测评价

3.7.1 监测实施

监测机构:宿鸭湖水库为淮河上游的大型水利工程。根据《开发建设项目水土保持设施验收管理办法》(水利部令第16号)的规定,宿鸭湖水库管理局于2012年4月委托具有甲级监测资质的河南省水文水资源局对本工程进行了水土保持监测。监测单位接受委托后成立了项目水土保持监测项目组,参加监测人员8人。制订了监测实施方案,全面开展了水土保持监测工作。

监测分区:本工程施工区较集中,根据本工程建设的实际特点,监测分区以防治责任分区为依据,以不同的施工区作为划分的主要指标,并结合各施工区的工程项目特征、施工工艺、施工组织和开发利用方向,以及各施工区所在地貌单元的特点等划分水土保持防治类型区。水土流失防治区主要为主体工程监测区、防汛道路监测区、弃渣场监测区、施工道路监测区、施工营地和附属企业监测区等 5 个分区。

监测方法:采用样地调查和定位观测相结合的方法。

监测内容:包括水土流失防治责任范围动态监测、水土流失状况监测、水土流失影响因子监测、水土流失背景值监测和水土保持措施效果监测。

监测频次:本项目属于建设生产类项目,监测时段分为建设期和生产运行期。根据工程施工安排进度,工程建设时间为 2009 年 10 月 24 日开工,2012 年 12 月完工,总工期为 38 个月。

鉴于监测合同签订时间为 2012 年 4 月,所以本项目监测工作属于补充监测。由于主体工程将进入试运行期,所以对正在实施的水土保持措施建设情况实行 10 天监测记录 1 次,扰动地表面积、水土保持工程措施拦挡效果等每个月监测记录 1 次,主体工程进度、水土流失因子、水土保持植物措施生长情况等每 2 个月监测记录 1 次。主要侧重于对弃渣场防治措施的数量和质量、拦渣保土效果及扰动范围内植被恢复情况等进行监测。

监测点位布设:监测单位在接受监测任务时,主体设施建设已完工,只剩余少量附属设施和部分绿化工程,无法对原地貌和扰动地表的变化情况进行布设。依据工程实施情况,结合水土保持方案和主体工程施工设计,制订了详细的水土保持监测实施计划,确定了 10 个监测点。具体水土保持监测点位布置见表 3-25。

表 3-25　工程水土保持监测点布置

序号	监测点位	监测点坐标	监测内容	监测方法
1	北岗坝段监测点	E114°17′53.0″ N33°2′1″	护坡及排水设施	调查监测
2	洼地坝段监测点	E114°16′48.8″ N32°57′55.9″	护坡及排水设施	调查监测
3	南岗坝段监测点	E114°18′42.0″ N32°55′38.7″	护坡及排水设施	调查监测
4	泄洪闸监测点	E114°18′32.2″ N32°55′59.8″	场地平整及绿化措施	调查监测
5	五孔闸、七孔闸 弃渣场监测点	E114°18′35.1″ N32°55′51.1″	绿化措施及拦挡工程措施	调查监测
6	刘大桥弃渣场监测点	E114°16′48.6″ N32°57′52.5″	绿化措施及拦挡工程措施	调查监测
7	迎水坡防浪林台 弃渣场监测点	E114°16′54.9″ N32°58′15.4″	场地平整及绿化措施	调查监测
8	防汛道路监测点	E114°18′59.12″ N33°0′58.65″	绿化措施	调查监测
9	施工道路监测点	E114°17′21.58″ N32°59′25.39″	场地平整及绿化措施	调查监测
10	施工营地和附属 企业监测点	E114°16′49.3″ N32°57′53.0″	场地平整	调查监测

3.7.2 主要监测成果

3.7.2.1 扰动地表面积监测结果

本项目实际扰动地表面积 162.92 hm²，较方案预测扰动地表面积 176.31 hm²减少了 13.39 hm²。河南省宿鸭湖水库除险加固工程各防治分区扰动地表面积监测结果见表 3-26。

表 3-26　河南省宿鸭湖水库除险加固工程各防治分区扰动地表面积监测结果

序号	防治分区	扰动地表面积（hm²）
1	主体工程区	91.77
2	防汛道路区	12
3	弃渣场区	48.15
4	施工道路区	3.5
5	施工营地和附属企业区	7.5
	合计	162.92

3.7.2.2 土壤侵蚀模数与侵蚀强度监测结果

根据监测单位 2013 年 6 月完成的《河南省宿鸭湖水库除险加固工程水土保持监测报告》，项目区土壤侵蚀模数见表 3-27。

表 3-27　工程施工阶段各扰动地表类型土壤侵蚀模数

序号	监测点名称	项目					监测重点
		地貌类型	侵蚀类型	监测方法	侵蚀模数 $[t/(km^2 \cdot a)]$	侵蚀强度	
1	北岗坝段监测点	平原	水蚀	调查监测	<200	微度	护坡及排水设施
2	洼地坝段监测点	平原	水蚀	调查监测	<200	微度	护坡及排水设施
3	南岗坝段监测点	平原	水蚀	调查监测	<200	微度	护坡及排水设施
4	泄洪闸监测点	平原	水蚀	调查监测	<200	微度	场地平整及绿化措施
5	五孔闸、七孔闸弃渣场监测点	平原	水蚀	调查监测	<200	微度	绿化措施及排水设施
6	刘大桥弃渣场监测点	平原	水蚀	调查监测	<200	微度	绿化措施及护坡工程措施
7	迎水坡防浪林台弃渣场监测点	平原	水蚀	调查监测	<200	微度	绿化措施及土地整治
8	防汛道路监测点	平原	水蚀	调查监测	<200	微度	绿化措施
9	施工道路监测点	平原	水蚀	调查监测	<200	微度	场地平整及绿化措施
10	施工营地和附属企业监测点	平原	水蚀	调查监测	<200	微度	场地平整

3.7.2.3 土壤流失量的动态监测结果

监测结果表明,与原地貌相比,由工程建设而造成的新增土壤流失量为 5 775.12 t。其中,工程开挖、回填造成新增土壤流失量为 3 303.72 t,防汛道路的修建造成新增土壤流失量为 144 t,弃渣场弃土、平整造成新增土壤流失量为 1 733.4 t,施工道路区及施工营地和附属企业区等施工活动造成新增土壤流失量为 594 t。工程建设区各扰动地类型土壤流失量监测结果见表 3-28。

表 3-28   工程建设区各扰动地类型土壤流失量监测结果

监测分区	流失面积 （hm²）	流失 时间 （年）	原地貌 侵蚀模数 ［t/ （km²·a）］	建设期 侵蚀模数 ［t/ （km²·a）］	原地貌 流失量 （t）	新增 流失量 （t）	总流失量 （t）
主体工程区	91.77	3	500	1 200	1 376.55	1 927.17	3 303.72
防汛道路区	12.0	1	500	1 200	60	84	144
弃渣场区	48.15	3	500	1 200	722.25	1 011.15	1 733.4
施工道路区	3.5	3	500	1 800	52.5	136.5	189
施工营地和 附属企业区	7.5	3	500	1 800	112.5	292.5	405
合计	162.92				2 323.8	3 451.32	5 775.12

3.7.2.4 弃土弃渣量监测结果

本项目弃渣量共 45.91 万 m³（自然方）,临时弃土主要为土料场的表层腐殖土,临时堆存于土料场未开采部位的空地上,目前已平整恢复植被。弃渣主要为大坝开挖及施工围堰拆除的土方、桂庄灌溉渠首闸及桂庄输水涵闸拆除的石方。主要堆放于坝址上游的 4 个弃渣场。取土（石）弃土（渣）量动态监测结果见表 3-29。

表 3-29   取土（石）弃土（渣）量动态监测结果

序号	名称	弃渣位置	弃渣量(万 m³)	弃渣持续时间
1	五孔闸、七孔闸 弃渣场	28 +000	8.74	2009 年 10 ~ 12 月
2	刘大桥弃渣场	24 +500	1.85	2009 年 12 月 ~ 2010 年 12 月
3	桂庄弃渣场	15 +300	1.60	2009 年 11 月 ~ 2010 年 11 月
4	大坝迎水坡防浪林台 弃渣场	大坝迎水坡	29.05	
5	导渗沟弃渣场	大坝下游坡脚 与导渗沟之间	4.67	
	合计		45.91	

3.7.2.5 设计水平年六项防治目标监测结果

（1）扰动土地整治率为 98%。

(2)水土流失总治理度为97%。

(3)土壤流失控制比为1.0。

(4)拦渣率为98%。

(5)林草植被恢复率为97%。

(6)林草覆盖率为49%。

3.7.3　评估意见

在工程建设过程中,建设单位实施的水土保持措施有效地抑制了新增水土流失。经调查监测,本项目治理后各防治分区的平均土壤侵蚀模数为200 t/(km² · a),水土流失防治目标达到水土保持方案确定的目标,水土保持设施运行情况总体良好,工程建设水土流失未对周边造成明显的影响。

评估组认为,虽然监测工作委托较晚,但是根据查阅施工方相关资料和监测单位对现场后期现场的调查,得出的结论可以充分反映出工程在施工中水土流失的基本情况,监测分区、监测点位布设合理,监测方法可行,监测内容较为全面,监测数据能够基本反映施工期的实际情况,监测结果可以作为本次评估的参考数据。

3.8　水土保持投资及资金管理评价

3.8.1　实际发生的水土保持投资

根据河南省宿鸭湖水库除险加固工程竣工决算资料,实际完成水土保持总投资219.74万元,其中工程措施49.91万元、植物措施56.13万元、临时工程措施18.36万元、独立费用93.84万元,具体内容见表3-30。

表3-30　河南省宿鸭湖水库除险加固工程水土保持投资完成情况

序号	防治分区	措施名称	单位	工程量	投资(万元)
第一部分　工程措施					49.91
1	主体工程区	导渗沟护砌	m³	10 000	21.58
2	防汛道路区	排水沟	m³	7 400	7.4
3	弃渣场区	浆砌石挡渣坎	m³	123.63	2.99
		土地整治	hm²	43.95	13.19
4	施工道路区	土地整治	hm²	3.5	1.75
5	施工营地和附属企业区	土地整治	hm²	6	3
第二部分　植物措施					56.13

序号	防治分区	措施名称	单位	工程量	投资(万元)
1	主体工程区	大坝下游草皮护坡	hm²	19.74	9.87
		施工区绿化	hm²	2.35	1.18
		上游防浪林	棵	9 530	14.3
2	防汛道路区	道路两侧绿化	hm²	2	1
3	弃渣场区	灌木	株	5 780	1.13
		种草绿化	hm²	48	24
4	施工道路区	绿化种草	hm²	3.4	1.7
5	施工营地和附属企业区	绿化种草	hm²	5.9	2.95
	第三部分　临时工程措施				18.36
1	弃渣场区	临时排水沟	m³	6 500	18.36
	第四部分　独立费用				93.84
1	建设管理费				2.71
2	工程建设监理费				13.9
3	科研勘测费				37.23
4	水土保持监测费				20
5	水土保持设施验收技术评估费				20
	第一～四部分合计				218.24
	基本预备费				0
	水土保持设施补偿费				1.5
	水土保持总投资				219.74

3.8.2 水土保持投资分析

3.8.2.1 投资变化分析

河南省宿鸭湖水库除险加固工程新增水土保持投资与方案批复的投资相比减少了 46.52 万元,变化情况详见表 3-31。

3.8.2.2 变化原因分析

(1)工程措施中实施坝体排水沟 11 760 m 投资共计 130 万元,此部分投资计入主体投资中,在此不再计列;其他工程措施工程量减少,投资相应减少 12.81 万元。

(2)原设计中植物措施工程量减少,投资相应减少 18.35 万元。

(3)临时工程措施增加 6.67 万元,主要原因是弃渣场位置变更后临时措施量增加。

(4)独立费用减少 7.04 万元:水土保持监测费、水土保持工程验收评估费以合同计列,根据相关文件,取消工程质量监督费。

（5）基本预备费与主体合并考虑，不再单独计列，减少14.99万元。

表3-31　实际完成投资与批复对比 （单位：万元）

编号	工程费用名称	方案批复	实际完成	与方案对比
一	工程措施	62.72	49.91	−12.81
1	排水工程	0	7.4	7.4
2	拦挡工程	59.44	24.57	−34.87
3	土地整治	3.28	17.94	14.66
二	植物措施	74.48	56.13	−18.35
1	主体工程区	2.46	25.35	22.89
2	防汛道路区	1.43	1	−0.43
3	弃渣场区	66.93	1.13	−65.8
4	施工道路区	3.66	1.7	−1.96
5	施工营地和附属企业区	—	2.95	2.95
三	临时工程措施	11.69	18.36	6.67
1	排水	11.69	18.36	6.67
四	独立费用	100.88	93.84	−7.04
1	建设单位管理费	2.98	2.71	−0.27
2	工程建设监理费	11.58	13.9	2.32
3	科研勘测费	57.5	37.23	−20.27
4	水土保持监测费	13.07	20	6.93
5	水土保持工程验收评估费	15.6	20	4.4
6	工程质量监督费	0.15	0	−0.15
五	基本预备费	14.99	0	−14.99
六	水土保持设施补偿费	1.5	1.5	0
七	总投资	266.26	219.74	−46.52

3.8.3　投资控制和财务管理

3.8.3.1　合同管理

宿鸭湖水库管理局建立健全合同编审及管理，对整个承发包合同进行管理，水土保持工程已经纳入主体工程建设中，为了明确水土保持责任、保障水土保持工程的质量，制定了《宿鸭湖水库管理局合同管理办法》。在确保工程质量和安全并符合工程造价的原则上控制工程进度和工程质量。

3.8.3.2　计划财务管理

为了规范财务管理行为、加强水利基本建设资金管理、降低项目建设风险、保证资金安全、提高投资效益,根据财政部颁发的《基本建设财务管理若干规定》和《基本建设项目投资预算细化暂行办法》等相关规定,宿鸭湖水库管理局结合工程实际情况,制定了《宿鸭湖水库管理局工程建设合同管理办法》《宿鸭湖水库管理局工程质量管理办法》《宿鸭湖水库管理局财务管理办法》,保证了建设资金的到位及时、合理、有序,为水土保持措施顺利实施提供了有力的资金保证。

宿鸭湖水库管理局严格按照水利建设资金的有关规定,规范财务管理和资金使用管理,并结合实际制定了《河南省宿鸭湖水库除险加固工程建设财务管理办法》等一系列内部管理办法。河南省宿鸭湖水库除险加固工程建设资金实行项目法人统一管理、集中核算,实行"报账制",切实把好资金拨付关,较好地保证了工程建设资金安全。

3.8.3.3　工程价款支付

工程价款支付和结算是财务管理中投资控制的最后环节,是合同管理的重要内容。水土保持工程投资已列入主体工程投资概算,投资控制以合同管理为主,重点加强工程量计量、单价和索赔管理。

项目资金分为前期费用及工程进度款两部分。项目组建设协调专职收到"工程进度款报审表"后3个工作日内,复核工程量,并签署意见;项目组技经专职根据审定的工程量,审核"工程进度款报审表"的费用计算是否正确、扣款是否计列,确定支付金额后上报项目经理;项目组建设协调专职在每月25日前,填报前期费用支付计划,抄送项目组技经专职并上报项目经理;项目经理审核"工程进度款报审表"及前期费用支付计划,提交工程项目部主任;工程项目部主任审核"工程进度款报审表"及前期费用支付计划;项目组技经专职按经审核的金额提交次月工程款计划到综合管理部计划专职,建设协调专职按经审核的金额提交次月前期费用支付计划到综合管理部计划专职;综合管理部计划专职汇总工程进度款和前期费用支付计划后,报公司财务部审核及宿鸭湖水库管理局财务部审批;项目组技经专职、建设协调专职根据已核准的金额填报"付款申请单";项目经理审核"付款申请单";公司经理室审批"付款申请单";财务部出纳核对"付款申请单"、合同等相关材料并支付款项。

3.8.4　评估意见

宿鸭湖水库管理局计划财务管理机构及制度健全、合同管理规范、工程的投资控制和价款结算程序较为严格,施工、计划、财务与监理等部门相互监督、相互制约,涉及水土保持工程项目支出基本按计划执行。因此,评估组认为可以对其进行水土保持设施竣工验收。

3.9　水土保持效果评价

3.9.1　水土流失治理情况

河南省宿鸭湖水库除险加固工程经过工程措施、植物措施和耕地恢复措施等全面治理,各项防护措施已具备了一定的水土保持功能,水土流失基本得到控制。根据水土保持监测数据,结合现场调查,综合分析表明,项目区内的水土流失强度已低于工程建设前的水平。

3.9.1.1 扰动土地整治率

河南省宿鸭湖水库除险加固工程在工程建设期间累计扰动土地面积为 162.92 hm²,截至 2013 年 6 月,工程占(借)地范围内建筑物及硬化面积为 74.21 hm²,实施水土保持措施面积共计 86.06 hm²,共治理扰动的土地面积为 160.27 hm²,扰动土地整治率为 98.37%,达到水土保持方案设计的目标。本工程扰动土地整治情况见表 3-32。

表 3-32 扰动土地整治情况

防治分区	占地面积 (hm²)	扰动面积 (hm²)	建筑物及 硬化面积 (hm²)	水土保持 措施面积 (hm²)	土地整治面积 (hm²)	扰动土地 整治率 (%)
主体工程区	91.77	91.77	63.71	26.29	90	98.07
防汛道路区	12	12	9	2.47	11.47	95.58
弃渣场区	48.15	48.15	—	48	48	99.69
施工道路区	3.5	3.5	—	3.4	3.4	97.14
施工营地和 附属企业区	7.5	7.5	1.5	5.9	7.4	98.67
合计	162.92	162.92	74.21	86.06	160.27	98.37

3.9.1.2 水土流失总治理度

河南省宿鸭湖水库除险加固工程水土流失面积为 88.71 hm²,其中绝大部分区域采取了水土保持措施,水土流失治理面积为 86.06 hm²,由此计算出水土流失总治理度为 97.01%,达到水土保持方案设计的目标。本工程水土流失治理情况详见表 3-33。

表 3-33 水土流失治理情况

防治分区	占地面积 (hm²)	扰动面积 (hm²)	建筑物及 硬化面积 (hm²)	水土流失面积 (hm²)	水土流失 治理面积 (hm²)	水土流失 总治理度 (%)
主体工程区	91.77	91.77	63.71	28.06	26.29	93.69
防汛道路区	12	12	9	3	2.47	82.33
弃渣场区	48.15	48.15		48.15	48	99.69
施工道路区	3.5	3.5		3.5	3.4	97.14
施工营地和 附属企业区	7.5	7.5	1.5	6	5.9	98.33
合计	162.92	162.92	74.21	88.71	86.06	97.01

3.9.1.3 拦渣率与弃渣利用率

根据主体工程施工和监理、监测等资料,结合现场调查,本项目弃渣主要来源于坝体加固工程区、防汛道路区和临时施工道路区的清基清淤和拆除物,弃土(渣)总量为 45.91 万 m³,弃渣绝大部分倒运到弃渣场区,并进行了平整,做了浆砌石挡渣墙工程,拦挡总量为 45.0 万 m³。根据查阅监测结果,本项目综合拦渣率为 98.01%,达到水土保持方案设计的目标。

3.9.1.4 土壤流失控制比

河南省宿鸭湖水库除险加固工程区域属于北方土石山区,其容许土壤侵蚀模数为 200 $t/(km^2 \cdot a)$。在水土保持措施全部实施后,工程建设各区域的水土流失将得到有效控制;随着后期植物措施持续发挥治理效果,区域平均土壤流失强度控制在 200 $t/(km^2 \cdot a)$ 左右,根据《关于划分国家级水土流失重点防治区的公告》(水利部〔2006〕2 号)和《河南省水土流失重点防治区通告图集》(河南省水利厅 2001 年 9 月),项目区不在"三区"范围内,土壤允许流失量为 200 $t/(km^2 \cdot a)$。经计算,项目建设区土壤流失控制比为 1.0。基本达到水土保持方案中土壤流失控制比设计的目标。

3.9.2 林草植被恢复率和林草覆盖率

根据主体工程验收资料,结合本次现场调查和测量,该工程防治责任范围内的可绿化面积为 83.05 hm^2,已经采取植被措施的面积为 81.39 hm^2,项目区总林草植被恢复率达到 98.00%,林草覆盖率可达 49.96%,均高于方案设计的防治标准。工程建设区各部分林草植被恢复率和林草覆盖率结果见表 3-34。

表 3-34 工程建设区各部分林草植被恢复率和林草覆盖率结果

防治分区	项目建设区面积 (hm^2)	可绿化面积 (hm^2)	植物措施面积 (hm^2)	林草植被恢复率(%)	林草覆盖率(%)
主体工程区	91.77	23	22.09	96.04	24.07
防汛道路区	12	2.5	2	80.00	16.67
弃渣场区	48.15	48.05	48	99.90	99.67
施工道路区	3.5	3.5	3.4	97.14	97.14
施工营地和附属企业区	7.5	6	5.9	98.33	78.67
合计	162.92	83.05	81.39	98.00	49.96

3.9.3 水土保持效果评估分析

截至 2013 年 6 月,本工程水土流失防治的六项指标均达到或超过了方案报告书中提出的水土保持防治目标。

这些措施使工程建设破坏的生态环境得到了有效的治理和恢复,在一定程度上改善了水库周边生态环境,有效地控制了工程水土流失的危害。水土保持防治指标对比见表 3-35。

表 3-35　水土保持防治指标对比

序号	指标名称	方案确定目标值	监测结果	评估结果	验收结果
1	扰动土地整治率	97%	98%	98.37%	达标
2	水土流失总治理度	90%	97%	97.01%	达标
3	拦渣率	95%	98%	98.01%	达标
4	土壤流失控制比	1.0	1.0	1.0	达标
5	林草植被恢复率	98%	98%	98.00%	达标
6	林草覆盖率	22%	49%	49.96%	达标

3.9.4　公众满意度

根据技术评估工作的有关规定和要求,在评估工作过程中,评估组向水库周边沿线群众发放了 50 份水土保持公众调查表,所调查的对象主要是当地群众。被调查者中有老年人、中年人,还有青年人和学生。其中男性 38 人,女性 12 人。在被调查的 50 人中,90%的人认为水库的建设对当地经济有促进,80%的人认为工程对当地环境有好的影响,80%的人认为工程区林草植被建设做得好,70%的人认为工程对弃土弃渣管理得好,70%的人认为工程对所扰动的土地恢复得好。水土保持公众调查见表 3-36。

表 3-36　水土保持公众调查

调查年龄段人数（人）	青年		中年		老年		男		女	
	18		22		10		38		12	
调查工程评价	好		一般		差		说不清			
	人数（人）	占总人数（%）	人数（人）	占总人数（%）	人数（人）	占总人数（%）	人数（人）	占总人数（%）		
工程对当地经济影响	45	90	5	10						
工程对当地环境影响	40	80	10	20						
工程对弃土弃渣管理	35	70	15	30						
工程林草植被建设	40	80	10	20						
土地恢复情况	35	70	15	30						

3.9.5　评估意见

(1)根据评估组调查计算与分析,河南省宿鸭湖水库除险加固工程扰动土地整治率为 98.37%,水土流失总治理度为 97.01%,拦渣率为 98.01%,土壤流失控制比为 1.0,林草植被恢复率为 98.00%,林草覆盖率为 49.96%。本工程水土流失防治的六项指标均达到或超过了方案报告书中设计的水土保持防治目标。评估组一致认为工程水土保持防治目标合格。

（2）项目恢复耕地面积与损坏面积数量相等，质量相当。

（3）项目建成后与建设前相比，林草覆盖率由 29.3% 提高到 49.96%，土壤侵蚀模数控制在 200 t/（km² · a），水土流失总治理度达到 97.01%，项目建设后的水土保持功能较建设前大大增强。

（4）根据公众调查，五项指标中满意度最低的 70%，最高的达 90%，说明绝大多数公众对项目建设表示满意。

3.10　水土保持设施管理维护

本着"谁使用、谁保护"的原则，项目建设单位将临时占地、直接影响区的水土保持设施移交给土地所有权单位或个人使用、管理、维护；对项目永久占地范围内的水土保持设施由宿鸭湖水库管理局负责，制定了《河南省宿鸭湖水库管理办法》《河南省宿鸭湖水库管理细则》。管理局下设水库维护队，负责项目区内的堤坝、道路等日常维护，水工保护、水土保持设施的维护工作。共有水库维护工作人员约 30 人。根据水库管理办法及细则，工作人员每周进行一次检查，内容包括挡土墙完整情况、周围山体稳定情况、水工保护与水土保持设施的情况、可能引起的滑坡和塌方的灾害隐患等，遇有特殊情况及时上报处理。

综上所述，本工程的水土保持设施管理维护责任明确，机构人员落实，制度健全，效果明显，具备正常运行条件，符合交付使用要求。

3.11　综合结论及建议

3.11.1　综合结论

河南省宿鸭湖水库除险加固工程水土保持设施验收技术评估工作总结了综合组、工程组、植物组和财务组的评估意见，得出如下结论：

（1）河南省宿鸭湖水库除险加固工程的水土保持审批手续完备，水土保持工程管理、设计、施工、监理、监测、财务等建档资料齐全。

（2）项目水土流失防治分区合理，防治措施选择得当，形成了综合防治体系，基本按批复的初步设计和设计变更建成。工程措施、植物措施和工程项目总体评价为合格。

（3）河南省宿鸭湖水库除险加固工程水土保持工程实施后，工程扰动土地整治率为 98.37%，水土流失总治理度为 97.01%，拦渣率为 98.01%，土壤流失控制比为 1.0，林草植被恢复率为 98.00%，林草覆盖率为 49.96%。本工程水土流失防治的六项指标均达到或超过了方案批复的水土保持防治目标。评估组对沿线群众访问调查，公众对该工程的建设比较满意。

（4）水土保持管理组织、财务制度健全，投资控制和价款结算程序严格，有据可查。工程新增水土保持投资与批复的投资相比减少了 18.5 万元。

（5）项目临时占地水土保持设施，移交给土地所有权的单位或个人使用，并负责管理维护;项目永久占地范围内的水土保持设施，建设单位出资委托有关部门负责维护。各项水土保持设施具备正常运行条件，能持续、安全、有效地发挥作用，符合交付使用要求。

综上所述，河南省宿鸭湖水库除险加固工程已经实施的各项水土保持工程，已经具备较好的水土保持功能，可以保证水土保持功能的有效发挥。该工程的水土保持设施达到设计和技术标准规定的验收条件，可以进行水土保持专项验收。

3.11.2　遗留问题及建议

（1）五孔闸和七孔闸之间的弃渣场绿化措施由于土质因素，植物措施成活率低，项目建设方应尽快落实该问题并及时整改（如外购土覆盖表层绿化等），避免大风或降雨等自然条件对裸露地面区域造成新的水土流失。

（2）项目区内个别排水沟内存在堵塞现象，应及时清理。

第4章　沁河河口村水库工程水土保持设施验收

4.1　概　述

沁河河口村水库工程是黄河防洪体系的重要组成部分,是国务院批复的《黄河近期重点治理开发规划》(国发〔2002〕61号)确定建设的重点防洪工程。位于黄河一级支流沁河最后一段峡谷出口处,下距五龙口水文站约9 km,行政隶属河南省济源市克井镇。本项目建设能够进一步完善黄河下游防洪工程体系,控制小浪底—花园口间无工程控制区的部分洪水;减轻黄河下游洪水威胁,缓解黄河下游大堤的防洪压力;改变沁河下游被动防洪局面;减小东平湖滞洪区分洪运用概率;提高对中常洪水控制能力。同时,有利于充分调节和利用沁河水资源,为当地工业和生活供水,并利用汛期来水发电,服务于当地经济发展。

本项目由国家、省级及银行贷款投资,河南省河口村水库工程建设管理局负责工程建设、河南省河口村水库管理局负责运行管理。2005年5月之前,本项目前期工作由黄河水利委员会负责;2005年5月,水利部决定由河南省水利厅负责组建项目法人;2005年7月21日,河南省水利厅成立河南省河口村水库筹建处;2006年9月,河南省人民政府明确了河南省水利厅作为工程建设项目法人筹建河南省河口村水库工程建设管理局。

受黄河水利委员会委托,黄河勘测规划设计有限公司于2005年3月编制完成了《沁河河口村水库工程项目建议书》;2005年6月22~26日,水利部水利水电规划设计总院对本项目建议书进行审查;2005年12月1日,河南省发展和改革委员会以豫发改农经〔2005〕1782号向国家发展和改革委员会报送《关于报送河南省沁河河口村水库工程项目建议书的请示》;2006年9月29日,水利部以水规计〔2006〕415号将本项目建议书审查意见报送国家发展和改革委员会;2009年2月27日,国家发展和改革委员会以发改农经〔2009〕562号《国家发展和改革委员会关于河南省沁河河口村水库工程项目建议书的批复》对本项目建议书进行了批复,之后,黄河勘测规划设计有限公司开展了本项目可行性研究报告的编制工作,2009年3月通过水利部水利水电规划设计总院审查;2011年2月25日,国家发展和改革委员会以发改农经〔2011〕413号《国家发展和改革委员会关于河南省沁河河口村水库工程可行性研究报告的批复》对本项目可行性研究报告进行了批复。本项目初步设计工作由黄河勘测规划设计有限公司承担,2011年3月28~30日于北京召开审查会,2011年12月完成修编,2011年12月25日,国家发展和改革委员会以发改投资〔2011〕2586号对初步设计概算进行核定,12月30日,水利部以水总〔2011〕686号《关于沁河河口村水库工程初步设计的批复》对本项目初步设计进行批复。主体工程初步设计文件中列有水土保持专章。

2008年,黄河勘测规划设计有限公司开展了《沁河河口村水库工程水土保持方案报告书》的编制工作;2009年3月14~15日,水利部水利水电规划设计总院在河南省济源市召开技术审查会,对本项目水土保持方案报告书进行了审查。经修改完善,2009年8月完成报批稿,2009年11月12日,水利部以水保〔2009〕542号对本项目水土保持方案进行了批复。2011年12月,编制单位根据主体工程初步设计审查意见及国家发展和改革委员会对本项目概算的批复,编制完成了《沁河河口村水库工程水土保持初步设计报告》。

本项目前期工程自2008年3月17日开始,陆续进行招标投标工作,2008年4月陆续开工建设,主要包括:河口村水库前期一期工程施工道路工程、施工供水工程、房屋建筑工程、前期工程业主营地室外工程、前期工程业主营地大门工程、前期工程业主营地绿化工程、前期工程业主营地10 kV输电线路,前期二期工程1号标段(场内1号道路工程)、2号标段(金滩沁河大桥工程)、3号标段(场内2号道路施工工程)、施工电源及施工通信工程、35 kV变电站通信工程,前期三期工程6号标段(导流洞和场内8号、10号道路)、7号标段(场内5号、9号施工道路)、8号标段(场内4号施工道路)、9号标段(场内7号施工道路)等,共包括17个标段。2010年9月主体工程开始招标,2011年4月开工,包括泄洪洞工程、电站工程、防渗工程、大坝工程、溢洪道工程、安全监测6个主体标(土建及安装)和河口村水库路面改建工程施工标、道路水土保持工程施工标、管理码头施工标、泄洪建筑物出口河道整治Ⅰ标、泄洪建筑物出口河道整治Ⅱ标、泄洪建筑物出口河道整治Ⅲ标、泄洪建筑物出口河道整治Ⅳ标、道路改建Ⅰ标、道路改建Ⅱ标、道路改建Ⅲ标、供水首部水池设备标、封闭工程等14个道路改建,以及道路水保、河道整治、附属工程标段,主体工程施工合同中明确了有关水土保持工作的内容和要求。2014年3月,为进一步完善水土保持工程,河南省河口村水库工程建设管理局针对部分水土保持工程陆续开始施工招标,包括2号弃渣场水土保持工程标、3号及8号路水保绿化种植项目、泄洪建筑物出口下游河道两侧水保绿化种植项目、1号及2号渣场整治及水土保持项目、3号渣场及石料场水土保持项目、坝后排水系统整治及水土保持项目、坝后220平台水土保持工程项目、坝下河道河心滩水土保持项目、坝下河道岸坡及滩地水土保持项目、坝下河道岸坡及滩地水土保持项目等共10个标段。包括前期工程在内,本项目建设共划分47个施工标段,参与施工的单位有23家。施工单位根据现场的实际情况,按照合同约定,于2016年10月陆续完成施工内容,历时106个月。

依据《开发建设项目水土保持设施验收技术规程》(GB/T 22490—2008),本项目水土保持设施实施完成后,河南省河口村水库工程建设管理局立即成立了自验项目组,经精心准备、周密安排,分别于2016年9月21~24日、2016年9月27~30日、2016年10月26日、2016年11月28~12月2日、2016年12月12~16日、2017年1月10~13日等多次进行现场勘查,并召开水土保持设施自查初验专题会,听取监理、监测、施工等单位关于工程建设和水土保持方案实施情况的介绍;征求地方水行政主管部门对本项目水土保持设施建设意见;认真核查了水土保持方案、主体工程初步设计及水土保专章、水土保持初步设计、施工图设计等设计及批复文件,招标投标文件,水土保持工程合同,水土保持工程管理文件,水土保持单位工程、分部工程、单元工程等质量评定资料,水土保持监理原始记录、监理规划、监理细则、监理周报、月报等资料;水土保持监测实施方案、监测原始记录及监测季报、年报等资料,水土保持工程实施影像资料;财务结算等档案资料,征地红线图、重大设计变更及批复文件、涉及水土保持工程的一般设计变更等,并现场核查了水土流失防治责任范围、水土保持设施的数量、质量及其防治效果;对可能产生水土流失重大影响或投资较大的重要单位工程进行了详查。全面了解了水土保持设施运行及管理维护责任的落实情况;对周边村庄进行了公众调查,发放调查问卷 65 份;召开了由质量安全科、工程技术科、环境移民科、水土保持方案编制单位、初步设计单位、监理单位、水土保持监测单位、施工单位等参加的座谈会,广泛听取了有关方面的意见。经深入研究、分析,2017 年 2 月编制完成了该自验报告,并根据评估意见,于 2017 年 4 月整改完成。

由于本项目实施较早,前期工作于 2005 年开始,先后由黄河水利委员会、河南省水利厅河口村水库筹建处、华能河口村水库筹建处、河南省河口村水库工程建设管理局负责,项目主体几经变化;同时前期工程于 2008 年开工建设,实施较早;水土保持方案又于 2009 年批复,在新的水土保持法和办水保〔2016〕65 号文颁布实施之前;项目从水土保持方案、水土保持初步设计直至施工图设计,水土保持措施变化较大,工程质量评定的要求也不尽相同;而且,项目在实施过程中,施工招标是按照施工图设计文件进行招标,签订合同,合同中所涉及的预算项目各投标单位各有不同、所罗列的计费项目不尽相同。因此,按照结算单统计的工程项目和投资计费项目与方案和初步设计相比变化较大。

对于水土保持工程的工程单元划分,由于涉及的施工标段较多,工程在实施过程中,实际按水利水电工程质量评定标准结合水土保持工程质量评定标准进行划分并备案,施工完成后按照单元工程施工质量评定、分部工程验收、单位工程外观质量评定、单位工程验收完成法人验收工作,并印发分部工程验收签证、单位工程验收鉴定书。在进行水土保持工程质量评定时,自验项目组首先从主体工程标段中抽取具有水土保持功能的单元工程、分部工程和单位工程,并根据监理认定的评定结果,确定相关工程单元的质量等级(合格或优良);其次是对水土保持工程单独招标的标段,由于具有完整的评定资料,直接采用,将主体工程标和水土保持标进行统计汇总,综合评定本项目水土保持工程的质量。由于移民安置区由当地移民部门实施,施工中对水土保持方案中界定为水土保持工程的植物措施并未进行工程单元划分,仅在施工结束后,对所实施的植物措施进行了完工验收。移民安置区内工程措施由于水土保持方案未界定为水土保持工程,本项目水土保持自验报告中不再进行统计。

本项目在施工中未对水土保持重要单位工程进行划分,为对本项目水土保持设施质量做出全面合理评价,自验项目组根据项目划分的实际情况,结合《开发建设项目水土保持设施验收技术规程》(GB/T 22490—2008),将征占地面积不小于 5 hm² 或土石方量不小于 5 万 m³ 的弃渣场和料场的防护措施、占地面积 1 hm² 及以上的园林绿化工程界定为重要单位工程,由于业主营地未进行项目划分,不再将其界定为重要单位工程。

4.2 项目与项目区概况

4.2.1 项目概况

4.2.1.1 地理位置

沁河河口村水库工程位于黄河一级支流沁河最后一段峡谷出口处,下距五龙口水文站约9 km,坝址位于济源市克井镇河口村,距济源市20 km,坝址地理坐标为东经109°27′,北纬38°13′。水库控制流域面积9 223 km²,占沁河流域面积的68.2%。

4.2.1.2 主要技术及经济指标

沁河河口村水库开发任务以防洪、供水为主,兼顾灌溉、发电、改善河道基流等,属大(2)型水库,为Ⅱ等工程,设计总库容3.17亿m³,调洪库容2.31亿m³,防洪库容2.31亿m³,调节库容1.96亿m³,死库容0.51亿m³。正常蓄水位275 m,设计洪水位285.43 m,校核洪水位285.43 m,死水位225 m,前汛期限制水位238 m,正常蓄水位以下原始库容2.47亿m³;设大小电站两座,装机容量11.6 MW;水库年供水量1.28亿m³,灌溉面积31.05万亩。拦河坝最大坝高122.5 m(趾板处坝高),建筑物级别为1级;泄洪洞、溢洪道、供水发电洞进口建筑物级别为2级;供水发电洞、电站厂房和次要建筑物级别为3级;临时建筑物级别为4级;面板堆石坝趾板边坡为1级边坡,泄洪洞进出口边坡为2级边坡。

根据《水利水电工程等级划分及洪水标准》(SL 252—2000),各主要建筑物按500年一遇洪水设计,2 000年一遇洪水校核;电站厂房按50年一遇洪水设计,200年一遇洪水校核;下游消能防冲建筑物设计洪水标准为50年一遇。

按国家质量技术监督局《中国地震动参数区划图》(GB 18306—2001),河口村坝址场地地震动反应谱特征周期为0.40 s,地震动峰值加速度0.1g,相应地震烈度为7度。鉴于大坝为高坝,按规定提高一级设计标准,为1级建筑物,且大坝基础比较复杂,参照《水工建筑物抗震设计规范》(SL 203—97)的规定,对1级壅水建筑物,工程抗震设防类别为甲类,根据其遭受强震影响的危害性,在基本烈度基础上提高1度作为设计烈度。因此,最终大坝按8度地震进行抗震复核,地震动峰值加速度0.2g;溢洪道、泄洪洞、发电洞、电站厂房抗震设计烈度均为7度,地震动峰值加速度0.1g。沁河河口村水库工程项目特性见表4-1。

4.2.1.3 项目组成及布置

本项目建设内容主要包括主体工程区、业主营地区、永久道路区、库区、弃渣场区、料场区、临时堆料场区、施工生产生活区、临时道路区、移民安置区和移民专项设施区。

1. 主体工程区

1)拦河大坝

大坝坝址位于河南省济源市克井镇河口村附近,大坝坝型为趾板建在覆盖层上的混凝土面板堆石坝,工程等级为1级,地震设计烈度为7度,按8度抗震复核,地震动峰值加速度0.2g。大坝最大坝高122.5 m,坝顶高程288.5 m,防浪墙高1.2 m,坝顶长530.0 m、宽9.0 m,上游坝坡1:1.5,下游坝坡1:1.5。大坝自上游至下游分别为碎石土盖重保护区及上游黏土铺盖、面板、垫层区、周边缝特殊垫层区、过渡层区、主堆石区、下游堆石区、下游预制块护坡及坝后压戗。

表 4-1 沁河河口村水库工程项目特性

一、项目基本情况

项目名称	沁河河口村水库工程		
建设地点	河南省济源市克井镇河口村	所在流域	黄河流域
建设单位	河南省河口村水库工程建设管理局	建设性质	新建
工程总投资	批复概算总投资 277 467 万元（截至 2016 年 12 月底结算约 250 000 万元）	土建投资	124 437 万元
工程建设期	历时 106 个月,2008 年 4 月陆续开工,2016 年 10 月完成		
建设规模及技术指标	设计总库容 3.17 亿 m^3;正常蓄水位 275 m,设计洪水位 285.43 m;设大小电站两座,装机容量 11.6 MW;水库年供水量 1.28 亿 m^3,灌溉面积 31.05 万亩。拦河坝级别为 1 级;泄洪洞、溢洪道、供水发电洞进口建筑物级别为 2 级;供水发电洞、电站厂房和次要建筑物级别为 3 级;临时建筑物级别为 4 级;面板堆石坝趾板边坡为 1 级,泄洪洞进出口边坡为 2 级		
施工能力	施工用水	地表水	施工通信	联通或移动通信

(注：施工能力行实际布局)

施工能力	施工用水	地表水	施工通信	联通或移动通信
	施工用电	就近引接或自备发电	砂石料来源	土料来自取土场,石料来自石料场,防治责任由管理单位承担;砂料外购,防治责任由供方承担

二、项目组成及主要技术指标

项目组成	占地面积(hm^2)			项目	主要技术指标	
	合计	永久占地	临时占地		单位	数量
主体工程区	97.01	95.78	1.23	拦河大坝、溢洪道、泄洪洞、引水发电系统等		
业主营地区	0.63	0.63		建设管理区、水池、变电站		
永久道路区	23.98	23.98		长度	km/条	19.02/8
库区	601.54	601.54		276 m 征地线以下		
施工生产生活区	4.78		4.78	个数	个	44
临时道路区	1.98		1.98	长度	km/条	5.7/3
弃渣场区	3.81		3.81	个数	个	3
料场区	15.52		15.52	个数	个	3
移民安置区	16.64	16.64		个数	个	1
移民专项设施区	14.61	13.61	1.0	平安路	km	4.2
				健康路	km	1.47
				引沁灌渠隧洞	m	1 100
合计	780.50	752.18	28.32			

三、挖填土石方量(万 m^3)

挖方	填方	利用方	借方	弃方
658.23	1 046.65	525.93	520.72	132.3

2)溢洪道

溢洪道为3孔净宽15.0 m的开敞式溢洪道,布置在左坝肩龟头山南鞍部地带,由引渠段、闸室段、泄槽段和出口挑流消能段组成,长174.0 m。

3)泄洪洞

泄洪洞由引渠段、进口闸室、洞身和出口段组成,采用明流泄洪形式,共布设两条。1号泄洪洞进口高程为195 m,2号泄洪洞进口高程为210 m。1号泄洪洞进口设2个4.0 m×9.0 m(宽×高)的事故检修门和2个4.0 m×7.0 m(宽×高)的工作门,洞身长600.0 m,洞身断面9.0 m×13.5 m,出口采用挑流消能。2号泄洪洞由导流洞改建而成,进口设7.5 m×10.0 m(宽×高)的事故检修门和7.5 m×8.2 m(宽×高)的工作门,洞身长616.0 m,洞身断面9.0 m×13.5 m,出口采用挑流消能。

4)引水发电系统

河口村水电站总装机容量11.6 MW,分大小两个电站布置。大电站装机2台,单机容量5.0 MW;小电站装机2台,单机容量0.8 MW。引水发电系统主要建筑物包括引水发电洞、主厂房、副厂房、尾水渠等。

(1)引水发电洞。

引水发电洞布置在大坝左岸,洞线布置在泄洪洞右侧。发电洞进口段轴线与泄洪洞轴线平行,与1号泄洪洞轴线相距47.0 m。主洞洞径4.0 m,洞身长632.709 m;岔洞洞径1.40 m,洞身长48.084 m。

(2)大电站平面布置。

大电站为立式机组,厂房由右向左依次为安装间、1号机组、2号机组。主变压器、副厂房布置在主厂房的上游侧,室外地面高程为180.00 m。电站总装机容量为10 MW,布置2台5 MW的混流式水轮发电机组,额定流量7.6 m³/s,额定水头76.00 m,机组安装高程为171.20 m。

(3)小电站布置。

小电站选用卧式机组,厂房由北向南依次为安装间、1号机组、2号机组、旁通阀段。副厂房布置在主厂房的上游侧,其中主变压器及中控室等与大电站共用。电站布置2台0.8 MW的卧式水轮发电机组,额定流量2.31 m³/s,额定水头41.00 m,机组安装高程为217.17 m。

5)输电线路

本项目施工电源利用引沁电站35 kV输电线路T接,T接长度500 m,输电线路采用铁塔支架支撑架空敷设。

6)金滩沁河大桥

金滩沁河大桥位于坝址下游约2 km处,长约367 m,连接沁河两岸,担负运行管理期的两岸交通运输任务。金滩沁河大桥为先简支后连续预应力小箱梁结构,荷载为汽车-40级,桥面宽9 m,防洪标准为50年一遇。

2.业主营地区

业主营地区包括建设管理区、水池和35 kV变电站。

1)建设管理区

建设管理区主要包括现场办公用房、值班居住用房、后方基地和生产厂房仓库,总建筑面积为 4 900 m²。其中,办公用房建筑面积为 3 900 m²,职工食堂建筑面积为 1 000 m²。总占地面积为 2.17 hm²。办公楼布置在场地中间略靠南端的位置,职工食堂布置在办公楼以北的平地;靠近职工食堂布置业余文体活动的运动场地;停车场布置在临近场地入口和办公楼。

场地竖向布置为平坡式布置方式。场地入口处高程为 195.00 m,办公楼前广场的室外场地高程为 199.60 m,地表水采用暗管方式排除。

2)水池

建设管理区背后的山头上布置一个水池,占地 0.13 hm²,容量 400 m³,其中 100 m³ 为建设管理区的生活用水来源,300 m³ 为建设管理区的消防用水水源。

3)35 kV 变电站

35 kV 变电站设置在河口村北约 200 m 处,紧邻河口村对外公路,占地 0.50 hm²,为施工变电站。

业主营地区占地情况统计见表 4-2。

表 4-2　业主营地区占地情况统计

业主营地区	占地面积(hm²)	占地类型	说明
建设管理区	2.17	耕地、林地、草地	位于运行管理区内
水池	0.13	耕地、林地、草地	位于运行管理区外
35 kV 变电站	0.50	耕地、林地、草地	位于运行管理区外
合计	2.80		运行管理区之外征地 0.63 hm²

3. 永久道路区

本项目共新建、改建的永久道路包括对外道路、1 号道路、2 号道路、3 号道路、4 号道路、5 号道路、8 号道路、10 号道路和 11 号道路,总长 19.02 km。公路等级为矿山Ⅱ级和矿山Ⅲ级,采用沥青混凝土路面,水土保持方案设计 3 号、10 号为临时道路,实际保留为永久道路。

1)1 号道路

1 号道路起点在三孔窑附近,接对外道路,经河口村、建设管理营地,终点至金滩沁河大桥桥头,全长约 1.103 km,连接沁河两岸交通运输。施工期承担外来物资运输、大坝填筑、混凝土面板浇筑、泄洪系统开挖出渣等交通运输任务。公路等级为矿山Ⅱ级,沥青混凝土路面宽 6.5 m。

2)2 号道路

2 号道路起点在金滩沁河大桥,经过泄洪洞出口上部、溢洪道左侧(左坝肩),终点为泄洪洞进口附近,全长 2.16 km。公路等级为矿山Ⅲ级,沥青混凝土路面宽 6.0 m。施工期主要承担大坝左岸岸坡、溢洪道、泄洪洞进水口高部位的开挖、混凝土浇筑、金属结构安装等交通运输任务。

3)3 号道路

3 号道路起点在金滩村口现有的乡级公路,终点为泄洪洞出口,长约 0.7 km。公路等级为矿山Ⅱ级,沥青混凝土路面宽 3.0 m。施工期主要承担泄洪洞及其出口的开挖出渣、混凝土浇筑等运输任务。

4)4 号道路

4 号道路起点为河口村水库对外道路的终点三孔窑，经引沁水电公司、余铁沟，到达右坝肩，为右岸上坝的高线道路。公路等级为矿山Ⅱ级，沥青混凝土路面宽 6.5 m。

5)5 号道路

5 号道路在业主营地区接 1 号道路，沿沁河右岸逆流而上，终点为大坝坝址。截流前主要承担基坑开挖等运输任务；截流后，通过下游围堰，连接电站厂房，为厂房开挖、低线坝体填筑、混凝土浇筑、机组安装施工的运输道路；后期改建为电站运行管理的永久交通道路。公路等级为矿山Ⅱ级，沥青混凝土路面宽 7.0 m。

6)10 号道路

10 号道路起点接 2 号道路，终点为 2 号弃渣场，主要担负左岸岸坡、泄洪洞、引水发电洞等开挖弃渣任务。公路等级为矿山Ⅱ级，沥青混凝土路面宽 6.5 m。原设计为临时道路，实际 2 号弃渣场调整为永久征地，10 号道路保留为永久道路。

7)11 号道路

11 号道路起点为坝后压戗，终点至小电站厂房，施工期为小电站的施工道路，竣工后为小电站运行管理道路。公路等级为矿山Ⅲ级，沥青混凝土路面宽 6.5 m。

8)12 号道路

12 号道路起点为 1 号道路，终点至变电站，为电站的施工道路，后期改建为变电站运行管理的永久道路。长约 150 m，公路等级为矿山Ⅲ级，沥青混凝土路面宽 6.5 m。其占地含在 35 kV 变电站占地之内。

9)对外道路(专用公路)

公路起点在省道 S306 五龙口镇裴村附近，路线朝北方向前行，下穿焦枝铁路、侯月铁路后到河口村三孔窑附近与场内道路相接。路线全长 10.5 km。公路等级为Ⅲ级，沥青混凝土路面，路面宽 8.5 m。永久道路线路布置及特性见表 4-3。

4. 弃渣场区

本项目共设置 3 个弃渣场，具体情况如表 4-4 所示。

1 号弃渣场位于 2 号道路桩号 K0 +424 处 1 号冲沟内，下游为 3 号道路，顺沟走向堆弃，占地面积约 1 hm²，最大长度约 200 m，最大填高约 33.00 m，渣场宽度 5 ~ 30 m，坡度平均为 1:1.75，堆渣平台高程为 203.09 m，平台面积约 6 500 m²，弃方量为 10.4 万 m³。坡面分 3 级，中间设置 2 级马道，马道上设排水沟，渣场坡脚设浆砌石挡渣墙，右侧设排水沟引至坡脚挡渣墙，连接下游涵洞，将来水排入 3 号道路盖板涵洞中；坡面进行灌草绿化，渣顶平台种植柿子树。

5. 临时堆料场区

1 号临时堆料场位于大坝下游 800 m 处右岸的河滩，临时堆存部分大坝垫层料和大部分开挖可利用料，其中后者主要用于大坝次堆石区、大坝坝后压戗和下游围堰回填。

2 号临时堆料场位于大坝上游 500 m 处右岸河滩，堆存小部分开挖可利用料，主要为上游围堰和大坝坝前压盖填筑料。临时堆料场主要技术指标见表 4-5。

表 4-3 永久道路线路布置及特性

道路名称		起止点	长度（km）	路面宽度（m）	建设标准	总占地面积（hm²）	运行管理区以外新增占地（hm²）	运行管理区以内（hm²）
1 号道路		三孔窑—金滩沁河大桥	1.103	6.5	矿山Ⅱ,沥青混凝土路	4.50	1.02	3.48
2 号道路		金滩沁河大桥—左坝肩—泄洪洞进口	2.16	6.0	矿山Ⅲ,沥青混凝土路	4.78		4.78
3 号道路		金滩村口—泄洪洞出口	0.7	3.0	矿山Ⅱ,沥青混凝土路	1.94	0.13	1.82
4 号道路		三孔窑—右坝肩	2.824	6.5	矿山Ⅱ,沥青混凝土路	5.13	3.28	1.86
5 号道路及延长路	5 号道路	景区入口—坝后公园连接路—大电站	0.994	6	矿山Ⅱ,沥青混凝土路	3.00		3.00
	5 号延长路	5 号道路末端—大电站	0.269	4.5	矿山Ⅲ,沥青混凝土路	0.23		0.23
10 号道路		2 号道路—2 号弃渣场	0.22	6.5	矿山Ⅱ,沥青混凝土路	0.45	0.45	
11 号道路		坝后压戗—小电站厂房	0.25	6.5	矿山Ⅲ,沥青混凝土路	0.21		0.21
对外道路		裴村—三孔窑	10.5	8.5	国Ⅲ,沥青混凝土路	19.11	19.11	
合计			19.02			39.36	23.98	15.38

表 4-4 弃渣场特性

编号	占地面积			自然高程（m）	堆渣量（万 m³）	最大堆渣高度（m）
	合计	运行管理区以内（hm²）	运行管理区以外新增临时占地面积（hm²）			
1 号弃渣场	1.00	1.00		170 ~ 210 m	10.4	33.00
2 号弃渣场	6.8	6.8		254 ~ 261 m	62.3	52.00
3 号弃渣场	3.81		3.81	230 ~ 280 m	59.6	26.00
合计	11.61	7.8	3.81		132.3	

6. 料场区

1）土料场

本项目设松树滩和河东（谢庄）两个土料场,松树滩土料场为大坝铺盖土料场,河东（谢庄）土料场作为围堰防渗土料场。

松树滩土料场位于坝址上游沁河右岸松树滩村旁（属库区淹没区）,距坝址 3 km 左右,占地面积 5.11 hm²。原地貌为台阶状耕地,高程为 225 ~ 245 m,地势东北高、西南低,可取土 16 万 m³。平均取料深度 3.5 m,取料边坡为 1:2。

表 4-5 临时堆料场主要技术指标

编号	堆渣位置	面积（m²）	堆渣高度（m）	堆渣量（万 m³）	说明
1 号临时堆料场	泄洪洞出口对岸台地	163 500	8.56	140	在运行管理区已征占地内
2 号临时堆料场	大坝上游右岸 200 m 处	31 000	11.5	35.6	在运行管理区已征占地内
合计		194 500		175.6	

河东（谢庄）土料场位于坝址上游沁河左岸谢庄村旁（属库区淹没区），距坝址 5 km，占地面积为 3.0 hm²。现状为台阶状耕地，高程为 245～270 m，地势东北高、西南低，可取土量为 15 万 m³。平均取料深度 5..30 m，取料边坡为 1∶2。

2）石料场

本项目设置 1 个石料场——河口村石料场。该石料场位于坝址下游沁河右岸，河口村以南，属低山丘陵区。除冲沟底部和沟坡局部有厚 0.5～1.0 m 洪积和坡积的土夹块石覆盖外，均为裸露的单斜岩体，可采量为 1 700 万 m³。石料场取料深度为 0～110 m，开采台阶高度为 10～15 m，取料边坡为 1∶0.3。

料场布设位置见总布置图，主要技术指标见表 4-6。

表 4-6 石料场、土料场主要技术指标

序号	项目	占地面积（hm²）			可取量（万 m³）	取土（石）量（万 m³）	取料深度（m）	坐标
		合计	运行管理区内	运行管理区外				
1	河口村石料场	15.52		15.52	1 700	500	0～110	东经：112°38.150′ 北纬：35°10.622′
2	松树滩土料场	5.11	5.11		16	16	3.5	东经：112°39.992′ 北纬：35°12.326′
3	河东（谢庄）土料场	3.0	3.0		15	15	5.3	东经 112°39.287′ 北纬：35°12.131′
合计		23.63			8.11	15.52	531	

注：所列土方中有 10.28 万 m³ 土方作为弃渣场覆土用。

7. 施工生产生活区

在统计的 47 个施工标段中，绝大多数施工单位的生产区布设在运行管理区已征占地内，生活区租用民房，无新增临时占地，仅有 ZT3 施工营地布设在金滩村口，占地 5 336 m²，该场地目前已移交金滩村，并签订协议，支付复垦费用，由金滩村负责复垦，其后因金滩村新农村建设规划拟利用该场地，暂未复垦；ZT4 施工营地设在河口村小学东侧，占地面积 5 800 m²，石料场施工营地及加工场布设在 3 号弃渣场下游，占地面积 36 700 m²，该两处施工场地现已复垦。施工生产生活区共新增临时占地 4.78 hm²。施工生产生活区布置情况统计详见表 4-7。

表 4-7　施工生产生活区布置情况统计（主体工程）

序号	标段划分	施工单位	施工内容	施工场地及营地位置	占地面积	占地性质	土地利用现状
1	业主营地绿化	河南宏森绿化工程有限公司	业主营地绿化	施工场地位于河口村水库建设管理局院内，营地租住民房	2 000 m²	运行管理区内	已绿化
2	ZT1 泄洪洞工程	河南省水利第一、第二工程局联合体	1 号、2 号泄洪洞进口及 1 号泄洪洞洞身开挖、进水塔工程，机电及金属结构设备安装，导流洞进洪拾头段及挑流鼻坎改建、导流洞封堵，发电洞进口 30 m 东段开挖支护	施工场地：泄洪道进出口。营地位置：1 号弃渣场，1 号临时堆料场，2 号弃渣场	22 000 m²	运行管理区内	已绿化
3	ZT2 引水发电工程	中国水利水电第十工程局有限公司	引水发电洞，大小电站厂房等全部土建及金属结构、机组安装等	施工场地位于施工区，8 号施工道路旁。营地位于 1 号临时堆料场（5 号道路起始段东侧）	大电站：9 800 m² 小电站：1 100 m² 生产生活区：10 000 m²	运行管理区内 运行管理区内 运行管理区内	已绿化 已绿化 已绿化
4	ZT3 防渗工程	中国水电基础局有限公司	上游围堰防渗墙、坝基防渗墙、帷幕灌浆，大坝左右岸灌浆洞及帷幕灌浆	施工营地位于金滩村口，施工场地位于 5 号道路东侧 1 号临时堆料场	施工营地：5 336 m²	临时占地	施工营地已归还当地（协议）
5	ZT4 大坝工程	河南省水利第一、第二工程局联合体	大坝基础开挖及处理、趾板边坡支护，大坝填筑，混凝土面板施工等	施工场地位于施工区。营地分别位于河口村小学东侧、余铁沟 1 号、2 号楼，石料场施工营地与拌和站（1 号临时堆料场）施工营地	生产区：7 000 m² 余铁沟 1 号、2 号楼3 200 m²，拌和站施工营地 5 000 m² 河口村小学东侧5 800 m²，石料场施工营地及加工场36 700 m²	运行管理区内 运行管理区内 临时占地	已绿化 拌和站施工营地在已征地占地，为水域 河口村小学东侧营区、石料场施工营地为已复耕

续表 4-7

序号	标段划分	施工单位	施工内容	施工场地及营地位置	占地面积	占地性质	土地利用现状
6	ZT5 溢洪道工程	河南水建集团有限公司	溢洪道引渠段、闸室段、泄槽及挑流鼻坎段的开挖、支护及混凝土施工，基础固结灌浆，机电设备和金属结构安装	施工场地位于施工区。ZT5－1 号营地位于沁河大桥西北角 1 号临时堆料场，ZT5－2 号营地位于 2 号弃渣场	ZT5－1 号办公营地 1 103 m²，ZT5－2 号施工营地 14 086 m²	运行管理区内	已绿化
7	SG1 道路改建工程	河南华禹黄河工程局	1 号道路和 4 号道路沥青混凝土路面铺设，1 号道路排水渠及涵洞工程	营地为村内租住民房	—		已有设施
8	SG2 道路水保工程	河南宏森绿化工程有限公司	道路水保，1 号道路，2 号道路，4 号道路开挖裸露边坡水土保持、业主营地办公楼后山坡、大门及围墙外填方边坡的水土保持工程	2 号、4 号沿线边坡，营地为村内租住民房	2 000 m²	运行管理区内	已绿化
9	SG4 管理码头施工标	河南大通水利建筑工程有限公司	码头（斜坡道）、停车平台及连接道路的施工	营地为村内租住民房	—		已有设施
10	SG5 泄洪建筑物出口河道整治工程 I 标	洛阳水利工程局有限公司	河心滩岸坡砌石防护，砂砾石开挖、跌水坎工程及其他等	营地为村内租住民房	—		已有设施
11	SG6 泄洪建筑物出口河道整治工程 II 标	河南正海实业有限公司	岸坡砌石防护，砂砾石开挖回填及其他等	营地为村内租住民房	—		已有设施
12	SG7 泄洪建筑物出口河道整治工程 III 标	中国水电基础局有限公司	泄洪建筑物出口河心滩防冲墙工程等	同 ZT3 标一致	同 ZT3 标一致	—	同 ZT3 标

続表 4-7

序号	标段划分	施工单位	施工内容	施工场地及营地位置	占地面积	占地性质	土地利用现状
13	SC8 泄洪建筑物出口河道整治工程IV标	驻马店市水利工程局	泄洪建筑物出口河道整治工程IV标	营地为村内租住民房	—		已有设施
14	SC9 供水跨河段管网工程	河南大通水利建筑工程有限公司	尾水池、集分水池、泄水槽、前池阀门井以及压力管道和镇墩等工程，输水管道、所属阀门以及相关附件的采购安装	营地为村内租住民房	—		已有设施
15	SG10 道路改建工程I标	河南天添建筑有限公司	1号道路、5号道路、11号道路改建工程	1号道路，5号延长路，11号道路，营地为村内租住民房	1 500 m²	运行管理区内	
16	SG11 道路改建工程II标	河南省水利第二工程局	2号道路改建工程	施工区:2号道路。营地为村内租住民房	2 400 m²	运行管理区内	
17	SG12 道路改建工程III标	河南水投建设实业有限公司	4号道路改建及上坝踏步工程	施工区4号道路，住宿区余铁沟	生活区面积300 m²；生产区面积1 500 m²	运行管理区内	
18	SG13 封闭大门I标	河南水投建设实业有限公司	管理大门、围护等	施工区管理区大门及4号道路沿线，住宿区余铁沟	生活区同SG12，管理区大门生产区面积600 m²，封闭围栏生产区面积1 600 m²	业主营地区已征占地区	
19	业主营地绿化	河南宏淼绿化工程有限公司	业主营地绿化	施工现场位于河口村水库建设管理局院内，营地为村内租住民房	—		

续表 4-7

序号	标段划分	施工单位	施工内容	施工场地及营地位置	占地面积	占地性质	土地利用现状
20	SB1 2号弃渣场水土保持工程	河南宏淼绿化工程有限公司	土石方开挖、土石方回填、M7.5砂浆浆砌石排水沟及M7.5挡墙砌筑、C15混凝土垫层浇筑、乔灌木种植、种草及地被植物等	施工场地位于大坝下游1 km处左岸山坡地,营地为村内租住民房	施工现场面积300 m²	运行管理区内	
21	SB2 3号、8号道路绿化水保种植	河南宏淼绿化工程有限公司	3号道路、8号道路水土保持绿化种植	施工场地位于3号道路、8号道路路旁,营地为村内租住民房	2 000 m²	运行管理区内	
22	SB3 泄洪建筑物出口下游河道两侧水土保持种植项目	河南宏淼绿化工程有限公司	出口下游河道两侧苗木种植	施工场地位于泄洪建筑物下游河道两侧,营地为村内租住民房	2 000 m²	运行管理区内	
23	SB4 1号、2号渣场整治及水土保持工程	洛阳水利工程有限公司	1号弃渣场基础处理,小电站边坡绿化及2号弃渣场绿化,1号弃渣场挡土墙工程,1号弃渣场绿化及1号、2号弃渣场场内道路等	施工营地位于河口村,施工场地位于1号、2号弃渣场	施工场地占地2 668 m²,施工营地占地266.7 m²	运行管理区内	种植果树
24	SB5 3号料场水土保持工程	陕西盛鑫建筑安装工程有限公司	3号弃渣场护坡,3号弃渣场绿化,石料场绿化等	村内租房	—		
25	SB6 坝后排水系统整治及水土保持工程	驻马店市水利工程局	护坡、排水沟、绿化、其他	村内租房	—		

序号	标段划分	施工单位	施工内容	施工场地及营营地位置	占地面积	占地性质	土地利用现状
26	SB7 坝后 220 平台渣场水土保持工程	河南省武涉园林景观绿化工程有限公司	给水排水、场内道路、绿化,其他等	施工场地坝后 220 m 处,营地为余铁沟	施工场地坝后 220 m 平台 1 500 m²,营地余铁沟 300 m²	运行管理区内	已绿化
27	SB8 坝下河道河心滩水土保持工程	黄河园林集团有限公司	给水排水、场内道路、铺装及建筑、绿化、其他等	施工场地位于河心滩,营地位置:村内租住民房	施工场地河心滩 300 m²	运行管理区内	已绿化
28	SB9 坝下河道岸坡及滩地水土保持工程 I 标	河南水建集团有限公司	给水排水、广场及场内道路、进出口及停车场硬化、绿化,其他等	施工场地:迎宾广场,营地为村内租住民房	200 m²	运行管理区内	已绿化
29	SB10 坝下河道岸坡及滩地水土保持工程 II 标	河南宏森绿化工程有限公司	给水排水、场内道路、绿化、厕所,其他等	施工场地位于泄洪洞上游至坝下闸堰一带。营地为村内租住民房	施工场地现场面积 300 m²	运行管理区内	已绿化
30	对外公路(HKCQQ2)	河南省水利第一工程局	清基、土方填筑、沥青混凝土路面、浆砌石排水沟等	施工场地沁河右岸,营地为村内民房	—		—
31	供水工程(HKCQQ3)	河南省水利第一工程局	土石方开挖、垫层、管道安装、水池混凝土浇筑、混凝土镇墩、泵房施工及深井 1 眼	施工场地于沁河右岸,营地为村内租住民房	—		—

续表 4-7

序号	标段划分	施工单位	施工内容	施工场地及营地位置	占地面积	占地性质	土地利用现状
32	房屋建筑工程办公楼(HKCQQ4)	河南省水利第二工程局	土石方开挖、基础、主体结构、建筑装饰装修、建筑屋面、建筑给水排水及采暖、建筑电气等		—	—	—
33	房屋建筑工程食堂(HKCQQ5)	河南省水利第二工程局	土石方开挖、基础、主体结构、建筑装饰装修、建筑屋面、建筑给水排水及采暖、建筑电气等	施工场地:沁河右岸,营地位置:村内租住民房			
34	房屋建筑工程锅炉房(HKCQQ6)	河南省水利第二工程局	土石方开挖、基础、主体结构、建筑装饰装修、建筑屋面、建筑电气等				
35	房屋建筑工程室外工程(HKCQQ7)	河南省水利第二工程局	大门工程、围墙、挡墙及洪沟、室外环境含室外场地硬化等、室外安装包括室外电气及照明安装、室外给水排水及室外消防等				
36	河口村水库前期工程场内1号路工程(HKCQQ8)	河南省水利第二工程局	清基、土石方填筑、天然砂砾基层、泥结碎石面层、混凝土浇筑、浆砌石挡土墙及浆砌石护坡及排水沟	施工场地:沁河右岸,营地位置:村内租住民房	—	—	—

· 112 ·

序号	标段划分	施工单位	施工内容	施工场地及营地位置	占地面积	占地性质	土地利用现状
37	金汤河大桥（HKCQQ9））	河南省水利第一工程局	土方开挖,灌注桩的造孔、钢筋笼制作安装以及混凝土浇筑,桥面铺装混凝土的浇筑,防水层施工,沥青铺装层施工,浆砌石砌筑,桩基旋喷灌浆等	施工场地:河口村与左岸金滩村之间,营地位置:河口村小学东侧	河口村小学东侧5 800 m²（同ZT4）	临时占地	河口村小学东侧营区已复耕
38	前期工程场内2号道路及施工通讯工程（HKCQQ10）	中国水利水电第十一工程局有限公司	清基、土石方开挖,土石方填筑,天然砂砾基层,泥结碎石面层,浆砌石挡土墙,混凝土挡土墙,浆砌石护坡、边坡支护,急流槽,排水沟,道路防护设施及警示标识牌等	施工场地:沁河左岸,营地位置:金滩村口	施工营地5 336 m²（同ZT3）	临时占地	施工营地已归还当地（协议）
39	施工电源及施工通讯工程（HKCQQ11）	济源市丰源电力有限公司	土方开挖,电气一次、水,线路,铁塔组立,导线架设等	施工场地:沁河右岸,营地位置:村内租住民房	—	—	—
40	前期三期工程场内4号道路工程	中国水利水电第十一工程局有限公司	清基、土石方开挖,土石方填筑,天然砂砾基层,泥结碎石面层,浆砌石挡土墙,浆砌石护面墙、边坡支护,涵洞,排水沟,道路防护设施及警示标识牌等	施工场地:沁河右岸起点与外线公路相接终点,位于右坝肩;营地位置:金滩村口	施工营地5 336 m²（同ZT3）	临时占地	施工营地已归还当地（协议）

续表 4-7

序号	标段划分	施工单位	施工内容	施工场地及营地位置	占地面积	占地性质	土地利用现状
41	前期三期工程场内 5 号道路工程	河南省水利建筑工程有限公司	清基、土石方开挖、土石方填筑、石笼护坡、天然砂砾基层、混凝土浇面层，混凝土挡土墙、浆砌石护坡，浆砌石护坡及排水沟	施工场地：沁河右岸，营地位置：村内租住民房	—	—	—
42	前期三期工程场内 7 号道路工程	河南中原黄河工程有限公司	清基、土石方开挖、土石方填筑、石笼护坡、天然砂砾基层、混凝土浇面层，边坡喷混凝土护坡，浆砌石挡土墙、浆砌石护坡及排水沟	施工场地：沁河右岸，营地位置：村内租住民房	—	—	—
43	前期三期工程场内 8 号道路工程	中国水利水电第一工程局有限公司	清基、土石方开挖、填筑、结结碎石面层，浆砌石挡土墙、护肩墙、浆砌石护坡，水沟，道路防护设施	施工场地：沁河左岸，营地位置：沁河右岸 5 号道路旁边	营地面积 7 000 m²	管理区内	已绿化
44	前期三期工程场内 9 号道路工程	河南省水利建筑工程有限公司	清基、土石方开挖、天然砂砾基层、泥结碎石基层，浆砌石挡土墙、混凝土浇筑、浆砌石护坡及排水沟等	施工场地：沁河右岸，营地位置：村内租住民房	—	—	—
45	前期三期导流洞工程	中国水利水电第一工程局有限公司	土石方明挖、石方洞挖、喷锚支护、混凝土衬砌、回填灌浆和结结灌浆、安全监测及金属结构安装等	施工场地：沁河左岸，营地位置：沁河右岸 5 号道路旁边	营地面积 7 000 m²	运行管理区内	已绿化
46	场内 3 号道路工程（HKCQQ2）	河南省水利第一工程局	清基、路基开挖、填筑、路面铺筑、基层铺筑、路面铺筑、喷锚防护、混凝土盖板、浆砌石排水沟和浆砌石护坡	施工场地：沁河右岸，营地位置：村内租住民房	—	—	—

8. 临时道路区

本项目 7 号、8 号、9 号施工道路为临时道路,总长 5.7 km,公路等级为矿 II 级与矿 III 级、碎石路面,宽 4.5 ~ 7 m。水土保持方案设计的 6 号道路未建。

7 号道路:起点为右坝肩,终点为大坝基坑,主要承担大坝右岸岸坡的开挖、弃渣、粉煤灰填筑等交通运输任务。位于运行管理区,目前已被淹没。

8 号道路:起点接 3 号道路终点,沿左岸逆流而上,至泄洪洞进口,主要承担大坝左岸下部岸坡开挖、发电洞、泄洪洞开挖、混凝土浇筑等交通运输任务。截流后,8 号道路被大坝、导流洞截断,不再使用,目前已被淹没。

9 号道路:起点接 1 号道路,终点为石料场,担负上坝石料、混凝土骨料等运输任务。该路目前已移交河口村,并签订协议,支付复垦费用,由河口村负责复垦,其后因河口村新农村建设规划拟利用该道路,暂未复垦。

临时道路特性见表 4-8。

表 4-8　临时道路特性

公路名称	起止点	长度 (km)	设计标准	总占地面积(hm²)		
				合计	运行管理区内	运行管理区外临时占地
7 号道路	右坝肩—大坝基坑	1.3	矿山 III,泥结碎石路面宽 4.5 m	1.50	1.50	
8 号道路	3 号道路终点—泄洪洞进口	1.9	矿山 II,泥结碎石路面宽 7 m	2.35	2.35	
9 号道路	1 号道路金滩沁河大桥—石料场	2.5	矿山 II,泥结碎石路面宽 7 m	1.98		1.98
合计		5.7		5.83	3.85	1.98

9. 库区

库区是指大坝轴线以上水库征地线 276 m 以下的范围,占地 601.54 hm²。

4.2.1.4　施工组织及工期

本项目建设共划分 47 个施工标段,施工场地布设情况见表 4-7,施工道路布设情况详见表 4-3、表 4-8。从上述表中可以看出,施工场地和生活区绝大部分利用已有设施和场地,或在运行管理区内布设,极少有新增临时占地。施工道路采用永久、临时结合,根据实施情况统计,临时道路仅布设 5.7 km,且有 3.2 km 位于运行管理区已征占地内,从而大大减少了项目施工扰动地表面积,有效控制了人为扰动造成的水土流失,施工组织安排较为合理。

本项目前期工程于 2008 年 4 月开工建设,主体工程于 2011 年 4 月开工,2016 年 10 月完工,含前期工程在内,总工期 106 个月。

建设单位、设计单位、水土保持方案编制单位、施工单位、监理单位、水土保持监测单位、质量监督单位等相关实施单位信息详见表 4-9。

表 4-9　本项目实施单位一览表

序号	工作性质	承担任务	单位名称	说明
1	建设单位	项目投资	国家、省级及银行贷款	
2		组织建设	河南省河口村水库工程建设管理局	
3	运行管理单位	运行管理	河南省河口村水库管理局	
4	设计单位	项目建议书	黄河勘测规划设计有限公司	
		主体可研	黄河勘测规划设计有限公司	
		初步设计(含水土保持初步设计专篇)	黄河勘测规划设计有限公司	
		施工图设计	黄河勘测规划设计有限公司	
5	水土保持方案编制单位	水土保持方案编制	黄河勘测规划设计有限公司	
6	水土保持初步设计单位	水土保持初步设计	黄河勘测规划设计有限公司	
7	监理单位	主体监理	河南省河川工程监理有限公司等	
		水土保持监理	河南省河川工程监理有限公司	
8	水土保持监测单位	水土保持监测	河南省水土保持监督监测总站	
9	质量监督单位	工程质量监督	河南省水利水电工程质量监测监督站	

4.2.1.5　工程投资

本项目批复概算总投资 277 467 万元,其中土建投资 124 437 万元。中央预算内投资定额补助97 200万元,河南省包干使用、超支不补;利用上海浦发银行贷款34 343 万元,其余投资145 924万元由河南省负责从省财政专项资金和预算内基本建设投资等渠道安排。如在工程实施过程中,投资概算调整,由河南省发展和改革委员会审批,所增加的投资由河南省负责落实。

截至 2016 年 12 月底,本项目结算总投资为 250 000 万元。

4.2.1.6　工程占地

本项目划分为主体工程区、业主营地区、永久道路区、料场区、临时堆料场区、库区、施工生产生活区、弃渣场区、临时道路区、移民安置区、移民专项设施防治区等十一个防治分区。总占地面积 780.50 hm²(工程占地 749.25 hm²),其中永久占地为 752.18 hm²(包括移民和移民专项占地 29.25 hm²)、临时占地 28.32 hm²(包括移民专项临时占地 1.0 hm²);按防治分区划分,主体工程区占地 97.01 hm²、业主营地区新增占地 0.63 hm²(2.17 hm²位于运行管理区,不再重复计列)、永久道路区新增占地 23.98 hm²、库区占地 601.54 hm²、弃渣场区新增占地 3.81 hm²、料场区新增占地 15.52 hm²、临时堆料场区占地 20.29 hm²(在运行管理区已征占地内,不重复计列)、施工生产生活区新增占地 4.78 hm²、临时道路区新增占地 1.98 hm²、移民安置区占地 16.64 hm²、移民专项设施区占地 14.61 hm²。项目占地面积与占地类型详见表 4-10。

表 4-10 项目占地面积与占地类型

项目占地		占地面积 (hm²)	耕地 (hm²)	园地 (hm²)	林地 (hm²)	交通运输用地 (hm²)	其他土地 (hm²)	水域及水利设施用地 (hm²)	工矿用地 (hm²)	住宅用地 (hm²)
永久占地	一 主体工程区	95.78	5.49	2.66	61.80	1.77	3.08	20.84	0.13	
	二 业主营地区	0.63	0.63	0	0	0	0	0	0	0
	三 永久道路区	23.98	5.58	0	10.85	1.87	3.78	1.90		0
	四 库区	601.54	176.88	7.21	204.69	10.04	22.96	160.20		19.44
	小计	721.93	188.58	9.87	277.34	13.68	29.82	182.94	0.13	19.44
临时占地	一 主体工程区	1.23	0	0	1.23	0	0	0	0	0
	二 弃渣场区	3.81	0	1.82	1.97	0.02	0	0	0	0
	三 料场（石料场）区	15.52	0	1.97	2.69	0.07	10.79	0	0	0
	四 施工生产生活区	4.78	1.11	1.89	1.71	0.07	0	0	0	0
	五 临时道路区	1.98	0.22	1.17	0	0.08	0.31	0.01	0	0.21
	小计	27.32	1.33	6.85	7.60	0.24	11.10	0.01	0	0.21
工程占地合计		749.25	189.91	16.85	284.94	13.91	40.92	182.95	0.13	19.64
移民安置区		16.64	16.64	0	0	0	0	0	0.13	19.64
移民专项设施区		14.61	13.61	0	0	0	1.00	0	0	0
总计		780.50	220.16	16.85	284.94	13.91	41.92	182.95	0.13	19.64

4.2.1.7 土石方情况

本项目总挖方658.23万 m³、总填方1 046.65万 m³,利用方525.93万 m³;弃渣132.3万 m³,借方520.72万 m³(其中土方20.72万 m³、石方500万 m³)。共设弃渣场3个,可容纳弃渣148.0万 m³,详见表4-4;土料场2个、石料场1个,详见表4-6。

4.2.1.8 移民安置

1. 移民安置区

河口村水库淹没影响人口798户3 004人,采用集中安置方式。安置点位于克井镇政府正南1.8 km寨河苑社区,西临济阳公路、东临文化路、南有南青路、北有平安路,交通便利。安置区总占地面积为16.64 hm²。

2. 移民专项设施区

移民专项设施区主要包括安置区对外连接道路和引沁灌区总干渠恢复。水土保持方案设计的库周路在初步设计阶段取消。

安置区对外连接路包括平安路和健康路。平安路北与玉川大道连接至克井镇政府,长4.2 km;健康路北与平安路连接,长1.47 km。均采用村镇二级道路标准,红线宽度24 m,总占地13.61 hm²。上述两条道路均为市政道路,位于平原区,施工中挖填土石方平衡,无借方和弃渣,不设取土场和弃渣场。

引沁灌渠位于河南省西北部,是沁河自晋入豫的第一座大型山岭灌渠。水库蓄水后,圪料滩对岸新盘玉洞出口至英雄洞进口(总干桩号6 + 123 ~ 7 + 410)有6段明渠,全长1 287 m修建在坡积物上。水库蓄水后将淹没至总干渠底,渠外坡全部位于水库中。规划从新盘玉洞出口至英雄洞进口打一隧洞,洞长1 100 m,过水断面3.5 m×3 m(宽×高)。除圪料滩明渠受影响外,还有5处明渠受水库淹没影响,总计长度177 m,施工中对5处明渠进行加固和封闭处理,处理形式采用砌石拱圈,拱厚50 cm,半圆拱。引沁灌渠施工共产生弃渣1.16万 m³,全部清运至坝后压戗区填埋,综合利用,不另设弃渣场。

另外,在水库蓄水后沁河两岸山体地下水位抬升,为保护侯月铁路的龙门河铁路桥段安全,在铁路受影响段做必要的防护。3号道路影响五龙口镇里河村渠道长度2.604 km,渠深1 m、宽0.9 m,采用打机井2眼,配备井房、水泵、电力线、变压器等配套设施,恢复原有渠道灌溉功能。1号道路影响河口村400 V线路改造,采用15根10 m电线杆、4根12 m电杆恢复;金滩沁河大桥影响10 kV大社线河口支线改造,采用12 m电线杆2杆,敷设电缆350 m恢复。2号道路影响里河10 kV支线改造,采用12 m电线杆8杆,采用JKLYJ - 70/10 kV架空绝缘线1 630 m恢复。

移民专项设施恢复施工临时占地约1 hm²。

4.2.2 项目区概况

4.2.2.1 自然条件

项目所在的济源市位于河南省西北部与晋东南的交界处,是山西高原向豫东平原的过渡区,地势由西北向东南倾斜。地层属华北地层区,区域出露地层有前震旦系、震旦系、寒武系及第四系等。气候类型属暖温带大陆性季风气候,多年平均气温为14.3 ℃,1月平均气温最低,极端最低气温 - 20.0 ℃(1969年),7月平均气温最高,极端最高气温

43.4 ℃（1966 年）；年平均降水量为 646.4 mm，年际差别较大，暴雨一般发生在 5～9 月，暴雨出现频率多在 7 月、8 月；年平均风速 2.2 m/s，最大风速 24 m/s，多为西北风。项目区地处黄河流域，河口村水库位于黄河的重要支流之一———沁河干流上，沁河是黄河三门峡至花园口区间两大支流之一，发源于山西省沁源县霍山南麓的二郎神沟，流经山西省安泽、沁水、阳城、晋城等县（市）。至河南省济源市五龙口出太行山峡谷进入平原，下行 90 km，经济源市、沁阳市、博爱县、温县，于武陟县南贾村汇入黄河。河道全长 485 km，落差 1 844 m，平均坡降 2.16‰。流域面积 13 532 km²，呈南北向狭长形，7～10 月为汛期，11 月～次年 3 月为枯水期。植被类型为暖温带落叶阔叶林带，林草覆盖率为 14%。

4.2.2.2　水土流失及水土保持情况

1. 水土流失情况

济源市水土保持区划属北方土石山区（北方山地丘陵区）、豫西南山地丘陵区、豫西黄土丘陵保土蓄水区（Ⅲ - 6 - 1tx），水土流失类型区属北方土石山区，容许土壤流失量 200 t/(km²·a)，以水力侵蚀为主；综合土壤侵蚀模数背景值为 400 t/(km²·a)（监测值），属轻度水力侵蚀。

2. 水土保持现状

根据中华人民共和国水利部 2006 第 2 号文公告，济源市不在国家划定的水土流失重点防治区；根据《水利部办公厅关于印发〈全国水土保持规划国家级水土流失重点预防区和重点治理区复核划分成果〉的通知》，济源市属于伏牛山中条山国家级水土流失重点治理区；依据《河南省人民政府关于划分水土流失重点防治分区的通告》，项目区位于河南省重点预防保护区和重点监督区，不在崩塌、滑坡危险区和泥石流易发区。

4.3　水土保持方案和设计情况

4.3.1　主体工程设计

4.3.1.1　相关文件取得情况

本项目为国家投资审批项目，部分前期工作由黄河水利委员会和河南省河口村水库工程筹建处具体负责，2008 年 8 月 21 日成立河南省河口村水库工程建设管理局，全面负责本项目的建设管理工作。项目前期相关文件的委托与取得情况如下：

受水利部黄河水利委员会委托，黄河勘测规划设计有限公司于 2005 年 3 月编制完成了《河口村水库工程项目建议书》，2005 年 6 月 22～26 日，水利部水利水电规划设计总院在郑州市召开会议，对项目建议书进行审查，2009 年 2 月 27 日，国家发展和改革委员会以发改农经〔2009〕562 号《国家发展和改革委员会关于河南省河口村水库工程项目建议书的批复》进行了批复。2009 年 11 月 26 日，水利部黄河水利委员会以黄许可〔2009〕58 号文《准予行政许可决定书》签署黄河流域（片）水工程建设规划同意书；项目建设用地预审于 2008 年 4 月由黄河勘测规划设计有限公司编制，2009 年 12 月由中华人民共和国国土资源部以国土资预审字〔2009〕444 号予以批复；环境影响评价于 2008 年 1 月委托中国水利水电科学研究院编制，2010 年 3 月由中华人民共和国环境保护部以环审〔2010〕76

号文予以批复;压覆矿产资源于 2009 年 7 月委托河南省地质矿产勘查开发局第二水文地质工程队编制,2009 年 7 月由河南省国土资源局以豫国土资函〔2009〕486 号予以批复;水土保持方案于 2008 年委托黄河勘测规划设计有限公司编制,2009 年 11 月由水利部以水保〔2009〕542 号《关于沁河河口村水库工程水土保持方案的批复》予以批复;2009 年 8 月 13～15 日,水利部水利水电规划设计总院在郑州市召开会议,对本项目可行性研究阶段建设征地移民安置规划大纲进行审查,2009 年 11 月 18 日,由水利部、河南省人民政府以水规计〔2009〕560 号《关于沁河河口村水库工程可行性研究阶段移民安置规划大纲的批复》予以批复;水资源论证报告委托中国水利水电科学研究院编制,2009 年 12 月 30 日由水利部黄河水利委员会以黄水调〔2009〕88 号文予以批复。

4.3.1.2 不同阶段设计文件审批情况

2008 年,黄河勘测规划设计有限公司接受委托编制了本项目可行性研究报告,2009 年 3 月 11～14 日,水利部水利水电规划设计总院在河南省济源市召开审查会,2011 年 3 月 25 日,国家发展和改革委员会以发改农经〔2011〕413 号《国家发展和改革委员会关于河南省河口村水库工程项目可行性研究报告的批复》对本项目可行性研究报告进行了批复。本项目初步设计文件于 2010 年委托黄河勘测规划设计有限公司编制,2011 年 3 月 28～30 日,水利部水利水电规划设计总院在北京召开审查会,2011 年 12 月 30 日水利部以水总〔2011〕686 号进行批复;本项目施工图设计由黄河勘测规划设计有限公司于 2011 年 4 月着手编制,随工程建设逐步完成。

相关文件的取得及不同阶段设计文件和批复情况详见表 4-11。

4.3.2 水土保持方案编报审批和后续设计

根据《中华人民共和国水土保持法》《河南省实施〈中华人民共和国水土保持法〉办法》等法律法规和规章制度的要求,2008 年黄河勘测规划设计有限公司进行了《沁河河口村水库工程水土保持方案》的编制工作。

接受委托后,编制单位立即成立方案编制项目组,并组织相关技术人员认真分析《沁河河口村水库工程可行性研究报告》等有关资料,对项目区及其周边区域、工程区进行了详细的勘查,收集了项目区的社会经济、农田水利工程、土地利用规划、林草植被分布等相关资料。于 2009 年 2 月编制完成了《沁河河口村水库工程水土保持方案报告书(送审稿)》。水利部水利水电规划设计总院于 2009 年 3 月 14～15 日在河南省济源市召开审查会。根据审查意见,编制单位对报告书进行了补充和完善,于 2009 年 8 月完成水土保持方案报批稿。2009 年 11 月 13 日,水利部以水保〔2009〕542 号文对该方案进行了批复。

2011 年 12 月,根据主体工程初步设计审查意见及国家发展和改革委员会对本项目概算的批复,黄河勘测规划设计有限公司于 2011 年 12 月完成了《沁河河口村水库工程水土保持初步设计报告》。

4.3.3 水土流失防治责任范围

4.3.3.1 水土保持方案确定的水土流失防治责任范围

水土保持方案确定的水土流失防治责任范围面积为 857.05 hm^2,其中项目建设区

表 4-11 项目前期相关文件取得及不同阶段设计文件和批复情况汇总

专项报告	委托时间	编制单位	批复（审查）时间	批复文号	批复（审查）单位
项目建议书		黄河勘测规划设计有限公司			水利部水利水电规划设计总院
项目建议书的批复			2009年2月27日	发改农经[2009]562号	中华人民共和国国家发展和改革委员会
可行性研究报告		黄河勘测规划设计有限公司	2009年3月11~14日	豫水计[2009]14号	水利部水利水电规划设计总院
可行性研究报告批复			2011年12月25日	发改农经[2011]413号	中华人民共和国国家发展和改革委员会
建设用地预审	2008年4月	黄河勘测规划设计有限公司	2009年12月3日	国土资预审字[2009]444号	中华人民共和国国土资源部
环境影响评价	2008年1月	中国水利水电科学研究院	2010年3月15日	环审[2010]76号	中华人民共和国环境保护部
压覆矿产资源	2009年7月	河南省地质矿产勘查开发局第二水文地质工程队	2009年7月24日	豫国土资函[2009]486号	河南省国土资源厅
水土保持方案	2008年9月	黄河勘测规划设计有限公司	2009年9月16日	水保[2009]542号	中华人民共和国水利部
水土保持方案批复			2009年11月12日		中华人民共和国水利部
移民安置规划大纲	2008年4月	黄河勘测规划设计有限公司			
移民安置规划大纲批复			2009年11月18日	水规计[2009]560号	水利部、河南省人民政府
水资源论证报告	2008年4月	中国水利水电科学研究院	2009年12月30日	水调[2009]88号	水利部黄河水利委员会
初步设计	2010年3月	黄河勘测规划设计有限公司	2011年3月3日	豫水河建[2011]5号	河南省水利厅
初步设计批复		黄河勘测规划设计有限公司	2011年12月30日	水总[2011]686号	中华人民共和国水利部
施工图设计文件	2011年4月	黄河勘测规划设计有限公司			
施工图批复			2013年4月5~6日		河南省河口村水库工程建设管理局

845.08 hm^2、直接影响区 11.97 hm^2,详见表 4-12。

表 4-12　水土流失防治责任范围(方案)　　　　　　　　(单位:hm^2)

防治区		项目建设区			直接影响区	合计
		永久占地	临时占地	小计		
一	运行管理区	106.60		106.60		106.60
二	业主营地区	0.63		0.63	0.03	0.66
三	永久道路区	30.94		30.94	3.09	34.03
四	库区	601.70		601.70		601.70
五	弃渣场区		15.17	15.17	1.50	16.67
六	料场区		15.52	15.52	1.53	17.05
七	临时堆料场区					
八	施工生产生活区		13.73	13.73	0.15	13.88
九	临时道路区		3.47	3.47	0.35	3.82
十	移民安置区	29.37		29.37	0.22	29.59
十一	移民专项设施区	12.95	15.00	27.95	5.10	33.05
	小计	782.19	62.89	845.08	11.97	857.05

4.3.3.2　初步设计确定的水土流失防治责任范围

水土保持初步设计确定的水土流失防治责任范围面积为 850.61 hm^2,其中项目建设区 839.03 hm^2、直接影响区 11.58 hm^2,详见表 4-13。

表 4-13　水土流失防治责任范围(初设)　　　　　　　　(单位:hm^2)

防治区		项目建设区			直接影响区	合计
		永久占地	临时占地	小计		
一	运行管理区	107.32	1.71	109.03		109.03
二	业主营地区	0.63		0.63	0.03	0.66
三	永久道路区	31.28		31.28	3.12	34.40
四	库区	601.70		601.70		601.70
五	弃渣场区		7.16	7.16	0.71	7.87
六	料场区		19.46	19.46	1.92	21.38
七	临时堆料场区					
八	施工生产生活区		10.58	10.58	0.12	10.70
九	临时道路区		3.58	3.58	0.36	3.94
十	移民安置区	29.37		29.37	0.22	29.59
十一	移民专项设施区	12.95	15	27.95	5.1	33.05
	小计	783.25	57.49	839.03	11.58	850.61

4.3.4 料场、弃渣(土)场布设情况

4.3.4.1 水土保持方案中料场、弃渣(土)布设情况

水土保持方案中,项目建设期总挖方 562.7 万 m³(其中,土方 7.6 万 m³、石方 555.1 万 m³),总填方 767.9 万 m³(其中,土方 8 万 m³、石方 759.9 万 m³),借方 598.7 万 m³(其中,土方 8 万 m³、石方 590.7 万 m³),弃方 393.4 万 m³。共布设 4 个弃渣场、2 个土料场和 1 个石料场。

1. 料场设计情况

水土保持方案中设松树滩土料场和谢庄土料场 2 个土料场及河口村石料场 1 个石料场。

松树滩土料场位于坝址上游沁河右岸,松树滩村旁,距坝址 5~6 km,占地约 5.1 hm²。料场被冲沟切割为东、西两块,原地貌为台阶状耕地,高程为 225~245 m,地势东北高、西南低,储量为 16 万 m³。主要作为大坝铺盖用料。

谢庄土料场位于坝址上游沁河左岸,谢庄村旁,距坝址 6~7 km,占地 3 hm²。现状为台阶状耕地,高程为 245~270 m,地势东北高、西南低,储量为 15 万 m³。主要作为围堰防渗用土。

河口村石料场位于坝址下游沁河右岸,河口村以南,属低山丘陵区。除冲沟底部和沟坡局部有厚 0.5~1.0 m 洪积和坡积的土夹块石覆盖外,均为裸露的单斜岩体,石料储量 1 700 万 m³。可取料深度为 0~110 m,设计开采台阶高度 10~15 m,取料边坡坡度 1:0.3,表层剥离物清理厚度为 1.5 m,剥离量为 59.6 万 m³。

料场主要技术指标见表 4-14。

表 4-14 料场主要技术指标(方案)

序号	项目	占地面积 (hm²)	容量 (万 m³)	表土清理厚度 (m)	表土剥理量 (万 m³)	取料深度 (m)	边坡坡度	说明
1	河口村石料场	15.52	1 700	1.5	59.6	0~110	1:0.3	临时占地
2	松树滩土料场	5.1	16	0.5	2.55	5	1:2	位于库区
3	谢庄土料场	3	15	0.5	1.5	2	1:2	位于库区

2. 弃渣场设置情况

水土保持方案共选择 4 个弃渣场。

1 号弃渣场位于大坝下游右岸的余铁沟,主要堆存大坝右岸高部位开挖弃渣。堆渣高程为 230~270 m,可堆放弃渣 22.5 万 m³,堆放边坡坡度为 1:2。占地面积为 1.83 hm²,容量为 27.5 万 m³。上游汇流面积为 2.37 km²,区域土地利用类型以灌木林为主。

2 号弃渣场位于大坝下游 1 km 处左岸山坡地,主要堆存截流前左岸施工建筑物的开挖弃渣。堆渣高程为 230~295 m,堆放弃渣 172.2 万 m³,堆放边坡坡度为 1:2。占地面积为 11.35 hm²,容量为 193.0 万 m³。区域土地利用类型以灌木林为主,有少量耕地。

3 号弃渣场位于石料场东侧的冲沟内,主要堆存石料场的覆盖层和无用层开挖弃渣。

堆渣高程为 240 ~ 280 m,堆放弃渣 59.7 万 m^3,堆放边坡坡度为 1:2。占地面积为 3.82 hm^2,容量为 76.4 万 m^3。区域土地利用类型以灌木林为主。

4 号弃渣场位于坝后,主要堆存截流后各建筑物的开挖弃渣。堆渣高程为 172 ~ 215 m,堆放弃渣 139.1 万 m^3,堆放边坡坡度为 1:2。占地面积为 8.45 hm^2,容量为 164.4 万 m^3。区域主要为河道,两岸有部分灌木林。

弃渣场主要技术指标见表 4-15。

表 4-15 弃渣场主要技术指标(方案)

编号	渣场面积 (m^2)	堆渣高程 (m)	容量 (万 m^3)	堆渣量 (万 m^3)	说明
1 号弃渣场	18 300	230 ~ 270	27.5	22.5	位于运行管理区
2 号弃渣场	113 500	230 ~ 295	193.0	172.2	新增临时占地
3 号弃渣场	38 200	240 ~ 280	76.4	59.7	新增临时占地
4 号弃渣场	84 500	172 ~ 215	164.4	139.1	位于运行管理区
小计	254 500		461.3	393.5	弃渣场临时占地 15.17 hm^2

4.3.4.2 水土保持初步设计中料场、弃土(渣)布设情况

水土保持初步设计报告中,项目建设总挖方量 537.17 万 m^3,其中土方 146.03 万 m^3、石方 391.14 万 m^3;总填方量 1 211.05 万 m^3,其中土方 141.45 万 m^3、石方 1 069.60 万 m^3;总借方 800.52 万 m^3,其中土方 17.06 万 m^3、石方 783.46 万 m^3;总弃方 126.63 万 m^3,其中土方 21.64 万 m^3、石方 104.99 万 m^3。共布设 3 个弃渣场、2 个土料场和 1 个石料场。

1. 料场布设情况

水土保持初步设计中土料场和石料场的布设位置和布设个数与方案相同,设松树滩土料场、谢庄土料场和河口村石料场。除河口村石料场占地面积考虑到碎石滑落增加为 19.46 hm^2 外,其他均与水土保持方案一致。

料场主要技术指标见表 4-16。

表 4-16 料场主要技术指标(初步设计)

序号	项目	占地面积 (hm^2)	容量 (万 m^3)	表土清理 厚度 (m)	表土清理量 (万 m^3)	取料深度 (m)	边坡 坡度	说明
1	河口村石料场	19.46	1 700	1.5	59.6	0 ~ 110	1:0.3	临时占地
2	松树滩土料场	5.1	16	0.5	2.55	3.5	1:2	位于库区
3	谢庄土料场	3.0	15	0.5	1.5	5.3	1:2	位于库区

2. 弃渣场布设情况

根据主体工程整体布局情况,水土保持初步设计中共选择了 3 个弃渣场。

1 号弃渣场位于大坝下游 1 km 处左岸山坡地,主要堆存截流前左岸施工建筑物的开

挖弃渣。高程为 171 ~ 210 m,堆放弃渣 8.8 万 m³,堆放边坡坡度为 1:2。占地面积为
1.00 hm²,容量为 10.0 万 m³。区域土地利用类型以灌木林为主。

2 号弃渣场位于大坝下游 1 km 处左岸山坡地,主要堆存截流前左岸施工建筑物的开
挖弃渣。高程为 210 ~ 265 m,堆放弃渣 52.6 万 m³,堆放边坡坡度为 1:2。2 号弃渣场占
地面积为 3.34 hm²,容量为 66.0 万 m³。区域土地利用类型以灌木林为主,有少量耕地。

3 号弃渣场位于石料场东侧的冲沟内,主要堆存石料场的覆盖层和无用层开挖弃渣。
高程为 240 ~ 280 m,堆放弃渣 65.2 万 m³,堆放边坡坡度为 1:2。占地面积为 3.82 hm²,
容量为 72.0 万 m³。区域土地以灌木林为主。

弃渣场主要技术指标见表 4-17。

表 4-17   弃渣场主要技术指标(初步设计)

编号	占地面积 (m²)	堆渣高程范围 (m)	容量 (万 m³)	堆渣量 (万 m³)	说明
1 号弃渣场	10 000	171 ~ 210	10.0	8.8	位于运行管理区
2 号弃渣场	33 400	210 ~ 265	66.0	52.6	新增临时占地
3 号弃渣场	38 200	240 ~ 280	72.0	65.2	新增临时占地
小计	81 600		148.0	126.6	运行管理区之外 新增 7.16 hm²

4.3.5   水土流失防治标准与防治目标

水土保持方案设定的防治标准为建设类项目一级防治标准;根据项目的具体情况,按
GB 50434—2008 调整相应指标值后,确定设计水平年六项防治指标值为扰动土地整治率
95%、水土流失总治理度 96%、土壤流失控制比 1.0、拦渣率 90%、林草植被恢复率 98%、
林草覆盖率 26%。

水土保持初步设计设定的防治标准与方案一致,为建设类项目一级防治标准;设计水
平年六项防治指标值为扰动土地整治率 95%、水土流失总治理度 96%、土壤流失控制比
1.0、拦渣率 95%、林草植被恢复率 98%、林草覆盖率 26%。

4.3.6   水土保持措施与工程量

4.3.6.1   防治分区

水土保持方案中,水土流失防治分区划分为主体工程防治区、业主营地防治区、永久
道路防治区、弃渣场防治区、料场防治区、临时堆渣场防治区、施工生产生活防治区、临时
道路防治区、移民安置防治区、移民专项设施防治区等 10 个防治分区。考虑到库区在工
程建设过程中不扰动,建设中不开展水土保持措施布局,库区没有分区。划分结果详见
表 4-18。

表 4-18　水土流失防治分区划分（方案）

防治分区	分区特点	防治责任范围面积（hm²）
主体工程防治区	主要位于工程运行管理区范围,包括大坝施工区、泄洪影响区、泄洪洞出口施工区。扰动特点主要是大坝岸坡开挖、大坝和厂房的基础开挖、引水洞进口和施工支洞进口的石方明挖等都严重破坏地表,形成高陡裸露边坡,使地表土壤失去原植被的固土和防冲能力,临时堆存土料在雨水、河流冲刷和自身重力作用下,极易形成水蚀和重力侵蚀	106.6
业主营地防治区	场地平整时彻底破坏原地表植被,人为活动和机械碾压很频繁,一些易流失的施工材料在堆放过程中不采取措施,一遇大雨或者大风,也会发生流失	0.66
永久道路防治区	道路建设时,土方的开挖和回填,土料的临时堆放,易发生较大的水蚀	34.03
弃渣场防治区	弃渣松散堆放,极易产生严重的水土流失,特别是遇到强暴雨或沁河洪水,弃渣容易被冲走,产生严重水土流失	16.67
料场防治区	施工过程中表土临时堆放,土质疏松;取土后原地表植被破坏,形成的裸露边坡改变了地形地貌,表层土壤结构疏松,工程建设期频繁扰动等,极易产生水土流失	17.05
临时堆渣场防治区	临时堆料场弃渣松散堆放,遇到强暴雨或者沁河洪水,极易产生流失	
施工生产生活防治区	在场地平整时彻底破坏了原地表植被,人为活动和机械碾压频繁,使土壤结构改变、入渗率下降,易形成径流,造成水土流失	13.88
临时道路防治区	道路建设期,土方的开挖和回填,对原地貌挖损碾压,破坏植被;使用过程中,车辆碾压和人为活动频繁,都将加剧水力侵蚀的发生	3.82
移民安置防治区	移民安置点在施工过程中,土方的开挖回填,地基平整,人为活动和机械碾压等,破坏地表植被,改变地形,造成水土流失	29.59
移民专项设施防治区	施工中,路基、明渠、隧洞开挖会破坏地表植被,改变地形,同时产生弃土弃渣,造成水土流失	33.05
合计		255.35

初步设计报告中,未明确提出水土流失防治分区划分结果,根据水土流失防治责任范围表及书中叙述,主体工程防治区、业主营地防治区、永久道路防治区、弃渣场防治区、料场防治区、临时堆料场防治区、施工生产生活防治区、库区、临时道路防治区、移民安置防治区、移民专项设施防治区等 11 个区计列水土流失防治责任范围。

4.3.6.2 防治措施体系与总体布局

1. 水土保持方案中防治措施体系与总体布局

1)总体布局

根据水土流失预测和水土保持防治分区划分结果,结合主体工程已有水土保持功能的工程布局,按照与主体工程相衔接的原则,针对各区施工布置特点和工程建设及运行中产生的新增水土流失特点,本着"拾遗补缺,避免重复建设"的设计原则,水土流失防治措施体系的设立在原有主体工程防护设计的基础上,对不同区域新增水土流失部位进行对位治理,以形成完整的水土保持防护体系。水土保持措施布局的指导思想为预防为主、防治结合、因地制宜、因害设防。在防治措施布设中对症下药,以植物措施为主,工程措施和临时措施为辅,充分发挥工程防护措施的时效性和控制性,以便在短时期内遏制和减少水土流失;再利用植物措施和土地整治措施蓄水保土,保护新生地表,达到水土流失防治长期有效、绿化美化环境的目的,建立起工程防治措施、植物防治措施与临时防护措施相结合的综合防治措施体系,做到各种措施有机结合,合理布设,协调一致,临时性措施和永久性措施相结合,点、线、面水土流失治理相辅相成。

2)防治措施体系

(1)主体工程防治区。

主体工程防治区在主体设计中已经采取了工程措施及植物措施。水土保持方案补充施工过程中的临时防护措施,包括施工中土方的临时拦挡和施工场地的临时排水措施,施工供电线路临时拦挡和临时排水措施。

(2)业主营地防治区。

主体工程设计中已提出了布设工程措施和植物措施,方案补充排水系统和输变电系统施工中的临时覆盖措施、临时排水措施。

(3)永久道路防治区。

永久道路防治区主要包括场内永久道路、对外道路以及金滩沁河大桥,主体设计布设了排水沟及铺草皮;方案补充永久道路区道路两旁栽植行道树的植物措施及道路两侧布置临时土质排水沟;金滩沁河大桥施工中布置澄清池。

(4)料场防治区。

土料场:施工前剥离表土,并将表土转运至 4 号弃渣场做覆土用,取料结束后对土料场实施复耕。施工过程中开挖边坡上游设置临时排水及拦挡措施。

石料场:开采前先进行表土的剥离措施,剥离厚度为 30 cm,取料完成后覆土,在料场的周边设排水沟;施工结束后,补充乔灌草混栽的植物措施。石料场的表土临时堆存于 1 号弃渣场,本区不设临时措施。

(5)施工生产生活防治区。

施工生产区:在施工结束后进行土地整治;施工中对空闲地进行了绿化,绿化系数为

10% ~20%，区域周边布设临时排水措施。

施工生活区：施工中对空闲地进行了绿化，绿化系数为20% ~30%；施工中布设临时排水沟。

（6）弃渣场防治区。

1号弃渣场：方案补充表土剥离，渣场的浆砌石挡渣墙，渣场周边的浆砌石排水沟，边坡削坡开级，菱形网格护坡，弃渣完成后对渣面进行覆土；种植灌草绿化；施工中对临时堆存的表土覆盖、临时拦挡，周边设临时排水沟。

2号弃渣场：方案补充施工前的表土剥离，渣场的浆砌石挡渣墙，渣场周边的浆砌石排水沟，边坡削坡开级，菱形网格护坡，弃渣完成后对渣面进行覆土；种植灌草绿化；施工中对临时堆存的表土覆盖、临时拦挡，周边设临时排水沟。

3号弃渣场：方案补充施工前的表土剥离，渣场的浆砌石挡渣墙，渣场周边的浆砌石排水沟，边坡削坡开级，菱形网格护坡，弃渣完成后对渣面进行覆土；种植灌木草绿化；施工中对临时堆存的表土覆盖、临时拦挡，周边设临时排水沟。

4号弃渣场：方案补充渣场周边的浆砌石排水沟，边坡削坡开级，菱形网格护坡，弃渣完成后对渣面进行覆土；种植灌草绿化；施工中对临时堆存的表土拦挡，周边设临时排水沟。

（7）临时堆料场防治区。

1号临时堆料场：施工前进行表土剥离，施工结束后覆土；施工中，临时堆料采取铅丝石笼进行拦挡，表土堆存区采取临时拦挡、周边设临时排水措施。

2号临时堆料场：施工前进行表土剥离，转运至4号弃渣场；施工中临时堆料场铅丝石笼拦挡，上游布设浆砌石排水沟，表土堆存区临时拦挡。

（8）临时道路防治区。

主体工程已列乔木等部分植物措施，方案补充道路两侧栽植灌草；施工期道路两侧布设排水沟。

（9）移民安置防治区。

主体已列场地平整和排水，方案补充绿化措施。

（10）移民专项设施防治区。

方案新增渣场的浆砌石挡渣墙，渣场周边的浆砌石排水沟，渣场坡面菱形网格，渣面整治和覆土；乔灌草绿化；表土堆放区防尘网覆盖。

水土流失防治措施体系框图见图4-1。

2. 水土保持初步设计确定的防治措施体系

1）主体工程防治区

工程措施主要有大坝右坝肩、泄洪洞进出口边坡、溢洪道进出口边坡和大小电站厂房处边坡客土喷播防护；坝后园林绿化措施；施工中临时堆土的拦挡、周边临时排水。

2）业主营地防治区

补充园林绿化措施，施工中的临时覆盖、临时排水措施。

注：*为主体工程已具备的水土保持功能工程。

图4-1　水土流失防治措施体系框图（方案）

3）永久道路防治区

在路基、路堑边坡修建挡土墙、护坡墙及浆砌石网格护坡、生态袋及植生袋护坡,部分路段采用高次团粒客土喷播,修建急流槽、浆砌石排水沟、加高排水沟侧墙、坡面整治等工程措施;道路两旁栽植行道树,路基边坡栽植侧柏、旱柳、紫穗槐、爬墙虎,撒播狗牙根或荆条等;施工中,道路两侧布置临时土质排水沟;金滩沁河大桥施工中设沉沙池。

4）料场防治区

土料场:施工前进行表土剥离,并将表土转运;施工中在料场边坡上游设临时排水及拦挡措施。

石料场:施工前进行表土剥离,施工结束后在料场周边设排水沟、场区内覆土整治恢复植被,实施植物措施;石料场的表土临时堆存于1号弃渣场,本区不设临时措施。

5）施工生产生活防治区

施工生产区:施工期对空闲地进行了绿化,主要栽植灌木,撒播狗牙根,绿化系数达到10%～20%;施工中区域周边设临时排水沟。

施工生活区:新增临时土质排水沟。

6）弃渣场防治区

1号弃渣场:施工前进行表土剥离,渣场的浆砌石挡渣墙,渣场周边的浆砌石排水沟,对渣场的弃渣进行削坡开级,在渣场坡面修筑菱形网格,弃渣完成后对渣面进行覆土;施工结束后布设灌草植物措施;施工中,对临时堆土进行覆盖、临时拦挡和周边设临时排水。

2号弃渣场:施工前进行表土剥离,修筑浆砌石挡渣墙,周边修浆砌石排水沟,弃渣边坡削坡开级、修筑菱形网格;弃渣完成后对渣面进行覆土;施工结束后对渣场顶部进行绿化;施工中对临时堆存的表土进行覆盖、临时拦挡,周边设临时排水沟。

3号弃渣场:施工前进行表土剥离,修浆砌石挡渣墙、周边修浆砌石排水沟,对渣场的弃渣进行削坡开级,边坡菱形网格防护,弃渣完成后对渣面进行覆土;施工结束后对渣场顶部进行绿化;施工过程中对临时堆存的表土进行覆盖、临时拦挡,周边设临时排水沟。

7）临时堆料场防治区

1号临时堆料场:施工前进行表土剥离,施工结束后覆土整治;在堆料前沿河侧修筑铅丝石笼,对表土堆存区采取临时拦挡、周边设临时排水沟。

2号临时堆料场:施工前进行表土剥离,在沿河侧铅丝石笼拦挡,在临时堆料场上游修筑浆砌石排水沟,表土堆存区临时拦挡。

8）临时道路防治区

主体工程已安排种植乔木,方案新增道路两侧灌木和种草;施工中道路两侧设临时排水沟。

9）移民安置防治区

施工结束后进行绿化美化。

10）移民专项设施防治区

对移民专项设施防治区弃渣场(3个),在弃渣前进行表土剥离,下游设浆砌石挡渣墙,渣场周边设浆砌石排水沟,弃渣完成后对渣面进行整治和覆土;渣面种植乔木和灌草;施工中表土堆放区防尘网覆盖。

4.3.6.3 防治措施工程量

1. 水土保持方案确定的防治措施工程量

主体工程中界定的水土保持措施工程量见表4-19,水土保持方案新增水土保持措施工程量见表4-20。

表4-19 主体工程中界定的水土保持措施工程量(方案)

	项目	单位	工程量
一	主体工程		
(一)	工程措施		
1	电站厂房排水沟		
	开挖土方	m^3	236.88
	浆砌石	m^3	191.76
2	电站厂房浆砌石草皮护坡	m^2	5 017
二	永久道路		
(一)	工程措施		
1	浆砌石排水沟		
	浆砌石	m^3	13 057
(二)	植物措施		
1	铺植草皮	m^2	92 244
三	施工生产生活区		
(一)	工程措施		
1	土地复垦	hm^2	3.82
四	业主营地		
(一)	工程措施		
1	浆砌石护坡		
	土方挖方量	m^3	973
	岩石挖方量	m^3	262
	土方回填方量	m^3	262
	浆砌石方量	m^3	1 329.3
2	植生袋护坡及客土喷播		
	生态袋	m^2	1 538.76
	碎石	m^3	307.75
	锚杆ϕ18 mm $L=1.5$ m	根	109
	锚杆ϕ12 mm $L=1.0$ m	根	109
	浆砌石	m^3	120
3	透水砖	m^2	2 170

项目		单位	工程量
（二）	植物措施		
1	乔木		
	杨树	株	150
	榆树	株	150
	蒲葵	株	100
2	灌木		
	胡颓子	株	3 000
	黄杨	株	2 000
五	临时道路		
（一）	工程措施		
1	浆砌石排水沟		
	浆砌石	m³	6 334
2	土地复垦	hm²	3.13
（二）	植物措施		
	铺植草皮	m²	104 841

表 4-20　新增水土保持措施工程量（方案）

序号	防治区	措施	工程	单位	工程量
一	主体工程防治区				
1	主体工程	临时措施	临时排水		
			长度	m	1 936
			土方开挖	m³	387.2
2	供变电线路	临时措施	临时排水		
			长度	m	230.60
			土方开挖	m³	46.12
			临时拦挡		
			长度	m	158.0
			填筑土埂	m³	97.19
二	业主营地防治区				
1	业主营地防治区	临时措施	铺撒碎石子		
			面积	m²	5 500
			碎石子	m³	550
			临时排水		
			长度	m	1 630
			土方开挖	m³	326.0

序号	防治区	措施		工程	单位	工程量
三	永久道路防治区					
1	道路	植物措施	旱柳	栽植	株	26 600
				苗木	株	27 132
			紫穗槐	栽植	株	69 825
				苗木	株	71 222
		临时措施	排水沟	长度	m	19 000
				土方开挖	m³	15 580
2	金滩沁河大桥	临时措施	澄清池	土方开挖	m³	200
四	料场防治区					
1	1号土料场	工程措施	表土剥离	开挖土方	m³	15 300
			表土运输	方量	m³	15 300
		临时措施	临时排水	长度	m	1 254
				土方开挖	m³	250.8
			临时拦挡	长度	m	627
				土埂填筑	m³	112.86
2	2号土料场	工程措施	表土剥离	开挖土方	m³	9 000
			表土运输	方量	m³	9 000
		临时措施	临时排水	长度	m	792
				土方开挖	m³	158.4
			临时拦挡	长度	m	396
				土埂填筑	m³	71.28
3	石料场	工程措施	排水沟	长度	m	570
				土方开挖	m³	467.4
				浆砌石	m³	307.8
			表土剥离	土方开挖	m³	27 936
			覆土	土方回填	m³	27 936
		植物措施	108杨	栽植	株	20 040
				苗木	株	20 441
			苹果树	栽植	株	659
				苗木	株	673
			枣树	栽植	株	461
				苗木	株	470
			紫穗槐	栽植	株	30 060
				苗木	株	30 662
			种草	撒播面积	m²	162 960.00
				草籽质量	kg	407

续表 4-20

序号	防治区	措施		工程	单位	工程量
五				施工生产生活防治区		
1	施工生产区	工程措施	土地整治	面积	m²	93 600
		植物措施	108 杨	栽植	株	10 874
				苗木	株	11 091
			紫穗槐	栽植	株	11 513
				苗木	株	11 744
			种草	撒播面积	m²	21 525.00
				草籽质量	kg	53.81
		临时措施	临时排水	长度	m	14 040
				土方开挖	m³	2 808
2	施工生活区	植物措施	紫穗槐	栽植	株	12 390
				苗木	株	12 638
			月季	栽植	株	315
				苗木	株	321
			广玉兰	栽植	株	127
				苗木	株	130
			四季桂	栽植	株	143
				苗木	株	146
			紫叶李	栽植	株	1 145
				苗木	株	1 168
			垂柳	栽植	株	420
				苗木	株	428
			草坪	面积	m²	18 585
		临时措施	临时排水	长度	m	10 800
				土方开挖	m³	391.67
六				弃渣场防治区		
1	1 号弃渣场	工程措施	表土剥离	开挖土方	m³	5 490
			挡渣墙	长度	m	214
				土方开挖	m³	353.1
				浆砌石	m³	1 123.5
			排水沟	长度	m	846
				土方开挖	m³	17 940.8
				浆砌石	m³	8 902.4
			渣场削坡开级	方量	m³	6 588
			菱形网格护坡	浆砌石	m³	1 976.4
			渣面覆土	面积	m²	14 640
				土方量	m³	5 490
		植物措施	紫穗槐	栽植	株	15 372
				苗木	株	15 679
			种草	撒播面积	m²	3 843
				草籽质量	kg	9.61
		临时措施	表土覆盖	面积	m²	2 196.0
			临时拦挡	长度	m	120
				袋装土	m³	144
			临时排水	长度	m	230
				土方开挖	m³	46

続表 4-20

序号	防治区	措施		工程	单位	工程量
2	2 号弃渣场	工程措施	表土剥离	开挖土方	m³	34 050
			挡渣墙	长度	m	411
				土方开挖	m³	1 685.1
				浆砌石	m³	4 973.1
			右岸排水沟	长度	m	604
				土方开挖	m³	1 993.2
				浆砌石	m³	1 208
			左岸排水沟	长度	m	761
				土方开挖	m³	12 860.9
				浆砌石	m³	6 925.1
			渣场削坡开级	方量	m³	40 860
			菱形网格护坡	浆砌石	m³	12 258
			渣面覆土	面积	m²	96 475
				土方量	m³	34 050
		植物措施	108 杨	栽植	株	6 242
				苗木	株	6 367
			紫穗槐	栽植	株	45 969
				苗木	株	46 888
			种草	撒播面积	m²	35 753
				草籽质量	kg	89.38
		临时措施	表土覆盖	面积	m²	11 350
			临时拦挡	长度	m	325
				袋装土	m³	390
			临时排水	长度	m	487.5
				土方开挖	m³	97.5
3	3 号弃渣场	工程措施	表土剥离	开挖土方	m³	11 460
			挡渣墙	长度	m	247
				土方开挖	m³	407.55
				浆砌石	m³	1 296.75
			排水沟	长度	m	659
				土方开挖	m³	6 326.4
				浆砌石	m³	3 295
			渣场削坡开级	方量	m³	13 752
			菱形网格护坡	浆砌石	m³	4 125.6
			渣面覆土	面积	m²	32 470
				土方量	m³	11 460
		植物措施	108 杨	栽植	株	4 212
				苗木	株	4 296
			紫穗槐	栽植	株	11 231
				苗木	株	11 455
			种草	撒播面积	m²	12 033
				草籽质量	kg	30.08
		临时措施	表土覆盖	面积	m²	4 584
			临时拦挡	长度	m	265
				袋装土	m³	318
			临时排水	长度	m	344.5
				土方开挖	m³	68.9

序号	防治区	措施		工程	单位	工程量
4	4 号弃渣场	工程措施	排水沟	长度	m	1 125
				浆砌石	m³	607.5
			渣场削坡开级	方量	m³	30 420
			菱形网格护坡	浆砌石	m³	12 168
			渣面覆土	面积	m²	74 360
				土方量	m³	31 800
		植物措施	108 杨	栽植	株	7 985
				苗木	株	8 145
			紫穗槐	栽植	株	21 294
				苗木	株	21 720
			种草	撒播面积	m²	35 490.00
				草籽质量	kg	88.73
		临时措施	临时拦挡	长度	m	462
				袋装土	m³	554.4
			临时排水	长度	m	600.6
				土方开挖	m³	120.12
七			临时堆料场防治区			
1	1 号堆渣场	工程措施	表土剥离	土方开挖	m³	56 430
			覆土	方量	m³	33 858
		临时措施	铅丝石笼	长度	m	1 180
				方量	m³	2 950
			临时拦挡	长度	m	1 130
				袋装土	m³	1 356
			临时排水	长度	m	1 469
				土方开挖	m³	293.8
2	2 号堆渣场	工程措施	表土剥离	土方开挖	m³	7 500
		临时措施	铅丝石笼	长度	m	505
				方量	m³	1 767.5
			排水沟	长度	m	310
				土方开挖	m³	238.7
				浆砌石	m³	167.4
			临时拦挡	长度	m	265
				袋装土	m³	318
八			临时道路防治区			
1	临时道路区	植物措施	紫穗槐	栽植	株	74 613
				苗木	株	76 105
			种草	撒播面积	m²	26 179.65
				草籽质量	kg	65.45
		临时措施	临时排水	长度	m	18 700
				土方开挖	m³	15 334
九			移民安置防治区			
1	移民安置防治区	植物措施	108 杨	栽植	株	7 710
				苗木	株	7 864

序号	防治区	措施	工程	单位	工程量
十			移民专项设施防治区		
1	连接路弃渣场	工程措施	浆砌石挡渣墙 土方开挖	m³	250.6
			浆砌石	m³	1 034.36
			浆砌石排水沟 土方开挖	m³	1 174.4
			浆砌石	m³	613
			菱形网格护坡 浆砌石	m³	1 119.98
			渣面整治 方量	m³	2.19
			渣面覆土 方量	m³	4 373.3
		植物措施	108 杨 栽植	株	3 831
			苗木	株	3 908
			紫穗槐 栽植	株	5 108
			苗木	株	5 210
			种草 撒播面积	m²	21 315.00
			草籽质量	kg	53
		临时措施	表土覆盖 防尘网	m²	262.4
2	恢复道路弃渣场	工程措施	浆砌石挡渣墙 土方开挖	m³	624.18
			浆砌石	m³	2 576.27
			浆砌石排水沟 土方开挖	m³	2 925.07
			浆砌石	m³	1 526.79
			菱形网格护坡 浆砌石	m³	2 789.53
			渣面整治 方量	m³	5.45
			渣面覆土 方量	m³	10 892.53
		植物措施	108 杨 栽植	株	9 541
			苗木	株	9 732
			紫穗槐 栽植	株	12 722
			苗木	株	12 976
			种草 撒播面积	m²	53 025.00
			草籽质量	kg	132.52
		临时措施	表土覆盖 防尘网	m²	653.55
3	引水隧洞弃渣场	工程措施	浆砌石挡渣墙 土方开挖	m³	34.49
			浆砌石	m³	142.37
			浆砌石排水沟 土方开挖	m³	161.65
			浆砌石	m³	84.38
			菱形网格护坡 浆砌石	m³	154.16
			渣面整治 方量	m³	0.3
			渣面覆土 方量	m³	601.96
		植物措施	108 杨 栽植	株	527
			苗木	株	538
			紫穗槐 栽植	株	704
			苗木	株	718
			种草 撒播面积	m²	2 940.00
			草籽质量	kg	7.33
		临时措施	表土覆盖 防尘网	m²	36.12
十一			监测小区		
1	简易水土流失观测场	工程措施	土方开挖 方量	m³	336.69
			砌砖 方量	m³	122.30

2.水土保持初步设计确定的防治措施工程量

水土保持初步设计中,仅对主体中具有水土保持功能的措施在措施总体布局中进行说明,未明确工程量和投资。为便于对比分析,自验项目组根据水土保持初步设计文件,对具有水土保持功能的措施进行统计,见表4-21,水土保持初步设计中计列的新增水土保持措施及工程量详见表4-22。

表 4-21　主体工程中界定为水土保持工程的工程量(初设)

序号	项目	单位	工程量
一	主体工程防治区		
(一)	工程措施		
1.1	排水系统		
	长度	km	
	土方开挖	m³	77 295
	石方开挖	m³	8 549
	浆砌石	m³	13 418
	C20 混凝土	m³	395.57
1.2	网格护坡		
	面积	m²	
	浆砌石网格护坡	m³	6 488
(二)	植物措施		
2.1	种植草皮	m²	44 000
	草皮下镶土层	m³	44 000
二	施工生产生活防治区		
(一)	工程措施		
1.1	土地复垦	hm²	12.83
三	临时道路防治区		
(一)	工程措施		
1.1	土地复垦	hm²	2.934
四	移民安置防治区		
(一)	植物措施		
	绿化面积	hm²	2.497 2

表 4-22　新增水土保持措施及工程量（初设）

序号	防治区		措施		工程	单位	工程量
一			主体工程防治区				
1	大坝右坝肩	工程措施	高次团粒客土喷播(喷混凝土坡)			m²	437
2	泄洪洞进口边坡	工程措施	高次团粒客土喷播(喷混凝土坡)			m²	9 594
3	泄洪洞出口边坡	工程措施	高次团粒客土喷播(喷混凝土坡)			m²	16 450
4	溢洪道进口边坡	工程措施	高次团粒客土喷播(喷混凝土坡)			m²	2 233
5	溢洪道出口边坡	工程措施	高次团粒客土喷播(喷混凝土坡)			m²	330
6	大电站厂房护坡	工程措施	高次团粒客土喷播(喷混凝土坡)			m²	5 082
7	小电站厂房护坡	工程措施	高次团粒客土喷播(喷混凝土坡)			m²	3 058
8	主体工程施工区	临时措施	临时排水		长度	m	1 936
					土方开挖	m³	387.2
9	供变电线路	临时措施	临时排水		长度	m	230.60
					土方开挖	m³	46.12
			临时拦挡		长度	m	158.0
					填筑土埂	m³	97.19
10	坝后压戗	植物措施	雪松		栽植	株	261
					苗木	株	266
			银杏		栽植	株	812
					苗木	株	828
			广玉兰		栽植	株	498
					苗木	株	508
			白皮松		栽植	株	247
					苗木	株	252
			紫叶李		栽植	株	419
					苗木	株	427
			垂柳		栽植	株	1 257
					苗木	株	1 282
			石楠		栽植	株	767
					苗木	株	782
			金边黄杨		栽植	株	10 328
					苗木	株	10 535
			月季		栽植	株	627
					苗木	株	640
			海棠		栽植	株	486
					苗木	株	496
			牡丹		栽植	株	200
					苗木	株	204
			草坪		面积	m²	28 001.00

序号	防治区		措施		工程	单位	工程量
二			业主营地防治区				
1	业主营地区	临时措施	临时排水		长度	m	1 630
					土方开挖	m³	326.0
		植物措施	雪松		栽植	株	292
					苗木	株	298
			银杏		栽植	株	791
					苗木	株	807
			广玉兰		栽植	株	432
					苗木	株	441
			白皮松		栽植	株	286
					苗木	株	292
			紫叶李		栽植	株	524
					苗木	株	534
			石楠		栽植	株	857
					苗木	株	874
			海棠		栽植	株	623
					苗木	株	635
			草坪		面积	m²	7 379.00
三			永久道路防治区				
1	1号道路开挖边坡	工程措施	排水沟侧墙加高		浆砌石	m³	29
					覆土	m³	25
		植物措施	侧柏		栽植	株	91
					苗木	株	96
			紫穗槐		栽植	株	173
					苗木	株	182
			爬墙虎		栽植	株	817
					苗木	株	857
2	2号道路挖方边坡	工程措施	高次团粒客土喷播		面积	m²	5 380
			高次团粒客土喷播		面积	m²	3 447
			排水沟侧墙加高		浆砌石	m³	205
					覆土	m³	171
		植物措施	紫穗槐		栽种	株	1 369
					育苗	株	1 437
			爬墙虎		栽种	株	4 563
					育苗	株	4 791
			侧柏树		栽种	株	178
					育苗	株	187
2	2号道路填方边坡	工程措施	挡渣墙		浆砌石	m³	817
					土方开挖	m³	167
			护坡墙		浆砌石	m³	86
					石方开挖	m³	12
			急流槽		浆砌石	m³	248
					干摆石	m³	139
					石渣开挖	m³	844
			网格骨架护坡		浆砌石	m³	1 625
					土方开挖	m³	214
			截排水沟		浆砌石	m³	224
					挖渣	m³	426
		植物措施	生态袋铺设		生态袋	m²	10 313
			植生袋铺设		植生袋	m²	4 549
			坡面整治		坡面覆土	m³	6 683
					削坡	m³	5 000
			狗牙根、荆条混种		撒播	hm²	1.93
					草种	kg	48.25
			侧柏		栽植	株	1 387
					苗木	株	1 457

序号	防治区	措施		工程	单位	工程量
3	4 号道路挖方边坡	工程措施	高次团粒客土喷播(喷混凝土坡)		m²	1 848
			高次团粒客土喷播(裸露边坡)		m²	2 111
			排水沟侧墙加高	浆砌石	m³	210
				覆土	m³	175
		植物措施	紫穗槐	栽植	株	1 239
				苗木	株	1 301
			爬墙虎	栽植	株	4 128
				苗木	株	4 334
			侧柏树	栽植	株	607
				苗木	株	637
	4 号道路高填方边坡	工程措施	坡面整治	坡面覆土	m³	2 533
				削坡	m³	4 000
			挡渣墙	浆砌石	m³	485
				土方开挖	m³	230
			急流槽	浆砌石	m³	249
				干摆石	m³	139
				石渣开挖	m³	844
			网格骨架护坡	浆砌石	m³	377
				土方开挖	m³	206
			生态袋铺设	生态袋	m²	6 339
		植物措施	狗牙根、荆条混种	撒播	hm²	0.8
				草种	kg	20
			侧柏树	栽植	株	1 017
				苗木	株	1 068
4	5 号道路开挖边坡	工程措施	高次团粒客土喷播		m²	160
	5 号道路高填方边坡	工程措施	网架护坡	浆砌石	m³	530
				土方开挖	m³	128
		植物措施	狗牙根、荆条混种	撒播	hm²	0.17
				草种	kg	4.18
5	7 号道路开挖边坡	工程措施	高次团粒客土喷播	面积	m²	445
			高次团粒客土喷播	面积	m²	605
			排水沟侧墙加高	浆砌石	m³	126
				覆土	m³	105
		植物措施	爬墙虎	栽种	株	2 803
				育苗	株	2 944
			侧柏树	育苗	株	122

序号	防治区	措施		工程	单位	工程量
5	7 号道路高填方边坡	工程措施	生态袋铺设	生态袋	m²	4 808
			坡面挖渣	削坡	m³	3 000
			挡渣墙	浆砌石	m³	203
				土方开挖	m³	56
			急流槽	干摆石	m³	42
				石渣开挖	m³	252
		植物措施	狗牙根、荆条混种	撒播	hm²	0.3
				草种	kg	7.5
			侧柏树	栽种	株	97
				育苗	株	102
6	行道树	植物措施	侧柏	栽植	株	26 600
			紫穗槐	栽植	株	69 825
				苗木	株	73 316
		临时措施	排水沟	长度	mm	
7	金滩大桥	临时措施	沉砂池	土方开挖	m³	200
四			料场防治区			
1	1 号土料场	临时措施	临时排水	土方开挖	m³	250.8
			临时拦挡	长度	m	627
				土埝填筑	m³	112.86
2	2 号土料场	工程措施	表土运输	方量	m³	9 000
		临时措施	临时排水	长度	m	792
				土方开挖	m³	158.4
			临时拦挡	土埝填筑	m³	180.11
			临时拦挡	长度	m	396
				土埝填筑	m³	71.28
3	石料场	工程措施	排水沟	长度	m	741
				土方开挖	m³	607.6
				浆砌石	m³	400.1
			覆土	土方回填	m³	35 028
		植物措施	侧柏	栽植	株	19 086
				苗木	株	20 040
			爬墙虎	栽植	株	125 873
				苗木	株	128 390
			紫穗槐	栽植	株	28 629
				苗木	株	30 060
			种草	撒播面积	m²	194 600
				草籽质量	kg	487
五			施工生产生活防治区			
1	施工工厂区	临时措施	临时排水	长度	m	14 670
				土方开挖	m³	2 934
2	施工生活区	临时措施	临时排水	长度	m	6 500
				土方开挖	m³	391.67

序号	防治区	措施		工程	单位	工程量
六				弃渣场防治区		
1	1号弃渣场	工程措施	表土剥离	开挖土方	m³	3 000
			挡渣墙	长度	m	115.56
				土方开挖	m³	190.674
				浆砌石	m³	606.69
			排水沟	长度	m	287.64
				土方开挖	m³	6 099.87
				浆砌石	m³	3 026.82
			渣场削坡开级	方量	m³	3 600
			菱形网格护坡	浆砌石	m³	1 080
			渣面覆土	面积	m²	8 000
				土方量	m³	3 000
		植物措施	紫穗槐	栽植	株	8 000
				苗木	株	8 400
			种草	撒播面积	m²	2 000
				草籽质量	kg	5.00
		临时措施	表土覆盖	面积	m²	1 200.0
			临时拦挡	长度	m	120
				袋装土	m³	144
			临时排水	长度	m	230
				土方开挖	m³	46
2	2号弃渣场	工程措施	表土剥离	开挖土方	m³	10 020
			挡渣墙	长度	m	325
				土方开挖	m³	1 332.5
				浆砌石	m³	3 932.5
			右岸排水沟	长度	m	405
				土方开挖	m³	1 336.5
				浆砌石	m³	810
			左岸排水沟	长度	m	482
				土方开挖	m³	8 145.8
				浆砌石	m³	4 386.2
			渣场削坡开级	方量	m³	12 024
			菱形网格护坡	浆砌石	m³	3 607
			渣面覆土	面积	m²	28 390
				土方量	m³	10 020
		植物措施	侧柏	栽植	株	3 507
				苗木	株	3 682
			紫穗槐	栽植	株	9 352
				苗木	株	9 820
			种草	撒播面积	m²	10 020
				草籽质量	kg	25.05
		临时措施	表土覆盖	面积	m²	3 340
			临时拦挡	长度	m	325
				袋装土	m³	390
			临时排水	长度	m	487.5
				土方开挖	m³	97.5

序号	防治区	措施		工程	单位	工程量
3	3 号弃渣场	工程措施	表土剥离	开挖土方	m³	11 460
			挡渣墙	长度	m	247
				浆砌石	m³	1 296.75
			排水沟	长度	m	659
				土方开挖	m³	6 326.4
				浆砌石	m³	3 295
			渣场削坡开级	方量	m³	13 752
			菱形网格护坡	浆砌石	m³	4 125.6
			渣面覆土	面积	m²	32 470
		植物措施	侧柏	栽植	株	4 011
				苗木	株	4 212
			紫穗槐	栽植	株	10 696
				苗木	株	11 231
			种草	撒播面积	m²	11 460
				草籽质量	kg	28.65
		临时措施	表土覆盖	面积	m²	4 584
			临时拦挡	长度	m	265
				袋装土	m³	318
			临时排水	长度	m	344.5
				土方开挖	m³	68.9
七		临时堆料场防治区				
1	1 号堆渣场	工程措施	表土覆盖	方量	m³	30 024
		临时措施	铅丝石笼	长度	m	1 062
				方量	m³	2 655
			临时拦挡	长度	m	998.27
				袋装土	m³	1 197.93
			临时排水	长度	m	1 297.76
				土方开挖	m³	259.55
2	2 号堆渣场	临时措施	铅丝石笼	长度	m	505
				方量	m³	1 767.5
			排水沟	长度	m	310
				土方开挖	m³	238.7
				浆砌石	m³	167.4
			临时拦挡	长度	m	265
				袋装土	m³	318
八		临时道路防治区				
1	临时道路区	临时措施	临时排水	长度	m	19 635
				土方开挖	m³	16 101
九		移民专项设施防治区				
1	连接路弃渣场	工程措施	浆砌石挡渣墙	土方开挖	m³	250.6
				浆砌石	m³	1 034.36
			浆砌石排水沟	土方开挖	m³	1 174.4
				浆砌石	m³	613

序号	防治区	措施		工程	单位	工程量
1	连接路弃渣场	工程措施	渣面整治	方量	m³	2.19
			渣面覆土	方量	m³	4 373.3
		植物措施	侧柏	栽植	株	3 649
				苗木	株	3 831
			紫穗槐	栽植	株	4 865
				苗木	株	5 108
			种草	撒播面积	m²	2.03
				草籽质量	kg	50.67
		临时措施	表土覆盖	防尘网	m²	262.4
2	恢复道路弃渣场	工程措施	浆砌石挡渣墙	土方开挖	m³	624.18
				浆砌石	m³	2 576.27
			浆砌石排水沟	土方开挖	m³	2 925.07
				浆砌石	m³	1 526.79
			渣面整治	方量	m³	5.45
			渣面覆土	方量	m³	10 892.53
		植物措施	侧柏	栽植	株	9 087
				苗木	株	9 542
			紫穗槐	栽植	株	12 116
				苗木	株	12 722
			种草	撒播面积	m²	5.05
				草籽质量	kg	126.21
		临时措施	表土覆盖	防尘网	m²	653.55
3	引水隧洞弃渣场	工程措施	浆砌石挡渣墙	土方开挖	m³	34.49
				浆砌石	m³	142.37
			浆砌石排水沟	土方开挖	m³	161.65
				浆砌石	m³	84.38
			渣面整治	方量	m³	0.3
			渣面覆土	方量	m³	601.96
		植物措施	侧柏	栽植	株	502
				苗木	株	527
			紫穗槐	栽植	株	670
				苗木	株	703
			种草	撒播面积	m²	0.28
				草籽质量	kg	6.98
		临时措施	表土覆盖	防尘网	m²	36.12
十		监测小区				
1	简易水土流失观测场	工程措施	土方开挖	方量	m³	336.69
			砌砖	方量	m³	122.30

4.3.7 水土保持投资

4.3.7.1 方案批复水土保持投资

沁河河口村水库工程水土保持方案批复投资为 2 962.48 万元(为方案新增)。包括主体工程中具有水土保持功能的措施投资在内为 3 888.26 万元,其中主体工程已列水土保持措施投资 925.76 万元、方案新增水土保持投资 2 962.48 万元。新增水土保持措施中,工程措施 1 917.4 万元,植物措施 140.68 万元,临时工程 175.07 万元,独立费用 381.18 万元,基本预备费 156.86 万元,水土保持补偿费 191.31 万元。主体工程中界定为水土保持工程的投资估算见表 4-23,新增水土保持工程投资估算见表 4-24。

4.3.7.2 初步设计批复水土保持投资

水土保持初步设计批复水土保持概算投资为 3 294.73 万元(为新增水土保持措施投资),其中工程措施投资 2 179.36 万元,植物措施投资 300.83 万元、临时措施投资 94.42 万元、独立费用 624.16 万元、基本预备费 95.96 万元。主体工程中具有水土保持功能的措施投资为 922.58 万元,其中工程措施 743.84 万元、植物措施 178.74 万元,详见表 4-25;新增水土保持措施投资概算见表 4-26。

表 4-23 主体工程中界定为水土保持工程的投资估算(方案)

序号	项目	单位	工程量	投资(万元)
一	主体工程			37.35
(一)	工程措施			37.35
1	电站厂房排水沟			2.98
	开挖土方	m³	236.88	0.10
	浆砌石	m³	191.76	2.88
2	电站厂房浆砌石草皮护坡	m²	5 017	34.37
二	永久道路			486.80
(一)	工程措施			390.78
1	浆砌石排水沟			390.78
	浆砌石	m³	13 057	390.78
(二)	植物措施			96.02
1	铺植草皮	m²	92 244	96.02
三	施工生产生活区			23.04
(一)	工程措施			23.04
1	土地复垦	hm²	3.82	23.04
四	业主营地			66.21

项目		单位	工程量	投资（万元）
（一）	工程措施			64.08
1	浆砌石护坡			28.39
	土方挖方量	m³	973	0.43
	岩石挖方量	m³	262	0.94
	土方回填方量	m³	262	0.30
	浆砌石方量	m³	1 329.3	26.72
2	植生袋护坡及客土喷播			29.79
	生态袋	m²	1 538.76	23.34
	碎石	m³	307.75	2.46
	锚杆 ϕ 18 mm $L=1.5$ m	根	109	0.87
	锚杆 ϕ 12 mm $L=1.0$ m	根	109	0.71
	浆砌石	m³	120	2.41
3	透水砖	m²	2 170	5.90
（二）	植物措施			2.13
1	乔木			1.46
	杨树	株	150	0.11
	榆树	株	150	0.17
	蒲葵	株	100	1.18
2	灌木			0.67
	胡颓子	株	3 000	0.39
	黄杨	株	2 000	0.28
五	临时道路			312.36
（一）	工程措施			203.23
1	浆砌石排水沟			189.55
	浆砌石	m³	6 334	189.55
2	土地复垦	hm²	3.13	13.68
（二）	植物措施			109.13
	铺植草皮	m²	104 841	109.13
合计				925.76

表 4-24　新增水土保持工程投资估算（方案）　　　　（单位：万元）

序号	工程或费用名称	新增措施投资					合计
		建安工程费	植物措施费		设备费	独立费用	
			栽(种)植费	苗木、种子费			
第一部分	工程措施	1 917.40					1 917.40
（一）	表土剥离	42.10					42.10
（二）	表土运输	34.75					34.75
（三）	浆砌石排水沟	561.58					561.58
（四）	挡渣墙	231.19					231.19
（五）	覆土	197.18					197.18
（六）	土地整治	25.68					25.68
（七）	削坡开级	108.68					108.68
（八）	菱形网格护坡	712.88					712.88
（九）	简易观测场	3.36					3.36
第二部分	植物措施	140.68	30.27	110.41			140.67
（一）	旱柳	27.52	3.64	23.88			27.52
（二）	紫穗槐	35.01	11.02	23.99			35.01
（三）	108 杨	47.75	8.57	39.18			47.75
（四）	苹果树	1.31	0.43	0.88			1.31
（五）	枣树	2.45	0.40	2.05			2.45
（六）	种草	3.91	0.38	3.53			3.91
（七）	月季	0.03	0.01	0.02			0.03
（八）	广玉兰	1.94	0.09	1.86			1.94
（九）	四季桂	2.02	0.09	1.93			2.02
（十）	紫叶李	2.49	0.18	2.31			2.49
（十一）	垂柳	0.63	0.06	0.57			0.63
（十二）	草坪	15.61	5.39	10.22			15.61
第三部分	临时措施	175.07					175.06
（一）	临时排水	15.82					15.82
（二）	临时拦挡	17.76					17.76
（三）	澄清池土方开挖	0.09					0.09
（四）	表土覆盖	0.95					0.95
（五）	浆砌石排水沟	3.97					3.97
（六）	铅丝石笼	136.47					136.47
第四部分	独立费用						381.18
（一）	建设单位管理费					44.66	44.66
（二）	工程建设监理费					47.99	47.99
（三）	科研勘测设计费					152.53	152.53

序号	工程或费用名称	新增措施投资					合计
		建安工程费	植物措施费		设备费	独立费用	
			栽(种)植费	苗木、种子费			
(四)	水土保持监测(设施费+人工费)					64.00	64.00
(五)	水土保持设施验收评估报告编制费					72.00	72.00
	一~四部分合计						2 614.31
	基本预备费						156.86
	损坏水土保持设施补偿费						191.31
	总投资						2 962.48

表 4-25　主体工程已有的水土保持工程投资概算(初设)

序号	项目	单位	初步设计	
			工程量	投资(万元)
一	主体工程区			981.67
(一)	工程措施			735.22
1.1	排水系统			514.26
	长度	km		
	土方开挖	m³	77 295	109.80
	石方开挖	m³	8 549	92.36
	浆砌石	m³	13 418	295.64
	C20 混凝土	m³	395.57	16.46
1.2	网格护坡			132.96
	面积	m²		
	浆砌石网格护坡	m³	6 488	132.96
1.3	草皮下镶土层	m³	44 000	88
(二)	植物措施			28.91
2.1	种植草皮	m²	44 000	28.91
二	施工生产生活区			64.17
(一)	工程措施			64.17
1.1	土地复垦	hm²	12.83	64.17
三	临时道路			32.45
(一)	工程措施			32.45
1.1	土地复垦	hm²	2.934	32.45
四	移民安置区			149.83
(一)	植物措施			149.83
	绿化面积	hm²	2.497 2	149.83
	合计			922.58

表4-26 新增水土保持措施投资概算(初步设计) （单位：万元）

序号	工程项目名称	建安工程费	植物措施费		设备费	独立费用	合计
			栽(种)植费	苗木、种子费			
第一部分	工程措施	2 179.36					2 179.36
（一）	表土剥离	8.15					8.15
（二）	表土运输	36.72					36.72
（三）	浆砌石排水沟	325.26					325.26
（四）	挡渣墙	210.63					210.63
（五）	覆土	102.08					102.08
（六）	渣面整治	35.14					35.14
（七）	削坡开级	36.72					36.72
（八）	菱形网格护坡	235.74					235.74
（九）	急流槽	17.38					17.38
（十）	生态袋	387.55					387.55
（十一）	植生袋	19.23					19.23
（十二）	高次团粒客土喷播	761.70					761.70
（十三）	简易观测场	3.06					3.06
第二部分	植物措施	300.83	29.30	271.53			300.83
（一）	雪松	28.89	0.35	28.54			28.89
（二）	银杏	60.37	1.01	59.35			60.37
（三）	广玉兰	25.63	0.59	25.04			25.63
（四）	白皮松	23.36	0.34	23.02			23.36
（五）	垂柳	5.25	0.18	5.08			5.25
（六）	石楠	1.55	0.05	1.49			1.55
（七）	金边黄杨	8.10	0.33	7.76			8.10
（八）	紫叶李	2.04	0.13	1.90			2.04
（九）	月季	0.15	0.02	0.13			0.15
（十）	海棠	3.59	0.04	3.56			3.59
（十一）	牡丹	0.83	0.01	0.83			0.83
（十二）	旱柳	27.89	3.31	24.58			27.89
（十三）	侧柏	51.61	4.80	46.81			51.61
（十四）	紫穗槐	16.48	4.76	11.72			16.48
（十五）	爬墙虎	13.66	4.48	9.19			13.66

序号	工程项目名称	建安工程费	植物措施费		设备费	独立费用	合计
			栽(种)植费	苗木、种子费			
（十六）	草坪	28.06	8.60	19.46			28.06
（十七）	狗牙根、荆条混种	3.37	0.30	3.07			3.37
第三部分	临时措施	94.42					94.41
（一）	临时排水	8.44					8.44
（二）	临时拦挡	12.05					12.05
（三）	沉砂池土方开挖	0.08					0.08
（四）	表土覆盖	0.50					0.50
（五）	浆砌石排水沟	3.61					3.61
（六）	铅丝石笼	69.73					69.73
第四部分	独立费用						624.17
（一）	建设单位管理费					51.49	51.49
（二）	工程建设监理费					79.18	79.18
（三）	科研勘测设计费					288.48	288.48
（四）	水土保持监测（设施费+人工费）					110.02	110.02
（五）	水土保持设施验收技术评估费					95.00	95.00
	一～四部分合计						3 198.77
	基本预备费						95.96
	合计						3 294.73

4.3.8 水土保持变更

本项目涉及水土保持工程的主要设计变更有：

（1）重大设计变更。

2014 年前后，在工程施工过程中，根据施工开挖揭示的地质条件、水工模型试验成果以及下游河道防护的要求和运行管理的需要，委托黄河勘测规划设计有限公司于 2014 年 10 月编制完成了《河南沁河河口村水库工程重大设计变更报告》。该设计变更对初步设计中的大坝基础处理和水库信息化管理系统进行了变更和完善，同时新增泄洪建筑物出口下游河道整治工程。2014 年 11 月 22～23 日，水利部水利水电规划总院对该变更报告进行审查，经修改完善后上报。2015 年 2 月 3 日，水利部以水总〔2015〕54 号《水利部关于河南沁河河口村水库工程重大设计变更报告的批复》对该变更进行了批复。批复中认为，根据地质条件和管理的需要，进行设计变更是必要的，基本同意和原则同意变更方案,并说明设计变更及新增工程增加的投资在原审批投资内调剂解决。

根据批复的重大设计变更的概算,对涉及的具有水土保持功能的措施进行界定和核算,明细详见表 4-32。经统计,重大设计变更涉及的水土保持措施投资共有 1 287.81 万元。为方便统计,将重大设计变更涉及水土保持措施的投资全部计入新增水土保持措施投资。

(2)其他涉及水土保持措施的主要设计变更文件及内容见表 4-27。

4.3.9 与办水保〔2016〕65 号文对比分析

对照办水保〔2016〕65 号文《水利部生产建设项目水土保持方案变更管理规定》,逐条分析如下:

第三条 水土保持方案经批准后,生产建设项目地点、规模发生重大变化,有下列情形之一的,生产建设单位应当补充或者修改水土保持方案,报水利部审批。

(一)涉及国家级和省级水土流失重点预防区或者重点治理区的。

水土保持方案中已明确本项目位于省级水土流失重点预防保护区和重点监督区,不在补充变更范围。

表 4-27 涉及水土保持措施的主要设计变更文件及内容

序号	项目名称	批复文号	变更内容
1	大坝坝后排水系统工程	余铁沟施工营地场平排洪沟图纸、坝后排水系统及整治工程图纸	增加坝后排水系统,增加费用 267.79 万元
2	大坝右坝冲沟挡渣墙	施工图纸(HKC – DB – XB – 05)	为保证坡面稳定,增加右岸冲沟挡渣场,增加费用 11.32 万元
3	大坝下游右岸排水渠	2014 年河坝字 08 号	大坝下游右岸排水沟变更为钢筋混凝土,增加费用 169.60 万元
4	大坝周边苗木种植	大坝左右坝肩绿化苗木平面图	增加建筑物周边绿化及防护措施,增加费用 73.89 万元
5	泄洪洞进口苗木种植	泄洪洞塔架上方平台绿化苗木平面图	增加建筑物周边绿化及防护措施,增加费用 18.96 万元
6	溢洪道周边苗木种植	溢洪道上方平台绿化苗木平面图	增加建筑物周边绿化及防护措施,增加费用 72.68 万元
7	坝后网格护坡	坝后之字路余铁沟路段网格护坡图 HKC – DB – TZ – 68	坝后之字路余铁沟路段增加中网格护坡,增加费用 34.66 万元
8	2 号延长路排水沟	工程联系单(豫水二局〔2011〕002 号)	增加 2 号延长路排水沟 10.38 万元
9	植生袋增加	宏森〔2011〕联系 001 号	道路外侧边坡因坡面较陡,2 号、4 号道路部分边坡增加植生袋,增加费用 85.30 万元
10	大电站浆砌石网格护坡及绿化	2014 年河引字 02 号	尾水渠出口增加网格坡及相关绿化措施,增加费用 10.06 万元

序号	项目名称	批复文号	变更内容
11	2号、4号道路冲沟坡顶排水沟、挡水墙及冲沟坡处理	2011年河保字01号	2号、4号道路冲沟坡顶为保护坡面安全,增设排水沟、挡水墙及冲沟坡处理,增加费用28.50万元
12	业主营地增设苗木	宏森〔2014〕联系001-002号	水保1标新增业主营地部分苗木,增加费用42.48万元
13	2号弃渣场土石方回填	补充合同 HKCSK-STBC-01补01	因原2号弃渣场还需回填部分渣料,增加土石方回填,增加费用135.63万元
14	苜蓿草、麦冬种植	2014河保字001号	原高羊茅变更为苜蓿草和麦冬、红花草,增加费用67.71万元
15	1号渣场排水沟	2016年水保4字06号	废除原已损坏排水沟,调增混凝土排水沟,增加费用为18.30万元
16	3号渣场干砌石挡渣墙	陕西盛鑫〔2016〕联系04号	石料场道路增加干砌石挡渣墙,增加费用为8.32万元
17	坝后场区原高羊茅变更草皮与紫花苜蓿	2016年水保6字02号	原高羊茅变更草皮与紫花苜蓿,增加费用26.21万元
18	坝后樱花、垂丝海棠、红叶李种植	2016年水保7字04号	增加部分樱花、垂丝海棠等,增加费用18.65万元
19	2号、4号道路新增绿化	黄河园林〔2016〕联系012号	2号、4号道路增加法青、香樟、草坪、阻水挡墙等,增加费用61.64万元
20	河心滩新增苗木	2016年水保8字08号	增设樱花、垂丝海棠、红叶石楠球、大叶黄杨、芍药、法桐等苗木,增加58.16万元
21	浆砌石网格护坡及绿化	2016年水保8字01、12号	电站进场路边坡增加网格护坡,并进行植草固坡,增加费用24.33万元
22	苗木移栽	河南水建〔2016〕联系001号	原有法桐、柳树重新移栽,增加费用14.70万元
23	法桐种栽	河南水建〔2016〕联系006号	停车场南增加法桐,增加费用3万元
24	法桐种栽	河南水建〔2016〕联系011号	5号道路侧增加法桐行道树,增加费用20万元
25	苗木防护措施	河南水建〔2016〕联系022号	香樟与造型松采取保护措施,增加费用9.68万元
26	福禄考种植	河南水建〔2016〕联系023号	5号道路侧新增福禄考种植,增加费用23.57万元
27	植草砖铺设及绿化	2016年水保9字08号	停车南侧坡面增加植草砖,并进行绿化,增加费用30万元
28	部分新增苗木种植	2016年水保10字03号	对黄栌、水杉、松树适当加密,增加费用15万元

（二）水土流失防治责任范围额增加 30% 以上的。

水土保持方案批复水土流失防治责任范围为 857.05 hm²，实际发生的水土流失防治责任范围为 780.5 hm²，减少 8.93%，不在变更报批范围。

（三）开挖填筑土石方总量增加 30% 以上的。

水土保持方案批复挖方为 562.70 万 m³，工程实施实际挖方为 658.23 万 m³，增加 16.9%，不在变更报批范围。

（四）线型工程山区、丘陵区部分横向位移超过 300 m 的长度累计达到该部分线路长度的 20% 以上的。

本项目属典型工程，不存在上述问题，不在变更报批范围。

（五）施工道路或伴行路等长度增加 20% 以上的。

方案设计临时施工道路长 7.2 km，实际施工临时道路长 5.2 km，减少 2 km，不在变更范围。

（六）桥梁改路堤或者隧道改路堑累计长度 20 km 以上的。

无桥梁改路堤或者隧道改路堑工程，不在补充报批范围。

第四条　水土保持方案实施过程中，水土保持措施发生下列重大变更之一的，生产建设单位应当补充或者修改水土保持方案，报水利部审批。

（一）表土剥离量减少 30% 以上的。

水土保持方案设计表土剥离量 137 430 m³，实际剥离量 110 350 m³，减少 19.70%，不在变更报批范围。减少的原因是 2 号弃渣场占地面积减少较多。

（二）植物措施面积减少 30% 以上的。

水土保持方案设计植物措施面积为 109.85 hm²，实际为 99.66 hm²，减少 9.27%，不在变更报批范围。减少的主要原因是占地面积减少。

（三）水土保持重要单位工程措施体系发生变化，可能导致水土保持功能显著降低或丧失的。

本项目实际实施的水土保持措施体系与方案相比更为完善，规格更高，更能有效地防治水土流失，不在规定的变更范围。

第五条　在水土保持方案确定的废弃砂、石、土、矸石、尾矿、废渣等专门存放（以下简称"弃渣场"）地外新设弃渣场的，或者需要提高弃渣量达到 20% 以上的，生产建设单位应该在弃渣前编制水土保持方案（弃渣场补充）报告书，报水利部审批。

其中，新设弃渣场占地面积不足 1 hm² 且最大堆渣高度不高于 10 m 的，生产建设单位可先征得所在地县级人民政府水行政主管部门同意，并纳入验收管理。

渣场上述变化涉及稳定安全问题的，生产建设单位应组织开展相应的技术论证工作，按规定程序审查审批。

与水土保持方案相比，本项目 1 号弃渣场位置发生变化，在批复水土保持初步设计文件中已变更并加以说明，不在变更报批范围。涉及的 3 个弃渣场均按规定进行了稳定安全评价，满足要求。

与 65 号文对比分析见表 4-28。

表 4-28　对照 65 号文变化情况分析

阶段	土石方(挖 + 填) (万 m³)	防治责任范围 (hm²)	表土剥离量 (m³)	植物措施面积 (hm²)
水土保持方案	562.70	857.05	137 430	109.85
实际发生	658.23	780.59	110 350	99.66
实际－方案	95.53	－76.55	－27 080	－10.19
(实际－方案)/方案	＋16.9%	－8.93%	－19.70%	－9.27%
对比分析	不在变更范围	不在变更范围	不在变更范围。减少较多的主要原因是 2 号弃渣场与方案相比占地面积减少较多	不在变更范围。减少的原因主要是占地面积减少

4.4　水土保持方案实施情况

4.4.1　水土流失防治责任范围

4.4.1.1　实际发生的水土流失防治责任范围

根据移民专项勘界图及现场实测资料统计,本项目建设期实际发生的水土流失防治责任范围为 780.50 hm²,其中永久占地为 752.18 hm²、临时占地为 28.32 hm²。按防治分区划分,主体工程区 97.01 hm²、业主营地区 0.63 hm²、永久道路区 23.98 hm²、库区 601.54 hm²、临时堆料场区 20.29 hm²(在运行管理区之内,不重复计列)、料场区 15.52 hm²、弃渣场区 3.81 hm²、施工生产生活区 4.78 hm²、临时道路区 1.98 hm²、移民安置区 16.64 hm²、移民专项设施区 14.61 hm²。实际发生的水土流失防治责任范围见表 4-29。

4.4.1.2　运行期水土流失防治责任范围

工程运行期,主体工程区、施工生产生活区、料场区、弃渣场区、临时道路区等临时占地大多已复垦或恢复植被,临时占地范围内的水土保持设施已全部移交给土地所有权的单位和个人使用管理。移民安置区的水土流失防治责任已转交给移民安置点所在的地方人民政府。移民安置专项设施中,移民安置点外连接路的水土流失防治责任已移交地方政府(克井镇)管理维护,引沁灌渠已移交给焦作市引沁灌渠管理局负责维护管理。运行期,运行管理单位河南省河口村水库管理局的水土流失防治责任范围为 721.93 hm²,即工程建设的永久占地,包括主体工程区 95.78 hm²、业主营地区 0.63 hm²、永久道路区 23.98 hm² 和库区 601.54 hm²,扰动区域现已全部治理。

表 4-29　实际发生的水土流失防治责任范围　　　　　　　　　　（单位:hm²）

防治区		项目建设区			合计
		永久占地	临时占地	小计	
一	主体工程区	95.78	1.23	97.01	97.01
二	业主营地区	0.63		0.63	0.63
三	永久道路区	23.98		23.98	23.98
四	库区	601.54		601.54	601.54
五	弃渣场区		3.81	3.81	3.81
六	料场区		15.52	15.52	15.52
七	临时堆料场区				位于运行管理区,不重复计列
八	施工生产生活区		4.78	4.78	4.78
九	临时道路区		1.98	1.98	1.98
一~九项工程占地		721.93	27.32	749.25	749.25
十	移民安置区	16.64		16.64	16.64
十一	移民专项设施区	13.61	1.00	14.61	14.61
合计		752.18	28.32	780.50	780.50

4.4.1.3　变化原因分析

本项目建设实际发生的水土流失防治责任范围总面积为 780.50 hm²,较方案批复的水土流失防治责任范围 857.05 hm² 减少了 76.55 hm²,减少面积约占 8.93%;较初步设计批复的水土流失防治责任范围 850.6 hm² 减少了 70.1 hm²,减少面积约占 8.24%。

（1）初步设计与方案相比变化原因说明。

初步设计与水土保持方案相比,水土流失防治责任范围总面积减少了 6.45 hm²。减少的主要原因如下:

①根据初步设计阶段的勘查,主体工程区占地面积增大 0.72 hm²,永久道路区占地增加 0.34 hm²。

②弃渣场由方案设计的 4 个减少为 3 个,原 4 号弃渣场取消,原 1 号弃渣场调整到 2 号弃渣场下游(初步设计已批),3 号弃渣场位置不变。经初步设计优化,3 个弃渣场弃渣方量均有减少,弃渣场占地面积减少 8.01 hm²。

③料场中,2 个土料场均位于库区,新增临时占地主要是石料场占地,考虑到碎石滑落因素,初步设计阶段石料场占地面积增大 3.94 hm²。

④由于初设设计阶段的优化，施工生产生活区占地面积减少 3.15 hm²，临时道路面积增加 0.11 hm²。

⑤初步设计阶段根据工程总体布局的调整，直接影响区面积减少了 0.39 hm²。

（2）实际发生与初步设计相比变化原因分析。

本项目建设实际发生的水土流失防治责任范围与方案和初步设计批复的水土流失防治责任范围相比，均有减少。变化的主要原因有以下几个方面：

①根据移民监理和土地部门的勘界报告，主体工程区实际占地面积为 97.01 hm²，与方案相比减少 9.59 hm²、与初步设计相比减少 10.31 hm²。

②实际保留的永久道路总长 19.02 km，总占地 39.36 hm²，其中位于运行管理区 15.38 hm²、运行管理区以外新增占地 23.98 hm²。与方案相比减少 6.96 hm²、与初步设计相比减少 7.3 hm²。减少的主要原因是实际勘界的红线宽度减小。

③弃渣场实际布设 3 个，与初步设计布设位置一致。但初步设计阶段，仅有 1 号渣场位于运行管理区已征永久占地之内，2 号、3 号渣场位于运行管理区之外，计列临时占地面积为 7.16 hm²；而实际布设的 3 个弃渣场中，只有 3 号弃渣场位于运行管理区之外，属临时占地，1 号、2 号弃渣场均位于运行管理区永久占地范围之内（2 号弃渣场已调整为永久占地），不再重复计列，故弃渣场占地面积减少为 3.81 hm²，与方案相比减少 11.36 hm²、与初步设计相比减少 3.35 hm²。

④实际布设的料场与初步设计布设位置一致，两个土料场均位于库区（运行管理区之内），新增临时占地主要是石料场，实际占地面积为 15.52 hm²，与方案一致，与初步设计相比减少 3.94 hm²。主要是从可研至初步设计阶段，考虑到石料开采滑落的扰动，适当增加了占地面积，实际上是加大了开采深度，面积相应减少。

⑤实际施工时，施工生产生活区布设根据现场的实际情况，在初步设计的基础上进行了优化，绝大多数施工单位生活区采用租赁周边村民的民房，施工生产区布设在已征占地范围之内，仅有 ZT3 施工营地布设在金滩村口，占地 5 336 m²；ZT4 施工营地布设在河口村小学东侧，占地面积 5 800 m²，石料场施工营地及加工场布设在 3 号弃渣场下游，占地面积 36 700 m²，新增临时占地共 4.78 hm²。与方案相比减少 8.95 hm²、与初步设计相比减少 5.8 hm²。

⑥实际施工中，直接影响区未发生，与方案相比直接影响区面积减少 11.97 hm²、与初步设计相比直接影响区面积减少 11.58 hm²。

水土流失防治责任范围变化情况详见表 4-30。

4.4.2 料场、弃渣（土）场设置

4.4.2.1 料场、弃渣（土）场布设情况

本项目建设期，实际挖方总量 658.23 万 m³，填方总量为 1 046.65 万 m³，弃方 132.3 万 m³，借方 520.72 万 m³。设土料场 2 个、石料场 1 个、弃渣场 3 个。

（单位：hm²）

表4-30 水土流失防治责任范围变化情况

说明：各"项目建设区"分列为"永久占地、临时占地、小计"三个子列，"直接影响区"与"合计"为各组其余两列。

序号	防治分区	方案设计 永久占地	临时占地	小计	直接影响区	合计	初步设计 永久占地	临时占地	小计	直接影响区	合计	实际发生 永久占地	临时占地	小计	直接影响区	合计	初设-方案 永久占地	临时占地	小计	直接影响区	合计	实际-方案 永久占地	临时占地	小计	直接影响区	合计	实际-初设 永久占地	临时占地	小计	直接影响区	合计	(实际-方案)/方案(%)	(实际-初设)/初设(%)
一	主体工程区	106.6		106.6		106.6	107.32		107.32		107.3	95.78	1.23	97.01		97.01	0.72		0.72	0	0.72	-10.82	1.23	-9.59	0	-9.59	-11.54	1.23	-10.31	0	-10.31	-8.94	-9.61
二	业主营地区	0.63		0.63	0.03	0.66	0.63		0.63	0.03	0.66	0.66		0.66		0.66	0		0	0	0	0	0	0	-0.08	-0.08	0.004	0	0.004	-0.08	-0.006	-3.94	-3.94
三	永久道路区	30.94		30.94	3.09	34.03	31.28		31.28	3.12	34.4	23.98		23.98		23.98	0.34		0.34	0.03	0.37	-6.96		-6.96	-3.09	-10.1	-7.3		-7.3	-3.12	-10.42	-29.22	-30.29
四	闸坝区	601.7		601.7		601.7	601.7		601.7		601.7	601.54		601.54		601.54	0		0	0	0	-0.16		-0.16		-0.16	-0.16		-0.16	0	-0.16	-0.03	-0.03
五	弃渣场区		15.17	15.17	1.5	16.67		7.16	7.16	0.71	7.87		3.81	3.81		3.81		-8.01	-8.01	-0.79	-8.8		-11.36	-11.36	-1.5	-12.9		-3.35	-3.35	-0.71	-4.05	-163.41	-51.59
六	料场区		15.52	15.52	1.53	17.05		19.46	19.46	1.92	21.38		15.52	15.52		15.52		3.94	3.94	0.39	4.33		0	0	-1.53	-1.53		-3.94	-3.94	-1.92	-5.85	-7.16	-27.41
七	临时堆料场区													0					0	0	0			0	0	0			0				
八	施工生产生活区		13.73	13.73	0.15	13.88		10.58	10.58	0.12	10.7		4.78	4.78		4.78		-3.15	-3.15	-0.03	-3.18		-8.95	-8.95	-0.15	-9.1		-5.8	-5.8	-0.12	-5.92	-85.05	-55.33
九	临时道路区		3.47	3.47	0.35	3.82		3.58	3.58	0.36	3.94		1.98	1.98		1.98		0.11	0.11	0.01	0.12		-1.49	-1.49	-0.35	-1.84		-1.6	-1.6	-0.36	-1.95	-46.70	-49.75
十	移民安置区	29.37		29.37	0.22	29.59	29.37		29.37	0.22	29.59	16.64		16.64		16.64	0		0	0	0	-12.73		-12.73	-0.22	-13	-12.73		-12.73	-0.22	-12.95	-43.76	-43.76
十一	移民专项设施区	12.95	15	27.95	5.1	33.05	12.95	15	27.95	5.1	33.05	13.61	1.00	14.61		14.61	0	0	0	0	0	0.66	-14	-13.34	-5.1	-18.4	0.66	-14	-13.34	-5.1	-18.44	-55.79	-55.79
	合计	782.19	62.89	845.08	11.97	857.05	783.25	55.78	839.03	11.58	850.61	752.18	28.32	780.50		780.50	1.05	-7.11	-6.05	-0.39	-6.45	-30.006	-34.57	-64.576	-11.97	-76.55	-31.006	-27.306	-58.53	-11.58	-70.10	-9.00	-8.24

4.4.2.2 料场、弃渣(土)场变化及原因分析

(1)料场布设与变化原因。

料场实际布设位置、占地面积与方案基本相同,仅对原设计的谢庄料场向大坝侧略有平移,施工中称河东料场。取料方量与方案相比,土方有所增加,石方有所减少,主要是加大了施工开挖的利用量,由于重大设计变更,使土方的回填量增加。

(2)弃渣(土)场变化原因。

水土保持方案共选择4个弃渣场。1号弃渣场位于大坝下游右岸的余铁沟,占地面积为1.83 hm²,堆渣22.5万 m³;2号弃渣场位于大坝下游1 km处左岸山坡地,占地面积为11.35 hm²,堆渣172.2万 m³;3号弃渣场位于石料场东侧的冲沟内,占地面积为3.82 hm²,堆渣59.7万 m³;4号弃渣场位于坝后,占地面积为8.45 hm²,堆渣139.1万 m³。其中1号弃渣场和4号弃渣场位于运行管理区永久征地之内。

初步设计阶段优化为3个弃渣场。1号弃渣场位于大坝下游1 km处左岸山坡地,占地面积为1.00 hm²,堆渣8.8万 m³;2号弃渣场位于大坝下游1 km处左岸山坡地,占地面积为3.34 hm²,堆渣52.6万 m³;3号弃渣场位于石料场东侧的冲沟内,占地面积为3.82 hm²,堆渣65.2万 m³。其中,1号弃渣场位于运行管理区已征占地范围内。

实际布设的弃渣场与初步设计位置一致,1号弃渣场位于大坝下游1 km处左岸山坡地,占地面积为1.00 hm²,堆渣10.4万 m³;2号弃渣场位于大坝下游1 km处左岸山坡地,占地面积为6.8 hm²,堆渣62.3万 m³;3号弃渣场位于石料场东侧的冲沟内,占地面积为3.81 hm²,堆渣59.6万 m³。其中1号、2号弃渣场均位于运行管理区已征占地范围内。

从以上叙述可知,弃渣场实际布设位置在初步设计阶段进行了调整,实际布设位置与批复的初步设计一致,弃渣量差别不大。根据监测,1号、2号弃渣场弃渣量略有增加,3号弃渣场弃渣量有所减少;与方案相比弃渣量减少较多,主要是在初步设计阶段将部分弃渣作为坝后压戗综合利用,核定的初步设计阶段的弃渣量减少。与初步设计相比,变化较大的是2号弃渣场的占地性质和占地面积,由初步设计阶段的临时占地调整为永久占地,占地面积由初步设计阶段的3.34 hm²增加为6.8 hm²,占地面积增加的主要原因是实际将2号渣场作为防汛仓库和物料堆放区征用。通过监测实际的弃渣扰动范围约3.5 hm²,基本与初步设计一致。

另外,水土保持方案中以类比的方法对移民安置区和移民专项设施区弃渣设置有3个弃渣场。在水土保持方案中,对3个弃渣场设置的描述是:受本阶段移民专项设施设计深度限制,水土保持措施布局采用类比工程分析确定措施布局,由于主体工程排水、绿化措施及施工工艺的不确定性,分析本工程专项设施地貌条件及施工特点,可能造成人为流失的位置主要在弃渣场区,因此措施布局主要为弃渣场措施安排。①工程措施:本工程新增措施为渣场的浆砌石挡渣墙,渣场周边的浆砌石排水沟,在渣场坡面修筑菱形网格,弃渣完成后对渣面进行整治和覆土。②植物措施:采取种植乔木和种植灌木、撒播草籽的植物措施。③临时措施:对表土堆放区采取铺设防尘网进行覆盖……弃渣量类比工程采用本工程场内道路,措施布局类比采用块村营至营盘高速公路8号弃渣场措施设计。块村营至营盘高速公路位于太行山区,8号弃渣场位于低山区,该区地貌条件、降水条件、水土流失强度与本工程基本一致。该渣场占地2.2 hm²,为沟道弃渣,弃渣量25万 m³,平均堆

渣高度 10 m 左右,工程结束后采取覆土绿化措施,并说明移民安置专项设施区总弃渣量为 57. 万 m³。初步设计的叙述与方案基本一致,但未选定弃渣场的位置,只是根据类比对弃渣场进行了水土保持措施设计。

实际施工中,移民专项设施区由于对外连接路位于平原区,土石方挖填平衡,无弃渣;库周路在初步设计阶段取消;引沁灌渠恢复和隧洞产生弃渣量约 1. 16 万 m³,全部清运至坝后作为坝后压戗回填粒料综合利用,未设置弃渣场。

料场、弃渣(土)场变化情况对比分析详见表 4-31。

表 4-31 料场、弃渣(土)场变化情况对比分析

项目	料场				弃渣场		
	数量 (个)	方量 (万 m³)	占地 (hm²)	平均取深 (m)	数量 (个)	方量 (万 m³)	占地 (hm²)
水土保持方案	3	598.6	23.62	3.5、5.3、38	4	398.3	25.45
初步设计报告	3	800.37	27.56		3	126.45	8.16
实际实施	3	531	23.62	3.5、5.3、32	3	132.3	11.61
初设 - 方案	0	201.77	3.94		-1	-271.85	-17.29
实际 - 初步设计	0	-269.37	-3.94		0	5.85	3.45
实际 - 方案	0	-67.6	0		-1	-266	-13.84
分析	数量不变	实际与方案相比减少。主要是加大了综合利用量	与方案相比占地一致,与初步设计相比较少。初步设计阶段考虑到石料滑落,适当增大了面积		减少一个	与方案相比,加大了综合利用量,使弃渣量减少	与方案相比,弃渣场位置发生变化,沟道类型改变,使占地面积减少;与初步设计相比面积增加的主要原因是实际将 2 号弃渣场作为仓库和物料堆放区

4.4.3 水土保持设施总体布局

4.4.3.1 防治分区

本项目实际采用的防治分区与水土保持方案和初步设计一致,即主体工程区、业主营地区、永久道路区、库区、料场区、弃渣场区、临时堆料场区、施工生产生活区、临时道路区、移民安置区、移民专项设施区共 11 个防治分区。

4.4.3.2 水土保持设施总体布局

1.主体工程防治区

施工中对临时堆土进行拦挡、周边设临时排水沟。施工后期对扰动边坡采用高次团粒喷播、网格骨架护坡、植草护坡防护，区域内布设排水沟、排水渠等完善的排水系统。个别裸露区铺植草砖、大面积裸露区域种植乔灌草进行景观绿化。

2.业主营地防治区

施工中临时堆土周边设临时排水沟，施工后期对扰动边坡进行网格骨架防护，裸露区域种植乔灌草进行景观绿化、铺植草砖。施工中在临时堆土周边设计临时排水沟。

3.永久道路防治区

在路基、路堑边坡修建挡土墙、护坡墙、加高排水沟侧墙及浆砌石网格护坡，植生袋护坡；边坡及路基两侧修建浆砌石排水沟，坡面进行整治；道路两旁栽植行道树，路基边坡种植紫穗槐等绿化。施工过程中，路基两侧设临时排水沟和临时拦挡；金滩沁河大桥施工设沉砂池。

4.料场防治区

土料场：施工前进行表土剥离，施工中在料场边坡上游设临时排水沟及拦挡措施。

石料场：施工前进行表土剥离，施工结束后覆土整治，种植灌草恢复植被。

5.施工生产生活防治区

施工期空闲地撒播草籽、栽植少量灌木，区域周边设临时排水沟，临时堆土周边进行拦挡，施工结束后土地整治复垦。

6.弃渣场防治区

1号弃渣场：施工前进行表土剥离，下游设浆砌石挡渣墙，渣场周边设浆砌石(混凝土)排水沟，边坡进行削坡开级，弃渣完成后对渣面进行覆土；施工结束后边坡灌草绿化、渣顶面种植柿子树；施工中，临时堆土覆盖、临时拦挡、周边设临时排水沟。

2号弃渣场：施工前进行表土剥离，施工中，临时堆土覆盖、临时拦挡、周边设临时排水沟；渣场下游设浆砌石挡渣墙，渣场周边设浆砌石排水沟，边坡削坡开级，坡面修筑菱形网格，弃渣完成后对渣面进行覆土；施工结束后边坡灌草绿化、渣场顶面种植果树和灌木。

3号弃渣场：施工前进行表土剥离，施工中，临时堆土覆盖、临时拦挡、周边设临时排水沟；渣场下游设浆砌石挡渣墙，施工后期渣场周边设浆砌石排水沟，弃渣完成后对渣面进行覆土；施工结束后边坡灌草绿化、渣场顶面种植灌草恢复植被。

7.临时堆料场防治区

1号临时堆料场：施工前进行表土剥离，在堆料前设干砌石和浆砌石挡墙，对表土堆存区采取临时拦挡、周边设临时排水沟。

2号临时堆料场：施工前进行表土剥离，在堆料前设干砌石和浆砌石挡墙，对表土堆存区采取临时拦挡、周边设临时排水沟。

8.临时道路防治区

施工中道路两侧设排水沟，路基两侧种植行道树，边坡灌草绿化，施工结束后土地复垦。

9.库区

试运行期，水库最高蓄水位263 m，263～276 m区域目前已自然恢复。

10.移民安置防治区

施工结束后进行绿化美化(水土保持方案和初步设计仅将植物措施界定为水土保持工程,而移民安置区的排水系统等工程措施没有界定为水土保持工程,本自验报告中不再统计工程措施量)。

11.移民专项设施区

方案和初步设计措施为3个弃渣场的防护措施,实际未设置弃渣场。

实际采取的防治措施体系见框图4-2。

注:*为主体工程已有。

图4-2 水土流失防治措施体系框图

4.4.3.3　水土保持防治措施体系评价

本项目实际采用的防治分区与方案和初步设计划分的防治分区一致,划分为主体工程防治区、业主营地防治区、永久道路防治区、库区、料场防治区、弃渣场防治区、临时堆料场防治区、施工生产生活区、临时道路防治区、移民安置防治区、移民安置专项防治区共11个分区,划分合理;水土保持措施体系布设与方案和初步设计相比,更为完善,且符合实际。主要体现在以下几个方面。

1. 重大设计变更

为对下游河道加强防护,2014年10月设计单位编制了重大设计变更报告,并上报水利部,水利部于2015年2月3日予以批复。该变更增加了大坝下游河道整治工程,包括排水、护坡、景观绿化等水土保持措施,使水土流失防治措施体系更为完善。

2. 完善了水土保持措施布设

水土保持方案和初步设计文件中,主体工程区、业主营地区植物措施设计较为简单,实际实施提高了设计标准,全部按照园林景观的标准设计并实施,对裸露区域均布设了完善的植物措施,提高了植被覆盖率。

3. 部分区域增加侧墙加高的拦挡措施

为加强石料场边坡稳定,在沿石料场山体坡脚(9号道路一侧部分)增加侧墙拦挡措施,并在侧墙内填土,进行绿化,有效减少了水土流失,确保坡面的安全稳定。

4. 增加覆土厚度

为提高苗木的成活率,对施工后的分级边坡、路基边坡、弃渣场、石料场、河道整治区域等均加大了覆土厚度,确保了苗木成活率,提高了植被覆盖率,有效减少了水土流失。

经分析,本项目实际采用的防治分区合理、防治措施选择得当,实际采用防治体系更能有效防治水土流失。边坡防护措施及排水系统的完善布设,确保了主体工程的安全稳定,覆土厚度的增加、植物措施实施标准的提高,大大增加了植被覆盖率,有效减少了水土流失,特别是施工过程中加大了临时措施的布设,对减少施工期极为脆弱的生态环境的土壤侵蚀,起到了非常重要的防护作用。已实施的防治措施体系体现了"因地制宜、因害设防、科学配置、优化布局、综合防治、注重重点"的原则。

4.4.4　水土保持设施完成情况

4.4.4.1　水土保持措施实施及工程量

根据对结算资料的汇总,本项目实际实施的水土保持措施中,工程措施主要有表土剥离、集排水设施、挡渣坝、网格防护、绿化覆土、高次团粒喷播、排水沟侧墙加高等;植物措施主要有栽植雪松、广玉兰、二乔玉兰、刺柏、国槐、马褂木、香樟、红叶梨、红花草、紫穗槐,撒播混播草籽,铺设草皮,种植果树等;临时措施主要有临时土质排水沟、临时(干砌石、浆砌石)排水沟、临时沉淀池、临时挡水土埝、临时覆盖等。按标段统计水土保持措施实施情况详见表4-32(含主体已有和方案新增)。

4.4.4.2　工程量变化原因分析

水土保持方案、初步设计与实际完成水土保持措施工程量及投资对比分析与变化原因详见表4-33、表4-34。

表 4-32　水土保持措施实施工程量与投资

标段	编号	项目名称	单位	工程量	投资(元)	措施类型	分区	分类1	分类2	实施时间(年-月-日)
	一	泄洪洞出口								
	1	种植土回填	m³	215.734	5 070	工程措施	主体工程区	ZT1	主体	
	2	丛生桂花A	株	8	65 802	植物措施	主体工程区	ZT1	主体	
	3	三角梅架子	个	8	111 012	植物措施	主体工程区	ZT1	主体	2015-03-20~2015-07-30
	4	土方回填	m³	102.4	1 845	工程措施	主体工程区	ZT1	主体	
	5	树坑开挖	m³	102.4	10 936	植物措施	主体工程区	ZT1	主体	
	二	2号延伸路修筑								
	1	2号延伸路排水沟(浆砌石)	m³	413.5	92 794	工程措施	永久道路区	2号道路	新增	2011-11-10~2012-04-30
	2	2号延伸路砌石挡墙	m³	46	11 028	工程措施	永久道路区	2号道路	新增	2011-11-10~2012-01-10
	三	高次团粒喷播绿化工程								
	1	高次团粒喷播	m²	15 000	3 975 000	工程措施	主体工程区	ZT1	新增	2016-04-01~2016-12-31
ZT1	四	水土保持专项措施费(临时)								
	1	临时排水沟(浆砌砖)	m³	110	30 800	临时措施	施工生产生活区	ZT1	新增	
	2	临时排水沟(浆砌石)	m³	35	5 874	临时措施	施工生产生活区	ZT1	新增	
	3	临时植草	m²	450	4 500	植物措施	施工生产生活区	ZT2	新增	
	4	临时植树	株	50	7 500	植物措施	施工生产生活区	ZT3	新增	
	5	土地平整	m²	5 000	27 500	工程措施	施工生产生活区	ZT4	新增	
	6	土方开挖	m³	2 400	36 000	临时措施	施工生产生活区	ZT5	新增	2011-03-25~2011-11-28
	7	临时浆砌石挡墙	m³	46	7 720	临时措施	主体工程区	ZT6	新增	
	8	临时干砌石挡墙	m³	30	1 650	临时措施	主体工程区	ZT7	新增	
	9	临时挡水埂	m³	1 612	10 478	临时措施	主体工程区	ZT8	新增	
	10	土方开挖	m³	700	10 500	临时措施	主体工程区	ZT9	新增	
	11	临时排水沟(浆砌石)	m³	90	15 104	临时措施	1号堆料场区	1号堆料场	新增	
	12	临时浆砌石挡墙	m³	550	92 300	临时措施	2号堆料场区	2号堆料场	新增	
	13	临时干砌石挡墙	m³	240	13 200	临时措施	2号堆料场区	2号堆料场	新增	
	14	临时干砌石挡墙	m³	110	6 050	临时措施	弃渣场区	2号弃渣场	新增	
	五	表土剥离	m³	7 600	25 308	工程措施	临时堆料场区	2号堆料场	新增	

续表 4-32

标段	编号	项目名称	单位	工程量	投资(元)	措施类型	分区	分类1	分类2	实施时间(年-月-日)
ZT2	一	浆砌石尾水渠目								
	1	浆砌石网格护坡	m³	237.8	66 636	工程措施	主体工程区	ZT2	主体	2012-04-20~2015-08-18
	2	播种草籽(紫花苜蓿)	m²	2 478	33 949	植物措施	主体工程区	ZT2	主体	
	3	人工挖土方(一般土方)	m³	1 481	55 745	工程措施	主体工程区	ZT2	主体	
	4	Φ200PVC植物管	m	140	16 038	植物措施	主体工程区	ZT2	主体	
	5	回填土方(人工覆土)	m³	152	3 633	工程措施	主体工程区	ZT2	主体	
	二	厂区道路								
	1	沟、槽(机械)开挖	m³	1 299.2	78 719	工程措施	主体工程区	ZT2	主体	2014-12-10~2015-06-26
	2	回填砂砾料(石渣回填)	m³	1 131.02	36 419	工程措施	主体工程区	ZT2	主体	
	3	排水沟浆砌石	m³	140.3	39 315	工程措施	主体工程区	ZT2	主体	
	三	水土保持专项措施(临时措施)								
	1	土地平整	m²	1 020	3 060	工程措施	施工生产生活区		新增	2011-04-28~2012-10-31
	2	临时排水沟开挖	m³	633	6 963	临时措施	施工生产生活区		新增	
	3	临时排水沟(浆砌砖)	m³	120	33 600	临时措施	施工生产生活区		新增	
	4	临时植草	m²	1 020	8 160	植物措施	施工生产生活区		新增	
	5	临时干砌石墙	m³	90	4 050	临时措施	施工生产生活区		新增	
	6	临时干砌石墙	m³	100	4 500	临时措施	施工生产生活区		新增	
	7	临时挡水堰	m³	423	1 447	临时措施	主体工程区		新增	
	8	临时浆砌石墙	m³	275	30 250	临时措施	临时堆料场区	1号堆料场	新增	
	9	临时干砌石墙	m³	25	1 125	临时措施	临时堆料场区	2号堆料场	新增	
	四	土地复垦	hm²	0.533 6	26 680	工程措施	施工生产生活区	1号堆料场	主体	
	五	表土剥离	m³	56 500	188 145	工程措施	临时堆料场区		新增	

续表 4-32

标段	编号	项目名称	单位	工程量	投资（元）	措施类型	分区	分类 1	分类 2	实施时间（年-月-日）
	三	水土保持专项措施费（临时）								
	1	临时排水沟（浆砌砖）	m³	18	5 040	临时措施	施工生产生活区		新增	2011-05-02 ~ 2012-10-20
	2	土方开挖	m³	120	420	临时措施	施工生产生活区		新增	
ZT3	3	临时植草	m²	400	2 000	植物措施	施工生产生活区		新增	
	4	临时挡水埂	m³	16.56	57	临时措施	主体工程区		新增	
	5	土方开挖	m³	180	630	临时措施	主体工程区		新增	
	6	临时排水沟	m³	65	18 200	临时措施	主体工程区		新增	
	一	坝体下游排水沟								
	1	排水沟浆砌石（M7.5，MU50）	m³	3 430.92	668 137	工程措施	主体工程区	ZT4	主体	2015-09-10 ~ 2015-11-29
	2	土方开挖	m³	1 025.1	172 029	工程措施	主体工程区	ZT4	主体	
	3	石渣回填		11 315.3	552 882	工程措施	主体工程区	ZT4	主体	
	二	坝后排水系统								
	1	排洪沟基础开挖	m³	12 119	203 357	工程措施	主体工程区	ZT4	主体	2013-09-25 ~ 2014-01-22
	2	排洪沟回填	m³	5 461	130 409	工程措施	主体工程区	ZT4	主体	
	3	C10 混凝土垫层	m³	107.2	40 186	工程措施	主体工程区	ZT4	主体	
	4	浆砌石排洪沟（M10）	m³	913.8	199 830	工程措施	主体工程区	ZT4	主体	
	5	基础级配碎石回填（石渣回填）	m³	164.2	14 308	工程措施	主体工程区	ZT4	主体	
ZT4	6	1 号排洪沟钢筋混凝土盖板	m³	16.5	9 759	工程措施	主体工程区	ZT4	主体	
	三	大坝下游右岸排水渠								
	1	5 号道路左侧排水渠浆砌石	m³	562.5	109 541	工程措施	主体工程区	ZT4	主体	2013-09-25 ~ 2014-01-22
	2	5 号道路左侧山体石方开挖	m³	133	6 477	工程措施	主体工程区	ZT4	主体	
	3	M10 水泥砂浆垫层	m³	115.096	39 258	工程措施	主体工程区	ZT4	主体	
	4	排水渠 C20 混凝土	m³	1 398.022	886 695	工程措施	主体工程区	ZT4	主体	
	四	右岸冲沟挡渣墙								
	1	M7.5 浆砌石挡墙	m³	384.95	83 688	工程措施	主体工程区	ZT4	主体	2014-06-10 ~ 2015-03-21
	2	干砌石挡墙	m³	224.48	29 476	工程措施	主体工程区	ZT4	主体	

续表 4-32

标段	编号	项目名称	单位	工程量	投资（元）	措施类型	分区	分类1	分类2	实施时间（年-月-日）
	五	大坝左右顶项绿化								
	1	香樟	株	15	114 833	植物措施	主体工程区	ZT4	主体	2015-03-20～2015-07-30
	2	桂花A	株	12	261 728	植物措施	主体工程区	ZT4	主体	
	3	多边体架子	个	1	142 158	植物措施	主体工程区	ZT4	主体	
	4	三角体架子	个	12	158 183	植物措施	主体工程区	ZT4	主体	
	5	土方开挖	m³	37.2	611	植物措施	主体工程区	ZT4	主体	
	6	石方开挖	m³	418.3	53 317	植物措施	主体工程区	ZT4	主体	
	7	土方回填	m³	455.5	8 094	植物措施	主体工程区	ZT4	主体	
	六	余铁沟网格护坡								
		浆砌石网格护坡	m³	1 131.82	324 448	工程措施	主体工程区	ZT4	主体	
	七	网格覆土	m³	931.96	22 143	工程措施	主体工程区	ZT4	主体	
	八	表土剥离	m³	13 800	213 900	工程措施	1号土料场	ZT4	新增	2015-08-15～2015-12-25
		表土剥离	m³	8 200	127 100	工程措施	2号土料场	ZT4	新增	
	九	土地复垦	hm²	0.573 62	28 681	工程措施	施工生产生活区	ZT4	主体	
	十	水土保持专项措施费（临时）								
ZT4	1	临时排水沟（浆砌砖）	m³	113.5	34 050	临时措施	施工工生产生活区	ZT4	新增	2011-03-10～2012-12-16
	2	临时排水沟（浆砌石）	m³	360	43 200	临时措施	施工工生产生活区	ZT4	新增	
	3	临时植草	m²	900	3 150	植物措施	施工工生产生活区	ZT4	新增	
	4	土方开挖	m³	110	495	临时措施	施工工生产生活区	ZT5	新增	
	5	临时挡水埂	m³	140	630	临时措施	主体工程区	ZT6	新增	
	6	临时排水沟	m³	520	2 340	临时措施	主体工程区	ZT4	新增	
	7	1号临时浆砌石墙	m³	1 375	165 000	临时措施	临时堆料场区	1号临时堆料场	新增	
	8	1号临时干砌石墙	m³	892	49 060	临时措施	临时堆料场区	1号临时堆料场	新增	
	9	临时浆砌石墙	m³	90	10 800	临时措施	临时堆料场区	2号临时堆料场	新增	
	10	2号临时干砌石墙	m³	150	8 250	临时措施	临时堆料场区	2号临时堆料场	新增	
	11	临时挡水埂	m³	180	810	临时措施	料场区	1号土料场	新增	
	12	临时排水沟	m³	230	1 035	临时措施	料场区	1号土料场	新增	
	13	临时挡水埂	m³	130	585	临时措施	料场区	2号土料场	新增	
	14	临时排水沟	m³	160	720	临时措施	料场区	2号土料场	新增	

续表4-32

标段	编号	项目名称	单位	工程量	投资（元）	措施类型	分区	分类1	分类2	实施时间（年-月-日）
ZT5	一	溢洪道绿化平台								
	1	桂花A	株	24	523 455	植物措施	主体工程区	ZT5	主体	2015-03-20～2015-07-30
	2	长分体架子	个	4	173 274	植物措施	主体工程区	ZT5	主体	
	3	石方开挖（树坑）	m³	292.2	24 784	植物措施	主体工程区	ZT5	主体	
	4	土方回填	m³	292.2	5 327	植物措施	主体工程区	ZT5	主体	
	二	水土保持专项措施费（临时）								
	1	临时排水沟开挖	m³	800	5 200	临时措施	施工生产生活区	ZT5	新增	2011-09-11～2012-12-16
	2	临时排水沟（浆砌砖）	m³	120	33 600	临时措施	施工生产生活区	ZT5	新增	
	3	临时植草	m²	350	1 050	植物措施	施工生产生活区	ZT5	新增	
	4	临时浆砌石墙	m³	160	17 600	临时措施	临时堆料场	1号临时堆料场	新增	
	5	干砌石干砌墙	m³	220	13 200	临时措施	临时堆料场区	1号临时堆料场	新增	
	6	临时挡水埂	m³	837	2 846	临时措施	临时堆料场区	1号临时堆料场	新增	
	7	浆砌石挡墙	m³	70	7 700	临时措施	临时堆料场区	2号临时堆料场	新增	
	8	浆砌石挡墙	m³	70	7 700	临时措施	弃渣场区	2号弃渣场	新增	
SB1	一	菱形网格护坡								
	1	M7.5砂浆砌30号块石	m³	2 382.85	565 260	工程措施	弃渣场区	2号弃渣场	新增	2013-03-04～2014-05-20
	2	坡面平整	m²	20 885	30 492	工程措施	弃渣场区	2号弃渣场	新增	
	3	网格内覆植物土	m³	3 993.35	21 244	工程措施	弃渣场区	2号弃渣场	新增	
	二	截排水沟								
	1	M7.5砂浆砌30号块石	m³	2 560.68	549 035	工程措施	弃渣场区	2号弃渣场	新增	2013-03-04～2014-05-20
	2	石方开挖	m³	261.19	2 353	工程措施	弃渣场区	2号弃渣场	新增	
	3	土方开挖	m³	5 868.99	22 713	工程措施	弃渣场区	2号弃渣场	新增	
	4	土方（石渣）回填	m³	1 583.93	2 471	工程措施	弃渣场区	2号弃渣场	新增	
	三	挡渣墙								
	1	M7.5砂浆砌30号块石	m³	1 666.16	356 225	工程措施	弃渣场区	2号弃渣场	新增	2013-03-04～2014-05-20
	2	C15混凝土	m³	238.55	174 023	工程措施	弃渣场区	2号弃渣场	新增	

续表 4-32

标段	编号	项目名称	单位	工程量	投资(元)	措施类型	分区	分类 1	分类 2	实施时间(年-月-日)
SB1	3	Φ100PVC 排水管	m	499.5	18 220	工程措施	弃渣场区	2 号弃渣场	新增	2013-03-04～2014-05-20
	4	土方(石渣)开挖	m³	292.05	5 222	工程措施	弃渣场区	2 号弃渣场	新增	
	5	土方(石渣)回填	m³	8 923.13	19 1937	工程措施	弃渣场区	2 号弃渣场	新增	
	四	急流槽								
	1	M7.5 砂浆砌 30 号块石	m³	1 933	414 455	工程措施	弃渣场区	2 号弃渣场	新增	
	2	石方开挖	m³	6 990.96	124 998	工程措施	弃渣场区	2 号弃渣场	新增	
	3	土方(石渣)回填	m³	2 371.1	51 003	工程措施	弃渣场区	2 号弃渣场	新增	
	4	道路平台覆植物土	m³	1 097.97	17 073	工程措施	永久道路区	2 号道路	新增	
	五	渣面覆绿土	m³	63 053	1 356 270	工程措施	弃渣场区	2 号弃渣场		
	六	业主营地绿化								新增
	1	丰花月季	株	5 125	21 576	植物措施	业主营地区		新增	
	2	红花草	m²	1 056.55	61 026	植物措施	业主营地区		新增	
	3	大叶黄杨	株	11 700	54 405	植物措施	业主营地区		主体	
	4	法青	株	990	108 662	植物措施	业主营地区		新增	
	5	大叶女贞	株	17	10 638	植物措施	业主营地区		新增	
	6	柿树	株	4	2 699	植物措施	业主营地区		新增	
	7	枣树	株	4	3 412	植物措施	业主营地区		新增	
	8	红叶石楠	株	1	1 846	植物措施	业主营地区		新增	
	10	刚竹	株	784	40 697	植物措施	业主营地区		新增	
	11	冷季型草皮	m²	1 115.41	43 378	植物措施	业主营地区		新增	
	12	何首乌	株	222	9 575	植物措施	业主营地区		新增	
	13	爬墙虎	株	1 770	18 054	植物措施	业主营地区		新增	
	14	常青藤	株	360	9 842	植物措施	业主营地区		新增	
	15	迎春	株	360	1 364	植物措施	业主营地区		新增	
	16	红叶石楠	m²	42	20 614	植物措施	业主营地区		新增	
	17	石榴树	株	10	911	植物措施	业主营地区		新增	
	18	葡萄树	株	20	311	植物措施	业主营地区		新增	
	19	枣树(建管局后上坡)	株	20	9 232	植物措施	业主营地区		新增	

续表 4-32

标段	编号	项目名称	单位	工程量	投资（元）	措施类型	分区	分类 1	分类 2	实施时间（年-月-日）
	七	2 号道路边坡整治					永久道路区	2 号路		2013-03-04～2014-05-20
	2	土方（石渣）回填	m³	377.88	8 128	工程措施			新增	
	八	菱形网格护坡								
	1	土方（石渣）开挖	m³	873.64	15 620	工程措施	弃渣场区	2 号弃渣场	新增	
	2	M7.5 砂浆砌 MU10 机制砖	m³	232.83	98 632	工程措施	弃渣场区	2 号弃渣场	新增	
	九	边坡马道护面								
	1	网格护坡马道土方回填	m³	1 260.73	27 119	工程措施	弃渣场区	2 号弃渣场	新增	
	十	2 号道路,10 号路交接处护坡								
	1	M7.5 砂浆砌 30 号块石挡土墙	m³	48.91	10 457	工程措施	弃渣场区	2 号弃渣场	新增	
	2	土方（石渣）回填	m³	673.6	14 489	工程措施	弃渣场区	2 号弃渣场	新增	
	十一	渣场平台绿化								
	1	土方（石渣）回填	m³	302.2	6 500	工程措施	弃渣场区	2 号弃渣场	新增	
	十二	2 号弃渣场部分绿化								
SB1	1	紫花苜蓿	m²	8 609.7	143 610	植物措施	弃渣场区	2 号弃渣场	新增	2013-03-04～2014-05-20
	2	麦冬	m²	10 903.7	316 207	植物措施	弃渣场区	2 号弃渣场	新增	
	3	红花草	m²	3 762.46	217 320	植物措施	弃渣场区	2 号弃渣场	新增	
	4	海桐球	株	11	2 300	植物措施	弃渣场区	2 号弃渣场	新增	
	5	红叶碧桃	株	10	5 375	植物措施	弃渣场区	2 号弃渣场	新增	
	6	红花继木球	株	2	610	植物措施	弃渣场区	2 号弃渣场	新增	
	7	黄杨球	株	316	48 743	植物措施	弃渣场区	2 号弃渣场	新增	
	8	紫树	株	6	4 136	植物措施	弃渣场区	2 号弃渣场	新增	
	10	丛生紫薇	株	7	2 424	植物措施	弃渣场区	2 号弃渣场	新增	
	11	大叶黄杨	株	12 180	56 637	植物措施	弃渣场区	2 号弃渣场	新增	
	12	红叶石楠	m²	324.72	159 373	植物措施	弃渣场区	2 号弃渣场	新增	
	13	常青藤	株	418	11 428	植物措施	弃渣场区	2 号弃渣场	新增	
	14	边坡土方开挖	m³	5 565.9	99 518	工程措施	弃渣场区	2 号弃渣场	新增	
	15	M7.5 砂浆砌 30 号块石	m³	48.98	10 502	工程措施	弃渣场区	2 号弃渣场	新增	
	16	大叶女贞	株	4	2 503	植物措施	弃渣场区	2 号弃渣场	新增	
	17	小叶女贞	m²	13	4 525	植物措施	弃渣场区	2 号弃渣场	新增	

续表 4-32

标段	编号	项目名称	单位	工程量	投资（元）	措施类型	分区	分类 1	分类 2	实施时间（年-月-日）
SB1	十三	新增浆砌石								
	1	护坡 M7.5 砂浆砌块石	m³	243.08	57 663	工程措施	弃渣场区	2 号弃渣场	新增	2016-01-20～2016-03-29
	3	挡渣墙 M7.5 砂浆砌块石	m³	18.48	3 951	工程措施	弃渣场区	2 号弃渣场	新增	
	十四	水土保持专项措施费（临时）								
	1	临时挡水埂	m³	410	3 403	临时措施	弃渣场区	2 号弃渣场	新增	2013-03-10～2013-04-27
	2	临时挡水埂	m³	362	3 005	临时措施	弃渣场区	2 号弃渣场	新增	
	3	排水沟土石方开挖	m³	564	7 507	临时措施	弃渣场区	2 号弃渣场	新增	
SB4	一	渣场整治								2016-02-23～2016-09-05
	1	土方开挖	m³	623.7	8 102	工程措施	弃渣场区	1 号弃渣场	新增	
	2	石方开挖	m³	1 800.4	185 495	工程措施	弃渣场区	1 号弃渣场	新增	
	3	渣场覆土	m³	1 150	14 939	工程措施	弃渣场区	1 号弃渣场	新增	
	二	排水沟工程								
		60 厚 C20 混凝土	m³	95.82	34 616	工程措施	弃渣场区	1 号弃渣场	新增	
	三	浆砌石挡土墙（MU40 毛石，M10 水泥砂浆砌筑）	m³	1 949.92	480 675	工程措施	弃渣场区	1 号弃渣场	新增	
	四	植树工程								
	1	柿子树（胸径 7～8 cm，冠幅≥2.5 m）含一年养护	株	189	54 313	植物措施	弃渣场区	1 号弃渣场	新增	
	2	河南桧（胸径 8～15 cm，冠幅：全冠，树高 4～4.5 m）含一年养护	株	4	1 305	植物措施	弃渣场区	1 号弃渣场	新增	
	五	渣场平整								
	六	土方开挖	m³	6 167.7	80 118	工程措施	弃渣场区	1 号弃渣场	新增	
	七	浆砌石排水沟	m³	118.8	29 868	工程措施	弃渣场区	2 号弃渣场	新增	
	1	树木给水								
		PE 给水管 DN100	m	362.4	56 208	植物措施	弃渣场区	2 号弃渣场	新增	
	2	PE 给水管 DN50	m	4 186.4	181 606	植物措施	弃渣场区	2 号弃渣场	新增	

续表 4-32

标段	编号	项目名称	单位	工程量	投资(元)	措施类型	分区	分类 1	分类 2	实施时间(年-月-日)
	4	PE 给水管 DN25	m	1 869	101 132	植物措施	弃渣场区	2 号弃渣场	新增	
	5	沟槽土方开挖	m³	579. 8	6 094	植物措施	弃渣场区	2 号弃渣场	新增	
	6	土方回填(压实)	m³	579. 8	6 355	植物措施	弃渣场区	2 号弃渣场	新增	
	八	弃渣场植树工程								
	1	晚熟苹果(胸径 6 cm,株间距 4 m)(含一年养护)	株	305	87 648	植物措施	弃渣场区	2 号弃渣场	新增	
	2	冬桃(胸径 6 cm,株间距 4 m)(含一年养护)	株	389	111 787	植物措施	弃渣场区	2 号弃渣场	新增	
	3	冬枣(胸径 6 cm,株间距 4 m)(含一年养护)	株	427	139 291	植物措施	弃渣场区	2 号弃渣场	新增	
	4	红香酥梨(胸径 6 cm,株间距 4 m)(含一年养护)	株	385	125 591	植物措施	弃渣场区	2 号弃渣场	新增	
SB4	5	河阴软籽石榴(胸径 6 cm,株间距 4 m)(含一年养护)	株	363	137 218	植物措施	弃渣场区	2 号弃渣场	新增	2016-02-23 ~ 2016-09-05
	九	小电站种植区								
	1	晚熟苹果(胸径 6 cm,株间距 4 m)(含一年养护)	株	51	14 656	植物措施	主体工程区	小电站种植区	新增	
	2	冬桃(胸径 6 cm,株间距 4 m)(含一年养护)	株	52	14 943	植物措施	主体工程区	小电站种植区	新增	
	3	冬枣(胸径 6 cm,株间距 4 m)(含一年养护)	株	36	11 744	植物措施	主体工程区	小电站种植区	新增	
	4	红香酥梨(胸径 6 cm,株间距 4 m)(含一年养护)	株	55	17 942	植物措施	主体工程区	小电站种植区	新增	
	5	河阴软籽石榴(胸径 6 cm,株间距 4 m)(含一年养护)	株	36	13 608	植物措施	主体工程区	小电站种植区	新增	

续表 4-32

标段	编号	项目名称	单位	工程量	投资(元)	措施类型	分区	分类 1	分类 2	实施时间(年-月-日)
SB4	6	植物土外购	m³	20 186.89	635 887	工程措施	主体工程区	小电站种植区	新增	2016-02-23～2016-09-05
	7	草坪移植	m²	233.74	7 349	植物措施	主体工程区	小电站种植区	主体	
	8	人工种草	m²	67 390	143 330	植物措施	主体工程区	小电站种植区	主体	
	十	1 号弃渣场								
	1	紫花苜蓿种植	m²	10 716.8	81 019	植物措施	弃渣场区	1 号弃渣场	新增	
	2	冬青树种植	棵	3 200	39 968	植物措施	弃渣场区	1 号弃渣场	新增	
	3	法青树种植	棵	1 400	79 100	植物措施	弃渣场区	1 号弃渣场	新增	
	4	排水沟土方开挖	m³	913.06	9 596	工程措施	弃渣场区	1 号弃渣场	新增	
	5	排水沟土方回填	m³	887.6	9 728	工程措施	弃渣场区	1 号弃渣场	新增	
	7	明渠段 C15 混凝土垫层	m³	35.8	13 786	工程措施	弃渣场区	1 号弃渣场	新增	
	8	排水段 C25 混凝土	m³	67.92	70 999	工程措施	弃渣场区	1 号弃渣场	新增	
	9	明渠段合阶 C25 混凝土	m³	4.18	3 350	工程措施	弃渣场区	1 号弃渣场	新增	
	10	涵管段混凝土基础	m³	22.11	8 514	工程措施	弃渣场区	1 号弃渣场	新增	
	11	涵管安装	m	33	46 914	工程措施	弃渣场区	1 号弃渣场	新增	
	12	排水沟钢筋制作及安装	t	9.041	39 481	工程措施	弃渣场区	1 号弃渣场	新增	
	13	浆砌石排水渠	m³	760	134 490	工程措施	弃渣场区	1 号弃渣场	新增	
	十一	2 号弃渣场								
	1	阀门井土方开挖	m³	46.7	491	工程措施	弃渣场区	2 号弃渣场	新增	
	2	阀门井一般抹面	m²	104	2 215	工程措施	弃渣场区	2 号弃渣场	新增	
	3	护坡浆砌石砌筑	m³	73.22	18 350	工程措施	弃渣场区	2 号弃渣场	新增	
	4	C20 混凝土排水沟	m³	12.94	4 675	工程措施	弃渣场区	2 号弃渣场	新增	
	5	截水沟及挡墙土方开挖	m³	45.28	476	工程措施	弃渣场区	2 号弃渣场	新增	
	6	截水沟及挡墙浆砌石砌筑	m³	30.88	7 739	工程措施	弃渣场区	2 号弃渣场	新增	
	7	苗圃、果树地二次覆土	m³	327.33	10 311	工程措施	弃渣场区	2 号弃渣场	新增	
	11	苗圃地绿化	m²	896.89	6 780	植物措施	弃渣场区	2 号弃渣场	新增	
	12	防汛仓库北、西边绿化	m²	707.67	5 350	植物措施	弃渣场区	2 号弃渣场	新增	

续表 4-32

标段	编号	项目名称	单位	工程量	投资（元）	措施类型	分区	分类 1	分类 2	实施时间（年-月-日）
	13	树坑开挖	m³	66	694	植物措施	弃渣场区	2 号弃渣场	新增	2016-02-23～2016-09-05
	14	树坑回填	m³	66	723	植物措施	弃渣场区	2 号弃渣场	新增	
	15	树木移栽	棵	11	40 367	植物措施	弃渣场区	2 号弃渣场	新增	
	十二	水土保持专项措施费（临时）								
	1	浆砌砖挡水墙	m³	15	4 800	临时措施	永久道路区	2 号路	新增	
	2	排水沟开挖	m³	112	560	临时措施	弃渣场区	1 号弃渣场	新增	
	3	临时挡水埂	m³	90	585	临时措施	弃渣场区	1 号弃渣场	新增	
SB4	4	临时覆盖	m²	1 320	660	临时措施	弃渣场区	1 号弃渣场	新增	
	5	排水沟开挖	m³	134.4	672	临时措施	弃渣场区	2 号弃渣场	新增	2016-07-15～2016-08-22
	6	临时挡水埂	m³	162	1 053	临时措施	弃渣场区	2 号弃渣场	新增	
	7	临时覆盖	m²	3 620	1 810	临时措施	弃渣场区	1 号弃渣场	新增	
	十三	表土剥离	m³	2 850	9 490.5	工程措施	弃渣场区	1 号弃渣场	新增	
	十四	表土剥离	m³	10 600	35 298	工程措施	弃渣场区	2 号弃渣场	新增	
		3 号渣场								
	一	菱形网格护坡								
	1	坡面平整	m²	10 801.20	7 021	工程措施	弃渣场区	3 号弃渣场	新增	
	1.1	网格内覆植物土	m³	2 141.45	4 904	工程措施	弃渣场区	3 号弃渣场	新增	
	1.2	网格内撒播种植紫花苜蓿	m²	5 490.9	8 621	植物措施	弃渣场区	3 号弃渣场	新增	
	1.3	网格内种植紫穗槐（高 0.5 m）	株	5 509	486 059	植物措施	弃渣场区	3 号弃渣场	新增	
SB5	1.4	截排水沟	m³	4 258.01	873 999	工程措施	弃渣场区	3 号弃渣场	新增	2016-02-23～2016-08-23
	2	M7.5 砂浆砌 30 号块石	m³	6 617.05	13 499	工程措施	弃渣场区	3 号弃渣场	新增	
	2.1	土方开挖	m³	371.33	3 242	工程措施	弃渣场区	3 号弃渣场	新增	
	2.2	土方回填（压实）	m³	92.54	18 705	工程措施	弃渣场区	3 号弃渣场	新增	
	2.3	挡土墙（M7.5 砂浆砌 30 号块石）								
	3	急流槽								
	4	M7.5 砂浆砌 30 号块石	m³	530.03	108 794	工程措施	弃渣场区	3 号弃渣场	新增	
	4.1									

续表 4-32

标段	编号	项目名称	单位	工程量	投资(元)	措施类型	分区	分类1	分类2	实施时间(年-月-日)
	4.2	土方开挖	m³	936.61	1 911	工程措施	弃渣场区	3号弃渣场	新增	2016-02-23～2016-08-23
	4.3	土方回填(压实)	m³	29.30	256	工程措施	弃渣场区	3号弃渣场	新增	
	5	场地平整								
	5.1	土方开挖	m³	41 761.30	85 193	工程措施	弃渣场区	3号弃渣场	新增	
	5.2	土方回填	m³	30 336.10	264 834	工程措施	弃渣场区	3号弃渣场	新增	
	6	场地覆土绿化								
	6.1	覆植物土	m³	35 570.84	81 457	工程措施	弃渣场区	3号弃渣场	新增	
	6.2	撒播种植紫花苜蓿	m²	78 482.09	123 217	植物措施	弃渣场区	3号弃渣场	新增	
	6.3	种植爬墙虎	株	3 215	63 046	植物措施	弃渣场区	3号弃渣场	新增	
	7	表土剥离	m³	10 800	36 720	工程措施	弃渣场区	3号弃渣场	新增	
	二	石料场								
	1	场地平整								
	1.1	土方开挖	m³	44 200.8	90 170	工程措施	料场场区	石料场	新增	
	1.2	覆植物土	m³	38 458.1	335 739	工程措施	料场场区	石料场	新增	
	2	场地覆土绿化								
SB5	2.1	覆植物土(材料甲供)	m³	44 743.53	102 463	工程措施	料场场区	石料场	新增	
	2.2	撒播种植紫花苜蓿	m²	114 727.0	180 121.00	植物措施	料场场区	石料场	新增	
	2.4	种植爬墙虎	株	1 535.00	30 101.00	植物措施	料场场区	石料场	新增	
	2.5	植物物土外购	m³	46 829.12	1 523 560.00	工程措施	料场场区	石料场	新增	
	3	土地复垦	hm²	1.98	219 199.29	工程措施	临时道路区	9号路	主体	
	4	9号道路临时排水沟	m³	1 296	7 072	临时措施	临时道路区	9号路	新增	
	三	新增项目								
	1	栽植侧柏	株	9 928	1 272 075	植物措施	料场场区	石料场	新增	
	1.2	栽植侧柏(3号弃渣场)	株	302	38 695	植物措施	弃渣场区	3号弃渣场	新增	
	2	干砌石	m³	756.24	83 186	工程措施	料场场区	石料场	新增	
	3	移植侧柏	株	485	24 250	植物措施	料场场区	石料场	新增	
	四	水土保持专项措施费(临时)								
	1	排水沟石方开挖	m³	483.84	6 048	临时措施	弃渣场区	3号弃渣场	新增	2016-02-27～2016-06-22
	2	临时挡水埂	m³	207	1 138.5	临时措施	弃渣场区	3号弃渣场	新增	
	3	表土覆盖	m²	4 800	2 400	临时措施	弃渣场区	3号弃渣场	新增	

续表 4-32

标段	编号	项目名称	单位	工程量	投资(元)	措施类型	分区	分类 1	分类 2	实施时间(年-月-日)
SB6	一	排水沟								2016-02-23~2016-09-07
		C25 混凝土	m³	120.94	45 522	工程措施	主体工程区	坝后排水	主体	
	二	场地平整								
	1	土方开挖	m³	6 493.17	41 102	工程措施	主体工程区	坝后排水	主体	
	2	土方回填(压实)	m³	12 744.79	50 087	工程措施	主体工程区	坝后排水	主体	
	三	砌石挡墙(护坡)								
	1	砌石挡墙(M7.5 水泥砂浆砌筑 MU50 块石)	m³	2 084.54	512 234	工程措施	主体工程区	坝后排水	主体	
	2	砌石(网格)护坡砂浆砌筑 MU50 块石	m³	433.04	107 875	工程措施	主体工程区	坝后排水	主体	
	四	覆土绿化								
	1	覆植物土(甲供材料)	m³	7 824.65	45 774	工程措施	主体工程区	坝后排水	新增	
	2	植物土外购	m³	10 000	325 200	工程措施	主体工程区	坝后排水	新增	
	3	播撒营箔草籽	m²	22 329.64	185 783	植物措施	主体工程区	坝后排水	主体	
	五	水土保持专项措施费(临时)								
	1	临时排水沟沟开挖	m³	376	2 068	临时措施	主体工程区	坝后排水	新增	
	2	临时挡水埂	m³	218	1 417	临时措施	主体工程区	坝后排水	新增	
	3	临时浆砌石排水沟	m³	50	9 000	临时措施	主体工程区	坝后排水	主体	
SB7	一	树阵广场树池								2016-03-01~2016-04-25
	1	挖土方	m³	48	541	工程措施	主体工程区	坝后压戗	新增	
	2	回填方	m³	28	564	工程措施	主体工程区	坝后压戗	新增	
	二	绿化									2016-03-10~2016-09-11
	1.1	栽植乔木(五角枫,甲供)	株	41	17 228	植物措施	主体工程区	坝后压戗	新增	
	1.2	栽植乔木(皂角 A,甲供)	株	3	1 261	植物措施	主体工程区	坝后压戗	新增	
	1.3	栽植乔木皂角 B	株	4	5 003	植物措施	主体工程区	坝后压戗	新增	
	1.4	栽植乔木(柿子树,甲供)	株	4	1 681	植物措施	主体工程区	坝后压戗	新增	

续表 4-32

标段	编号	项目名称	单位	工程量	投资(元)	措施类型	分区	分类 1	分类 2	实施时间(年-月-日)
SB7	1.5	栽植乔木雪松	株	6	11 351	植物措施	主体工程区	坝后压坡	新增	2016-03-10～2016-09-11
	1.6	栽植乔木马尾松	株	93	140 261	植物措施	主体工程区	坝后压坡	新增	
	1.7	栽植乔木乌柏	株	23	39 100	植物措施	主体工程区	坝后压坡	新增	
	1.8	栽植乔木栾树	株	60	92 748	植物措施	主体工程区	坝后压坡	新增	
	1.9	栽植乔木大叶女贞	株	23	19 132	植物措施	主体工程区	坝后压坡	新增	
	1.10	栽植乔木(石楠,甲供)	株	97	22 684	植物措施	主体工程区	坝后压坡	新增	
	1.11	栽植乔木桂花	株	12	17 262	植物措施	主体工程区	坝后压坡	新增	
	1.12	栽植乔木山楂	株	22	12 518	植物措施	主体工程区	坝后压坡	新增	
	1.13	栽植乔木红梅	株	34	56 071	植物措施	主体工程区	坝后压坡	新增	
	1.14	栽植乔木腊梅	株	25	98 772	植物措施	主体工程区	坝后压坡	新增	
	1.15	栽植竹类	m²	11 076.5	817 113	植物措施	主体工程区	坝后压坡	新增	
	1.16	草绳绕树干(高 1.0 m)	株	330	2 914	植物措施	主体工程区	坝后压坡	新增	
	1.17	草绳绕树干(高 1.5 m)	株	68	900	植物措施	主体工程区	坝后压坡	新增	
	1.18	草绳绕树干(高 2.0 m)	株	275	4 854	植物措施	主体工程区	坝后压坡	新增	
	2.1	栽植灌木海桐球	株	57	6 558	植物措施	主体工程区	坝后压坡	新增	
	2.2	栽植灌木大叶黄杨球	株	68	17 569	植物措施	主体工程区	坝后压坡	新增	
	2.3	栽植灌木石楠球	株	20	3 076	植物措施	主体工程区	坝后压坡	新增	
	2.4	栽植灌木紫叶小檗球	株	15	2 791	植物措施	主体工程区	坝后压坡	新增	
	3.1	整理绿化用地	m²	76 299.68	255 604	工程措施	主体工程区	坝后压坡	新增	
	3.2	挖一般土方	m³	8 675	97 767	工程措施	主体工程区	坝后压坡	新增	
	3.3	回填方	m³	1 000	14 190	工程措施	主体工程区	坝后压坡	新增	
	3.4	种植土回填	m³	55 511.72	1 006 427	工程措施	主体工程区	坝后压坡	新增	
	3.5	栽植花卉(红叶石楠,甲供)	m²	12 022.23	209 908	植物措施	主体工程区	坝后压坡	新增	
	3.6	栽植花卉金叶女贞	m²	5 682	425 639	植物措施	主体工程区	坝后压坡	新增	
	3.7	栽植花卉南天竹	m²	2 682	297 648	植物措施	主体工程区	坝后压坡	新增	
	3.8	栽植花卉二月兰	m²	679	30 908	植物措施	主体工程区	坝后压坡	新增	

续表 4-32

标段	编号	项目名称	单位	工程量	投资(元)	措施类型	分区	分类 1	分类 2	实施时间(年-月-日)
SB7	3.9	栽植花卉迎春	m²	2 582	217 559	植物措施	主体工程区	坝后压坡	新增	2016-03-10~2016-09-11
	3.10	栽植花卉红花酢浆草	m²	2 879	87 435	植物措施	主体工程区	坝后压坡	新增	
	3.11	栽植花卉小叶黄杨	m²	3 350	246 493	植物措施	主体工程区	坝后压坡	新增	
	3.12	栽植花卉海桐	m²	2 529	398 924	植物措施	主体工程区	坝后压坡	新增	
	3.13	栽植花卉连翘	m²	226	19 043	植物措施	主体工程区	坝后压坡	新增	
	3.14	栽植花卉格桑花	m²	4 865	312 430	植物措施	主体工程区	坝后压坡	新增	
	3.15	外购种植土	m³	42 479.6	1 406 075	工程措施	主体工程区	坝后压坡	主体	
	3.16	铺植草坪(矮生百慕大)	m²	24 568	961 100	植物措施	主体工程区	坝后压坡	新增	
	3.17	垂丝海棠	株	47	51 700	植物措施	主体工程区	坝后压坡	新增	
	3.18	红叶李	株	73	62 780	植物措施	主体工程区	坝后压坡	新增	
	3.19	法桐	株	20	72 000	植物措施	主体工程区	坝后压坡	新增	
	3.20	樱花	株	124	71 920	植物措施	主体工程区	坝后压坡	新增	
	3.21	红叶石楠球	株	86	18 920	植物措施	主体工程区	坝后压坡	新增	
	3.22	法国冬青	株	650	29 250	植物措施	主体工程区	坝后压坡	新增	
	3.23	丛生福禄考	m²	1 415.2	169 824	植物措施	主体工程区	坝后压坡	新增	
	3.24	芍药	m²	175	38 500	植物措施	主体工程区	坝后压坡	新增	
	3.25	地被月季	m²	361.3	43 356	植物措施	主体工程区	坝后压坡	新增	
	3.26	香樟	株	4	16 800	植物措施	主体工程区	坝后压坡	新增	
	3.27	红花草	m²	1 469.73	72 899	植物措施	主体工程区	坝后压坡	新增	
	三	混凝土排水沟	m³	380	260 000	工程措施	主体工程区	坝后压坡	新增	
	四	排水渠(砖砌)	m³	48	31 200	工程措施	主体工程区	坝后压坡	新增	
	五	水土保持专项措施费(临时)								
	1	临时挡水埂	m³	1 150	7 475	临时措施	主体工程区	坝后压坡	新增	2016-06-20~2016-06-22
	2	临时排水沟	m³	1 850	9 250	临时措施	主体工程区	坝后压坡	新增	

续表 4-32

标段	编号	项目名称	单位	工程量	投资（元）	措施类型	分区	分类 1	分类 2	实施时间（年-月-日）
	一	绿化								
	1.1	种植土回填	m³	2 622.11	26 004	工程措施	主体工程区	重大变更	新增	
	1.2	栽植乔木国槐	株	8	29 358	植物措施	主体工程区	重大变更	新增	
	1.3	栽植乔木枇杷	株	14	10 425	植物措施	主体工程区	重大变更	新增	
	1.4	栽植乔木（柿子树）	株	6	3 225	植物措施	主体工程区	重大变更	新增	
	1.5	栽植乔木苹果树	株	18	5 870	植物措施	主体工程区	重大变更	新增	
	1.6	栽植乔木碧桃	株	28	6 431	植物措施	主体工程区	重大变更	新增	
	1.7	栽植乔木女贞	株	92	75 263	植物措施	主体工程区	重大变更	新增	
	1.8	栽植乔木（柳树）	株	2	1 075	植物措施	主体工程区	重大变更	新增	
	1.9	栽植乔木石榴	株	8	2 824	植物措施	主体工程区	重大变更	新增	
	1.10	栽植乔木山楂	株	42	17 487	植物措施	主体工程区	重大变更	新增	2016-02-27 ~ 2016-07-11
	1.11	草绳绕树干	株	96	768	植物措施	主体工程区	重大变更	新增	
	1.12	草绳绕树干	株	122	1 752	植物措施	主体工程区	重大变更	新增	
	2.1	种植土回填	m³	325	3 223	工程措施	主体工程区	重大变更	新增	
	2.2	栽植灌木海桐球	株	65	3 545	植物措施	主体工程区	重大变更	新增	
	2.3	栽植灌木石楠球	株	45	3 205	植物措施	主体工程区	重大变更	新增	
	3.1	整理绿化用地	m²	11 375.77	53 067	工程措施	主体工程区	重大变更	新增	
	3.2	种植土回填	m³	5 915.400 4	58 664	工程措施	主体工程区	重大变更	新增	
	3.3	栽植花卉（红叶石楠，甲供）	m²	343.34	13 359	植物措施	主体工程区	重大变更	新增	
SB8	3.4	栽植花卉金叶女贞	m²	2 684.71	177 189	植物措施	主体工程区	重大变更	新增	
	3.5	栽植花卉小叶黄杨	m²	1 078.1	89 029	植物措施	主体工程区	重大变更	新增	
	3.7	栽植花卉迎春	m²	82.64	4 381	植物措施	主体工程区	重大变更	新增	
	3.8	栽植花卉麦冬	m²	859.9	24 955	植物措施	主体工程区	重大变更	新增	
	3.9	栽植花卉红花酢浆草	m²	15 025.34	444 810	植物措施	主体工程区	重大变更	新增	
	3.10	栽植花卉葱兰	m²	287.44	9 588	植物措施	主体工程区	重大变更	新增	
	3.11	外购种植土	m³	16 800	529 200	工程措施	主体工程区	重大变更	新增	

续表 4-32

标段	编号	项目名称	单位	工程量	投资(元)	措施类型	分区	分类 1	分类 2	实施时间(年-月-日)
	二	2 号路沿线沿山体侧绿化								
	1	栽植法青	株	4 500	320 805	植物措施	永久道路区	2 号路	新增	
	2	山坡绿地整理	m	1 500	28 785	工程措施	永久道路区	2 号路	新增	
	3	种植土回填	m³	431.34	4 279	工程措施	永久道路区	2 号路	新增	
	4	扶芳藤	株	700	3 059	植物措施	永久道路区	2 号路	新增	
	5	地锦	株	700	3 115	植物措施	永久道路区	2 号路	新增	
	6	银杏	株	18	17 163	植物措施	永久道路区	2 号路	新增	
	7	高杆月季	株	60	6 000	植物措施	永久道路区	2 号路	新增	
	三	3 号道路沿岸坡侧绿化布置								
	1	整理绿化用地	m²	880	4 101	工程措施	永久道路区	3 号路	新增	
	2	迎春	m²	550	29 156	植物措施	永久道路区	3 号路	新增	
	3	二月兰	m²	550	82 990	植物措施	永久道路区	3 号路	新增	
SB8	四	2 号、3 号道路交叉口绿化								2016-02-27～2016-07-11
	1	整理绿化用地	m²	1 392	6 487	工程措施	永久道路区	2 号路	新增	
	2	种植土回填	m³	1 157.13	11 479	工程措施	永久道路区	2 号路	新增	
	3	草绳绕树干 1.5 m	株	33	474	植物措施	永久道路区	2 号路	新增	
	4	栽植花卉红花酢浆草	m²	190 405.24	17 619	植物措施	永久道路区	2 号路	新增	
	5	栽植银杏	株	16	29 976	植物措施	永久道路区	2 号路	新增	
	6	栽植油松 A	株	3	2 791	植物措施	永久道路区	2 号路	新增	
	7	栽植油松 B	株	7	3 290	植物措施	永久道路区	2 号路	新增	
	8	栽植油松 C	株	7	2 292	植物措施	永久道路区	2 号路	新增	
	9	栽植花卉丰花月季	m²	160	13 810	植物措施	永久道路区	2 号路	新增	
	10	铺种矮生百慕大	m²	3 933.87	153 893	植物措施	永久道路区	2 号路	新增	
	五	新增河心滩绿化								
	1	整理绿化用地	m²	3 983.53	18 583	工程措施	主体工程区	重大变更	新增	
	2	种植土回填	m³	4 084.55	40 507	工程措施	主体工程区	重大变更	新增	

续表 4-32

标段	编号	项目名称	单位	工程量	投资（元）	措施类型	分区	分类 1	分类 2	实施时间（年-月-日）
	3	樱花	株	170	90 416	植物措施	主体工程区	重大变更	新增	2016-02-27～2016-07-11
	4	垂丝海棠	株	60	60 334	植物措施	主体工程区	重大变更	新增	
	5	法桐	株	37	69 386	植物措施	主体工程区	重大变更	新增	
	6	红叶石楠球	株	218	45 494	植物措施	主体工程区	重大变更	新增	
	7	大叶黄杨	m²	890	82 236	植物措施	主体工程区	重大变更	新增	
	8	铺种矮生百慕大	m²	3 093.53	121 019	植物措施	主体工程区	重大变更	新增	
	9	高杆月季		40	4 000	植物措施	主体工程区	重大变更	新增	
	10	芍药	m²	108.58	20 630	植物措施	主体工程区	重大变更	新增	
	11	地被月季	m²	210	38 850	植物措施	主体工程区	重大变更	新增	
	12	葡萄树	株	12	4 920	植物措施	主体工程区	重大变更	新增	
	13	草绳绕树干 1.5 m	株	267	3 834	植物措施	主体工程区	重大变更	新增	
	六	河心滩								
	1	大边坡排水沟（浆砌石）	m³	77	60 010	工程措施	主体工程区	重大变更		
SB8	七	五号延长线大电站								
	1	整理绿化用地	m²	3 297.11	15 381	工程措施	永久道路区	5 号路	新增	
	2	种植土回填	m³	2 104.63	20 872	工程措施	永久道路区	5 号路	新增	
	3	大电站菱形护坡砌筑	m³	185.5	53 175	工程措施	主体工程区	大电站	主体	
	4	大叶女贞种植	株	12	9 817	植物措施	永久道路区	5 号路	新增	
	5	国槐种植	株	1	3 670	植物措施	永久道路区	5 号路	新增	
	6	大电站广场柳树种植	株	21	10 920	植物措施	主体工程区	大电站	主体	
	8	碧桃	株	19	4 364	植物措施	永久道路区	5 号路	新增	
	九	水土保持专项措施费（临时）								
	1	临时挡水埂	m³	240	1 320	临时措施	主体工程区	重大变更	新增	2016-04-01～2016-04-12
	2	临时排水沟	m³	350	1 575	临时措施	主体工程区	重大变更	新增	

续表 4-32

标段	编号	项目名称	单位	工程量	投资（元）	措施类型	分区	分类 1	分类 2	实施时间（年-月-日）
	一	绿化								
	1.1	栽植乔木（迎客松，甲供）	株	1	452	植物措施	主体工程区	重大变更	新增	
	1.2	栽植乔木（银杏，甲供）	株	8	3 613	植物措施	主体工程区	重大变更	新增	
	1.3	栽植乔木（香樟，甲供）	株	8	3 613	植物措施	主体工程区	重大变更	新增	
	1.4	栽植乔木（国槐，甲供）	株	7	3 162	植物措施	主体工程区	重大变更	新增	
	1.5	栽植乔木（枫杨）	株	63	50 486	植物措施	主体工程区	重大变更	新增	
	1.6	栽植乔木（法桐）	株	116	52 393	植物措施	主体工程区	重大变更	新增	
	1.7	栽植乔木（垂柳）	株	44	25 441	植物措施	主体工程区	重大变更	新增	
	1.8	栽植乔木（栾树）	株	16	22 100	植物措施	主体工程区	重大变更	新增	
	1.9	栽植乔木（女贞）	株	27	21 162	植物措施	主体工程区	重大变更	新增	
	2	栽植乔木（紫叶李）	株	28	21 106	植物措施	主体工程区	重大变更	新增	
	2.1	栽植乔木（石榴）	株	37	15 212	植物措施	主体工程区	重大变更	新增	
SB9	2.2	栽植乔木（腊梅）	株	34	12 574	植物措施	主体工程区	重大变更	新增	
	2.3	栽植乔木（山楂）	株	32	16 353	植物措施	主体工程区	重大变更	新增	2016-03-20～2016-09-15
	2.4	草绳绕树干	株	202	1 190	植物措施	主体工程区	重大变更	新增	
	2.5	草绳绕树干	株	180	2 047	植物措施	主体工程区	重大变更	新增	
	2.6	草绳绕树干	株	320	6 733	植物措施	主体工程区	重大变更	新增	
	2.1	栽植灌木（海桐球）	株	123	7 227	植物措施	主体工程区	重大变更	新增	
	2.2	栽植灌木（黄杨球）	株	94	6 008	植物措施	主体工程区	重大变更	新增	
	2.3	栽植灌木（紫叶小檗球）	株	47	2 762	植物措施	主体工程区	重大变更	新增	
	3.1	挖一般土方	m³	1 000	21 500	工程措施	主体工程区	重大变更	新增	
	3.2	回填土方	m³	1 000	17 390	工程措施	主体工程区	重大变更	新增	
	3.3	整理绿化用地	m²	22 552	141 852	工程措施	主体工程区	重大变更	新增	
	3.4	种植土回填	m³	11 950	315 958	工程措施	主体工程区	重大变更	新增	
	3.5	栽植花卉（红叶石楠）	m²	1 383	290 430	工程措施	主体工程区	重大变更	新增	
		植草砖	m²	1 862	51 279	植物措施	主体工程区	重大变更	新增	

续表 4-32

标段	编号	项目名称	单位	工程量	投资（元）	措施类型	分区	分类 1	分类 2	实施时间（年-月-日）
	3.6	栽植花卉（金叶女贞）	m²	902	41 708	植物措施	主体工程区	重大变更	新增	2016-03-20～2016-09-15
	3.7	栽植花卉（大叶黄杨）	m²	956	51 012	植物措施	主体工程区	重大变更	新增	
	3.8	栽植花卉（紫叶小檗）	m²	1 374	70 486	植物措施	主体工程区	重大变更	新增	
	3.9	栽植花卉（品种月季）	m²	11	1 039	植物措施	主体工程区	重大变更	新增	
	4	栽植花卉（月季）	m²	30	1 217	植物措施	主体工程区	重大变更	新增	
	4.1	栽植花卉（杜鹃）	m²	32	2 155	植物措施	主体工程区	重大变更	新增	
	4.2	栽植花卉（迎春）	m²	206	8 864	植物措施	主体工程区	重大变更	新增	
	4.3	栽植花卉（麦冬）	m²	11	383	植物措施	主体工程区	重大变更	新增	
	4.4	栽植花卉（红花酢浆草）	m²	49 025	2 116 900	植物措施	主体工程区	重大变更	新增	
	4.5	栽植花卉（二月兰）	m²	35	1 477	植物措施	主体工程区	重大变更	新增	
	4.6	栽植花卉（南天竹）	m²	95	4 029	植物措施	主体工程区	重大变更	新增	
	4.7	铺种草皮（冷型草）	m²	8 326	395 735	植物措施	主体工程区	重大变更	新增	
	4.1	栽植攀缘植物（美国地锦）	株	6.05	37	植物措施	主体工程区	重大变更	新增	
	4.2	栽植攀缘植物（扶芳藤）	株	6.05	37	植物措施	主体工程区	重大变更	新增	
	五	排水沟、截水沟（浆砌石）	m³	25.23	19 679	工程措施	主体工程区	重大变更	新增	
	六	外购种植土	m³	21 615.65	680 893	工程措施	主体工程区	重大变更	新增	
	七	新增绿化项目					主体工程区	重大变更		
SB9	1	小叶黄杨	m²	667	65 366	植物措施	主体工程区	重大变更	新增	
	2	金森女贞	m²	70.4	12 390	植物措施	主体工程区	重大变更	新增	
	3	洒金柏	m²	12.3	1 747	植物措施	主体工程区	重大变更	新增	
	4	丛生福禄考	m²	1 948.18	235 730	植物措施	主体工程区	重大变更	新增	
	7	东坡排水沟（浆砌石）	m³	23.08	18 000	工程措施	主体工程区	重大变更	新增	
	10	乔木遮阳网及架子（安除）	m²	1 076	96 840	植物措施	主体工程区	重大变更	新增	
	八	水土保持专项措施费（临时）								
	1	临时挡水埂	m³	269	1 748.5	临时措施	主体工程区	重大变更	新增	2016-07-12～2016-07-18
	2	临时挡水埂	m³	397	2 580.5	临时措施	主体工程区	重大变更	新增	
	3	排水沟开挖	m³	298	10 379.34	临时措施	主体工程区	重大变更	新增	

续表 4-32

标段	编号	项目名称	单位	工程量	投资（元）	措施类型	分区	分类 1	分类 2	实施时间（年-月-日）
	一	绿化								
	1.1	栽植乔木（海棠）	株	115	75 767	植物措施	主体工程区	重大变更	新增	
	1.2	栽植乔木（国槐，甲供）	株	57	21 039	植物措施	主体工程区	重大变更	新增	
	1.3	栽植乔木（松树）	株	276	210 400	植物措施	主体工程区	重大变更	新增	
	1.4	栽植乔木（法桐，甲供）	株	73	26 944	植物措施	主体工程区	重大变更	新增	
	1.5	栽植乔木（红枫，甲供）	株	75	27 683	植物措施	主体工程区	重大变更	新增	
	1.6	栽植乔木（乌桕）	株	40	68 572	植物措施	主体工程区	重大变更	新增	
	1.7	栽植乔木（水杉）	株	212	183 547	植物措施	主体工程区	重大变更	新增	
	1.8	栽植乔木（垂柳）	株	297	232 554	植物措施	主体工程区	重大变更	新增	
	1.9	栽植乔木（黄栌）	株	105	44 188	植物措施	主体工程区	重大变更	新增	
	1.10	栽植乔木（杏花）	株	123	51 763	植物措施	主体工程区	重大变更	新增	
SB10	1.11	栽植乔木（腊梅）	株	154	77 453	植物措施	主体工程区	重大变更	新增	2016-02-25 ~ 2016-06-17
	1.12	栽植乔木（柒树）	株	2	2 520	植物措施	主体工程区	重大变更	新增	
	1.14	栽植乔木（大叶女贞）	株	28	29 896	植物措施	主体工程区	重大变更	新增	
	1.15	草绳绕树干（高 1 m）	株	361	3 115	植物措施	主体工程区	重大变更	新增	
	1.16	草绳绕树干（高 1.5 m）	株	1 082	17 918	植物措施	主体工程区	重大变更	新增	
	1.17	草绳绕树干（高 2 m）	株	361	9 700	植物措施	主体工程区	重大变更	新增	
	1.18	栽植乔木（点景海棠）	株	4	1 476	植物措施	主体工程区	重大变更	新增	
	1.19	栽植乔木（点景杏树）	株	2	738	植物措施	主体工程区	重大变更	新增	
	1.20	栽植乔木（点景水杉）	株	1	369	植物措施	主体工程区	重大变更	新增	
	1.21	栽植乔木（点景红枫）	株	1	369	植物措施	主体工程区	重大变更	新增	
	1.22	栽植乔木（点景造型松树）	株	10	3 691	植物措施	主体工程区	重大变更	新增	
	1.23	栽植乔木（点景皂角）	株	1	369	植物措施	主体工程区	重大变更	新增	

续表 4-32

标段	编号	项目名称	单位	工程量	投资(元)	措施类型	分区	分类1	分类2	实施时间(年-月-日)
	2.1	栽植灌木（海桐球）	株	81	7 772	植物措施	主体工程区	重大变更	新增	2016-02-25～2016-06-17
	2.2	栽植灌木（石楠球）	株	184	31 365	植物措施	主体工程区	重大变更	新增	
	2.3	栽植灌木（大叶黄杨球）	株	196	16 170	植物措施	主体工程区	重大变更	新增	
	2.4	栽植灌木（紫叶小檗球）	株	126	12 668	植物措施	主体工程区	重大变更	新增	
	3.1	整理绿化用地	m²	39 632.2	196 179	工程措施	主体工程区	重大变更	新增	
	3.2	挖一般土方	m³	1 000	14 620	工程措施	主体工程区	重大变更	新增	
	3.3	回填方	m³	1 000	24 160	工程措施	主体工程区	重大变更	新增	
	3.4	种植土回填	m³	15 500	250 015	工程措施	主体工程区	重大变更	新增	
	3.5	栽植花卉（红叶石楠，甲供）	m²	2 197	41 809	植物措施	主体工程区	重大变更	新增	
	3.6	栽植花卉（金叶女贞）	m²	5 827	199 516	植物措施	主体工程区	重大变更	新增	
	3.7	栽植花卉（月季）	m²	1 901	346 001	植物措施	主体工程区	重大变更	新增	
	3.8	栽植花卉（南天竹）	m²	2 142	152 468	植物措施	主体工程区	重大变更	新增	
	3.9	栽植花卉（二月兰）	m²	3 633	153 712	植物措施	主体工程区	重大变更	新增	
SB10	3.10	栽植花卉（迎春）	m²	454	15 686	植物措施	主体工程区	重大变更	新增	
	3.11	栽植花卉（大叶黄杨）	m²	2 197	320 301	植物措施	主体工程区	重大变更	新增	
	3.12	栽植花卉（紫叶小檗）	m²	1 674	116 728	植物措施	主体工程区	重大变更	新增	
	3.13	栽植花卉（海桐）	m²	5 261	508 423	植物措施	主体工程区	重大变更	新增	
	3.14	栽植花卉（红花酢浆草）	m²	10 730	1 036 947	植物措施	主体工程区	重大变更	新增	
	3.15	铺种草皮（冷型草）	m²	3 763.5	160 287	植物措施	主体工程区	重大变更	新增	
	4.1	栽植攀缘植物（美国地锦）	株	1 115	5 988	植物措施	主体工程区	重大变更	新增	
	4.2	栽植攀缘植物（藤本月季）	株	18	134	植物措施	主体工程区	重大变更	新增	
	4.3	栽植攀缘植物（扶芳藤）	株	1 115	7 716	植物措施	主体工程区	重大变更	新增	
	二	排水沟、截水沟	m³	18.17	13 402	工程措施	主体工程区	重大变更	新增	
	三	外购种植土	m³	15 500	504 655	工程措施	主体工程区	重大变更	新增	
	四	水土保持专项措施费（临时）				临时措施	主体工程区	重大变更	新增	
	1	临时挡水埂	m³	501	4 158	临时措施	主体工程区	重大变更	新增	2016-03-08～2016-03-18
	2	排水沟土石方开挖	m³	720	12 787	临时措施	主体工程区	重大变更	新增	

续表 4-32

标段	编号	项目名称	单位	工程量	投资（元）	措施类型	分区	分类 1	分类 2	实施时间（年-月-日）
	一	1 号路								
	1	边坡坡胸排水沟侧墙加高								2011-02-28～2011-04-08
	1.1	M7.5 砂浆砌 30 号块石	m³	134.53	24 897	工程措施	永久道路区	1 号路	新增	
	1.2	加高侧墙内植物土填筑	m³	400.17	7 507	工程措施	永久道路区	1 号路	新增	
	2	绿化								
	2.1	紫穗槐								
	2.1.1	栽植	株	841	3 204	植物措施	永久道路区	1 号路	新增	
	2.1.2	苗木	株	841	4 205	植物措施	永久道路区	1 号路	新增	
	2.2	爬墙虎								
	2.2.1	栽植	株	2 803	9 811	植物措施	永久道路区	1 号路	新增	
	2.2.2	苗木	株	2 803	8 409	植物措施	永久道路区	1 号路	新增	
SG2	二	2 号道路								
	1	开挖边坡								2011-02-28～2012-11-23
	1.1	边坡坡胸排水沟侧墙加高								
	1.1.1	M7.5 砂浆砌 30 号块石	m³	591.78	109 521	工程措施	永久道路区	2 号路	新增	
	1.1.2	加高侧墙内植物土填筑	m³	1 319.22	24 749	工程措施	永久道路区	2 号路	新增	
	2	绿化								
	2.1	紫穗槐								
	2.1.1	栽植	株	4 554	17 351	植物措施	永久道路区	2 号路	新增	
	2.1.2	苗木	株	4 554	22 770	植物措施	永久道路区	2 号路	新增	
	2.2	爬墙虎								
	2.2.1	栽植	株	12 329	43 152	植物措施	永久道路区	2 号路	新增	
	2.2.2	苗木	株	12 329	36 987	植物措施	永久道路区	2 号路	新增	
	2	高填方边坡								
	2.1	截（排）水沟								
	2.1.1	M7.5 砂浆砌 30 号块石	m³	108.1	20 006	工程措施	永久道路区	2 号路	新增	

续表 4-32

标段	编号	项目名称	单位	工程量	投资(元)	措施类型	分区	分类1	分类2	实施时间(年-月-日)
	2.1.2	土方开挖	m³	109.06	2 930	工程措施	永久道路区	2号路	新增	
	2.2	挡渣墙								
	2.2.1	M7.5砂浆砌30号块石	m³	75.31	13 546	工程措施	永久道路区	2号路	新增	
	2.2.2	土方开挖	m³	380	5 058	工程措施	永久道路区	2号路	新增	
	2.3	护坡墙								
	2.3.1	M7.5砂浆砌30号块石	m³	150.06	26 991	工程措施	永久道路区	2号路	新增	
	2.4	坡面整治及覆土								
	2.4.1	坡面植物土(含菱形网格内)	m³	6 227.495	121 748	工程措施	永久道路区	2号路	新增	
	2.4.2	植生袋	m²	25 263.67	1 645 423	工程措施	永久道路区	2号路	新增	
	2.4.3	(0.3狗牙根+0.7荆条)混播								
		撒播	m²	550	400	植物措施	永久道路区	2号路	新增	
		草种	kg	1.36	52	植物措施	永久道路区	2号路	新增	
	三	4号路								
	3.1	开挖边坡								
SG2	3.1.1.1	边坡坡脚排水沟侧墙加高 M7.5砂浆砌30号块石	m³	633.92	117 319	工程措施	永久道路区	4号路	新增	2011-02-28~2012-11-23
	3.1.1.2	加高侧墙内植物土填筑	m³	1 553.83	29 150	工程措施	永久道路区	4号路	新增	
	3.1.5	紫穗槐								
	3.1.5.1	栽植	株	7 836	29 855	植物措施	永久道路区	4号路	新增	
	3.1.5.2	苗木	株	7 836	39 180	植物措施	永久道路区	4号路	新增	
	3.1.6	爬墙虎								
	3.1.6.1	栽植	株	13 207	46 225	植物措施	永久道路区	4号路	新增	
	3.1.6.2	苗木	株	13 207	39 621	植物措施	永久道路区	4号路	新增	
	3.2	高填方边坡								
	3.2.1	截(排)水沟								
	3.2.1.1	M7.5砂浆砌30号块石	m³	147.75	27 344	工程措施	永久道路区	4号路	新增	

续表 4-32

标段	编号	项目名称	单位	工程量	投资（元）	措施类型	分区	分类 1	分类 2	实施时间（年-月-日）
SG2	3.2.1.2	石渣开挖	m³	168.14	4 518	工程措施	永久道路区	4 号路	新增	2011-02-28～2012-11-23
	3.2.2	急流槽								
	3.2.2.1	M7.5 砂浆砌 30 号块石	m³	190.29	35 217	工程措施	永久道路区	4 号路	新增	
	3.2.2.2	石渣开挖	m³	57.32	1 540	工程措施	永久道路区	4 号路	新增	
	3.2.3	挡渣墙								新增	
	3.2.3.1	M7.5 砂浆砌 30 号块石	m³	255.04	45 874	工程措施	永久道路区	4 号路	新增	
	3.2.3.2	土方开挖	m³	75.08	999	工程措施	永久道路区	4 号路	新增	
	3.2.4	网格护坡								新增	
	3.2.4.1	M7.5 砂浆砌 30 号块石	m³	312.12	56 141	工程措施	永久道路区	4 号路	新增	
	3.2.4.3	土方开挖	m³	29.21	785	工程措施	永久道路区	4 号路	新增	
	3.2.5	坡面整治及覆土									
	3.2.5.1	削坡挖渣整平	m³	5 623	105 150	工程措施	永久道路区	4 号路	新增	
	3.2.5.2	坡面覆植物土	m³	4 668.79	91 275	工程措施	永久道路区	4 号路	新增	
	3.2.6	（0.3 狗牙根＋0.7 荆条）混播									
	3.2.6.1	撒播	m²	2 500	1 818	植物措施	永久道路区	4 号路	新增	
	3.2.6.2	草种	kg	8.79	334	植物措施	永久道路区	4 号路	新增	
	四	业主营地								
	4.1	办公楼后山坡									
	4.1.1	截水沟									
	4.1.1.1	M7.5 砂浆砌 30 号块石	m³	182.52	33 779	工程措施	业主营地区		主体	
	4.1.1.2	石方开挖	m³	7 000.1	249 693	工程措施	业主营地区		主体	
	4.1.1.3	土方开挖	m³	15 110.48	194 925	工程措施	业主营地区		主体	
	4.3	营地门口模纹护坡									
	4.3.1	红叶石楠					植物措施	业主营地区		新增	
	4.3.1.1	栽植	株	5 490	56 822	植物措施	业主营地区		新增	
	4.3.1.2	苗木	株	5 490	27 450	植物措施	业主营地区		新增	

续表 4-32

标段	编号	项目名称	单位	工程量	投资（元）	措施类型	分区	分类 1	分类 2	实施时间（年-月-日）
	4.3.3.3	金叶女贞				植物措施	业主营地区		新增	
	4.3.3.3.1	栽植	株	11 854	22 760	植物措施	业主营地区		新增	
	4.3.3.3.2	苗木	株	11 854	23 708	植物措施	业主营地区		新增	
	4.4.3	黄杨球								
	4.4.3.1	栽植	株	19	197	植物措施	业主营地区		新增	
	4.4.3.2	苗木	株	19	1 140	植物措施	业主营地区		新增	
	4.4.8	丰花月季（盆栽）								
	4.4.8.1	栽植	株	1 866	3 582	植物措施	业主营地区		新增	
	4.4.8.2	苗木	株	1 866	5 598	植物措施	业主营地区		新增	
	4.4.10	红叶红花草								
	4.4.10.1	栽植	株	2 000	3 840	植物措施	业主营地区		新增	
	4.4.10.2	苗木	株	2 000	40 000	植物措施	业主营地区		新增	2011-02-28～2012-11-23
	五	新增项目								
	1	2 号路砖砌挡水墙	m³	13.66	5 787	工程措施	永久道路区	2 号路	新增	
	2	2 号路浆砌石排水沟	m³	41.96	7 766	工程措施	永久道路区	2 号路	新增	
	3	4 号路砖砌挡水墙	m³	14.77	6 257	工程措施	永久道路区	4 号路	新增	
	4	4 号路砖砌排水沟	m³	51.79	21 939	工程措施	永久道路区	4 号路	新增	
	5	4 号路 C25 混凝土急流槽	m³	74.17	30 559	工程措施	永久道路区	4 号路	新增	
SG2	7	土方开挖	m³	301.15	8 092	工程措施	永久道路区	4 号路	新增	
	8	业主营地门口								
	8.1	草皮	m²	2 171.78	49 278	植物措施	业主营地区		新增	
	8.2	红叶小檗				植物措施	业主营地区		新增	
	8.2.1	栽植	株	4 950	9 504	植物措施	业主营地区		新增	
	8.2.2	苗木	株	4 950	7 673	植物措施	业主营地区		新增	
	8.3	小叶女贞								
	8.3.1	栽植	株	5 181	9 948	植物措施	业主营地区		新增	

续表 4-32

标段	编号	项目名称	单位	工程量	投资(元)	措施类型	分区	分类 1	分类 2	实施时间(年-月-日)
	8.3.2	苗木	株	5 181	9 637	植物措施	业主营地区		新增	
	8.4	大叶黄杨								
	8.4.1	栽植	株	6 600	12 672	植物措施	业主营地区		新增	
	8.4.2	苗木	株	6 600	14 982	植物措施	业主营地区		新增	
	8.5	大叶女贞								
	8.5.1	栽植	株	4	1 013	植物措施	业主营地区		新增	
	8.5.2	苗木	株	4	8 749	植物措施	业主营地区		新增	
	8.6	整理绿化地	m²	2 171.98	8 297	工程措施	业主营地区		新增	
	8.11.3	花池内覆土	m³	9.33	182	工程措施	业主营地区		新增	
	8.12.5	植草砖	m²	407.35	30 474	工程措施	业主营地区		新增	
	六	2 号道路 1~6 号冲沟								
	10.1	镀锌铁丝网	m²	2 600	33 748	工程措施	永久道路区	2 号路	新增	
	10.2	锚杆	根	2 600	68 666	工程措施	永久道路区	2 号路	新增	
	10.3	木签	根	47 800	52 580	工程措施	永久道路区	2 号路	新增	
SG2	七	4 号道路 1~5 号冲沟								2011-02-28~2012-11-23
	11.1	镀锌铁丝网	m²	400	5 192	工程措施	永久道路区	4 号路	新增	
	11.2	锚杆	根	400	10 564	工程措施	永久道路区	4 号路	新增	
	11.3	木签	根	18 750	20 625	工程措施	永久道路区	4 号路	新增	
	11.4	植生袋	m²	13 097.28	853 026	工程措施	永久道路区	4 号路	新增	
	八	业主营地门口龙爪槐								
		栽植	株	9	635	植物措施	业主营地区		新增	
		苗木	株	9	1 214	植物措施	业主营地区		新增	
	九	2 号道路和 4 号道路冲沟紫穗槐								
		栽植(2 号路)	株	31 750	75 000	植物措施	永久道路区	2 号路	新增	
		苗木(4 号路)	株	18 250	250 000	植物措施	永久道路区	4 号路	新增	
	十	业主营地后山坡植生袋	m²	300	24 000	工程措施	业主营地区		主体	

续表 4-32

标段	编号	项目名称	单位	工程量	投资（元）	措施类型	分区	分类 1	分类 2	实施时间（年-月-日）
SG2	十一	1 号路侧墙内栽植侧柏								2011-02-28～2012-11-23
		栽植	株	2 269	38 982	植物措施	永久道路区	1 号路	新增	
		苗木	株	2 269	18 742	植物措施	永久道路区	1 号路	新增	
	十二	4 号路侧墙内栽植侧柏								
		栽植	株	1 981	34 034	植物措施	永久道路区	4 号路	新增	
		苗木	株	1 981	16 363	植物措施	永久道路区	4 号路	新增	
	十三	水土保持专项措施费（临时）								2011-03-13～2011-04-09
	1	排水沟土石方开挖	m³	350	6 258	临时措施	永久道路区	4 号路	新增	
	2	临时挡水埂	m³	180	1 494	临时措施	永久道路区	2 号路	新增	
	3	临时浆砌石排水沟	m³	220	1 826	临时措施	永久道路区	4 号路	新增	
SG4	一	水土保持专项措施费（临时）								2014-03-27～2014-08-29
	1	临时排水沟开挖	m³	286	1 573	临时措施	主体工程区	重大变更	新增	
	2	临时挡水埂	m³	154	1 001	临时措施	主体工程区	重大变更	新增	
	3	临时浆砌石排水沟	m³	45	8 100	临时措施	主体工程区	重大变更	新增	
SG5	一	水土保持专项措施费（临时）								2015-01-17～2015-06-15
	1	临时挡水埂	m³	2 300	13 800	临时措施	主体工程区	重大变更	新增	
	2	临时排水沟	m³	2 100	11 550	临时措施	主体工程区	重大变更	新增	
	二	河道岸坡工程护岸								
	1	覆土	m³	7 265.77	421 415	工程措施	主体工程区	重大变更	主体	
SG6	一	合同外项目（新增项目）								2015-01-04～2016-03-04
	1	M10 浆砌石网格石护坡	m³	1 239.62	256 886	工程措施	主体工程区	重大变更	主体	
	2	排水沟开挖	m³	27.52	123.84	临时措施	主体工程区	重大变更	新增	
	三	临时措施								2015-02-27～2015-08-18
	1	临时挡水埂	m³			临时措施	主体工程区	重大变更	新增	
	2	临时挡水埂	m³			临时措施	主体工程区	重大变更	新增	

续表 4-32

标段	编号	项目名称	单位	工程量	投资(元)	措施类型	分区	分类1	分类2	实施时间(年-月-日)
SG7	一	临时措施								
	1	临时排水沟(浆砌砖)	m³			临时措施	主体工程区	施工生产生活区	新增	2014-11-15～2014-12-03
	2	土方开挖	m³			临时措施	主体工程区	施工生产生活区	新增	
	3	临时植草	m²	200	1 000	植物措施		施工生产生活区	新增	
	4	临时挡水埂	m³			临时措施	主体工程区	施工生产生活区	新增	
	5	土方开挖	m³			临时措施	主体工程区	施工生产生活区	新增	
	6	临时排水沟	m³			临时措施	主体工程区	施工生产生活区	新增	
SG8	一	临时措施								
	1	临时排水沟开挖	m³	87	479	临时措施	主体工程区	施工生产生活区	新增	2015-08-10～2015-08-23
	2	临时挡水埂	m³	64	416	临时措施	主体工程区	施工生产生活区	新增	
	3	临时浆砌石排水沟	m³	30	5 400	临时措施		施工生产生活区	新增	
SG9	一	临时措施								
	1	临时排水沟开挖	m³	150	825	临时措施	主体工程区	施工生产生活区	新增	2015-06-21～2015-06-28
	2	临时挡水埂	m³	350	2 275	临时措施	主体工程区	施工生产生活区	新增	
	3	临时浆砌石排水沟	m³	25	4 500	临时措施		施工生产生活区	新增	
	一	C20 混凝土边沟(5 号道路)	m³	797.87	333 629	工程措施	永久道路区	5 号路	主体	
SG10	二	5 号延长路(5 号道路)								
	1	护坡、挡墙基础开挖	m³	4 808	295 740	工程措施	永久道路区	5 号路	主体	2016-02-15～2016-06-20
	2	网格覆土、基础回填	m³	2 408	84 473	工程措施	永久道路区	5 号路	主体	
	3	M7.5 浆砌石挡墙、排水沟	m³	527.6	141 798	工程措施	永久道路区	5 号路	主体	
	4	M7.5 浆砌石网格护坡	m³	330.6	96 687	工程措施	永久道路区	5 号路	主体	
	5	绿化填土	m³	1 620	56 830	工程措施	永久道路区	5 号路	主体	
	6	砖砌急流槽	m³	3.06	1 261	工程措施	永久道路区	5 号路	主体	
	7	急流槽砂浆抹面	m²	19.5	1 519	工程措施	永久道路区	5 号路	主体	
	三	5 号道路网格护坡(尾工项目)								

标段	编号	项目名称	单位	工程量	投资(元)	措施类型	分区	分类1	分类2	实施时间(年-月-日)
	1.1	沟槽开挖	m³	43.08	2 650	工程措施	永久道路区	5号路	主体	2016-02-15～2016-06-20
	1.2	沟槽回填	m³	12.12	425	工程措施	永久道路区	5号路	主体	
	1.3	C20混凝土排水沟	m³	29.8	12 461	工程措施	永久道路区	5号路	主体	
	1.4	MU10砖砌体排水沟	m³	11.5	4 738	工程措施	永久道路区	5号路	主体	
	1.5	M10水泥砂浆抹面	m³	99.8	7 776	工程措施	永久道路区	5号路	主体	
	四	5号延长路电站厂区段								
	1	砖砌体排水沟	m³	4.8	1 978	工程措施	永久道路区	5号路	主体	2015-9-15～2015-09-30
	2	1:2水泥砂浆抹面	m²	40.1	3 125	工程措施	永久道路区	5号路	主体	
	五	5号延长路至引沁电站								
	1	基础开挖	m³	72	4 429	工程措施	永久道路区	5号路	主体	2016-04-10～2016-04-22
	2	C15混凝土排水沟	m³	39.7	16 176	工程措施	永久道路区	5号路	主体	
	六	绿化种植								
	1	草皮种植	m²	6 378	249 507	植物措施	业主营地区		主体	2016-04-30～2016-06-02
	2	草皮移植	m²	2 112	87 162	植物措施	业主营地区		主体	
	3	绿化种植土	m³	3 298	107 218	工程措施	业主营地区		主体	
	十一	临时措施								
	1	排水沟清理	m	2 700	21 600	临时措施	永久道路区	1号路	新增	2015-07-25～2015-08-20
	2	临时排水沟	m³	760	2 660	临时措施	永久道路区	1号路	新增	
	3	临时挡水埂	m³	780	4 290	临时措施	永久道路区	1号路	新增	
SG10	4	临时排水沟	m³	956	3 346	临时措施	永久道路区	5号路	新增	
	5	临时挡水埂	m³	590	3 245	临时措施	永久道路区	5号路	新增	
	6	临时排水沟	m³	176	616	临时措施	永久道路区	11号路	新增	
	7	临时挡水埂	m³	110	605	临时措施	永久道路区	11号路	新增	

续表4-32

标段	编号	项目名称	单位	工程量	投资（元）	措施类型	分区	分类1	分类2	实施时间（年-月-日）
SG11	一	2号道路								
	1	C20混凝土边沟	m³	809.02	359 075	工程措施	永久道路区	2号路	主体	
	2	C20混凝土边沟盖板	m³	285.62	134 930	工程措施	永久道路区	2号路	主体	
	二	2号路延长段变更项目								2015-07-26~2016-08-12
	1	紫花苜蓿草籽撒种	m²	4 940.1	60 417	植物措施	永久道路区	2号路	新增	
	2	种植土回填	m³	3 327.18	126 865	工程措施	永久道路区	2号路	新增	
	三	2号道路及3号道路变更项目								
	1	紫花苜蓿草籽撒种	m²	4 398.7	53 796	植物措施	永久道路区	2号路	新增	
	2	MU7.5浆砌石挡墙	m³	335.53	77 434	工程措施	永久道路区	2号路	新增	
	3	种植土回填	m³	7 236	275 909	工程措施	永久道路区	2号路	新增	
	四	临时措施								2015-07-14~2015-09-15
	1	排水沟清理	m	2 100	16 800	临时措施	永久道路区	2号路	新增	
	2	临时挡水埝	m³	300	1 950	临时措施	永久道路区	2号路	新增	
	3	临时排水沟	m³	160	26 851	临时措施	永久道路区	2号路	新增	
SG12	一	临时措施								
	1	排水沟清理	m	2 800	14 000	临时措施	永久道路区	4号路	新增	
	2	土地临时平整	m²	3 100	31 000	临时措施	永久道路区	4号路	新增	2015-07-23~2016-07-23
	3	临时挡水埝	m³	1 500	7 500	临时措施	永久道路区	4号路	新增	
	4	临时排水沟	m³	1 000	5 000	临时措施	永久道路区	4号路	新增	
SG13	一	临时措施								
	1	临时挡水埝	m³	80	400	临时措施	主体工程区		新增	2016-03-27~2016-07-30
	2	临时排水沟	m³	60	300	临时措施	主体工程区		新增	

续表 4-32

标段	编号	项目名称	单位	工程量	投资（元）	措施类型	分区	分类 1	分类 2	实施时间（年-月-日）
	一	工程措施								
	1.2	整理绿化地	m²	7 015.26	26 331	工程措施	业主营地区		主体	2008-07-01～2008-07-29
	二	植物措施								
	1	直径 110 植物管（排水管）	m	325.59	10 295	植物措施	业主营地区		主体	
	2	直径 200 植物管	m	346.7	33 911	植物措施	业主营地区		主体	
	3	白玉兰（胸径 9 cm 以下）	株	18	16 177	植物措施	业主营地区		新增	
	4	马褂木（胸径 8 cm 以下）	株	10	6 415	植物措施	业主营地区		新增	
	5	二乔玉兰（胸径 9 cm 以下）	株	3	2 943	植物措施	业主营地区		新增	
	6	栾树（胸径 8 cm 以下）	株	41	6 571	植物措施	业主营地区		新增	
	7	龙抓槐（胸径 6 cm 以下）	株	4	586	植物措施	业主营地区		新增	
	8	棕榈（高 1.0 m）	株	24	10 456	植物措施	业主营地区		新增	
业主营地标段（前期）	9	红枫（地径 4 cm，土球 50 cm）	株	2	531	植物措施	业主营地区		新增	2008-07-01～2010-07-12
	10	花石榴（地径 4 cm，土球 50 cm）	株	27	3 550	植物措施	业主营地区		新增	
	11	桂花（地径 4 cm，土球 100 cm）	株	49	66 727	植物措施	业主营地区		新增	
	12	贴梗海棠（冠 50 cm）	株	64	5 691	植物措施	业主营地区		新增	
	13	大叶女贞（胸径 8 cm 以下）	株	65	32 332	植物措施	业主营地区		新增	
	14	合欢（胸径 10 cm）	株	6	1 783	植物措施	业主营地区		新增	
	15	樱花（胸径 5 cm）	株	49	13 364	植物措施	业主营地区		新增	
	16	箬竹（7～10 个箭）	墩	540	32 401	植物措施	业主营地区		新增	
	17	牡丹（多年生）	株	33	2 159	植物措施	业主营地区		新增	
	18	芍药（多年生）	株	18	1141	植物措施	业主营地区		新增	
	19	连翘（高 1.2～1.8 m）	株	160	12 058	植物措施	业主营地区		新增	
	20	红端木（高 1.2～1.8 m）	株	335	18 353	植物措施	业主营地区		新增	
	21	紫薇（高 1.8 m）	株	50	7 942	植物措施	业主营地区		新增	
	22	紫荆（高 1.8 m）	株	31	3 329	植物措施	业主营地区		新增	

续表 4-32

标段	编号	项目名称	单位	工程量	投资（元）	措施类型	分区	分类1	分类2	实施时间（年-月-日）
	23	珍珠梅（高1.2～1.8 m）	株	28	1 966	植物措施	业主营地区		新增	
	24	海桐球（冠100～120 cm）	株	10	1 588	植物措施	业主营地区		新增	
	25	黄杨球（冠100～120 cm）	株	15	1765	植物措施	业主营地区		新增	
	26	爬墙虎（三年生）	株	3 200	13 336	植物措施	业主营地区		新增	
	27	腊梅（高1.6～2 m）	株	57	9 641	植物措施	业主营地区		新增	
	28	丰花月季（三年生）	株	2 740	8 205	植物措施	业主营地区		新增	
	29	红叶石楠（高50 cm）	株	6 524	29 739	植物措施	业主营地区		新增	
	30	大叶黄杨（高50 cm）	株	32254	113840	植物措施	业主营地区		新增	
	31	金叶女贞（高50 cm）	株	30 300	91 354	植物措施	业主营地区		新增	2008-07-01～2010-07-12
业主营地标（前期）	32	红花草（25墩/m²）	m²	2 123.45	67 080	植物措施	业主营地区		新增	
	33	麦冬（25墩/m²）	m²	2 250	66 448	植物措施	业主营地区		新增	
	34	葱兰（25墩/m²）	m²	2 391.47	73 086	植物措施	业主营地区		新增	
	35	枣树	株	4	617	植物措施	业主营地区		新增	
	36	石榴	株	4	617	植物措施	业主营地区		新增	
	37	冷季型草皮	m²	665.26	22 604	植物措施	业主营地区		新增	
	40	大叶黄杨	株	11 700	54 405	植物措施	业主营地区		新增	
	41	广玉兰	株	10	8 987	植物措施	业主营地区		新增	
	42	雪松	株	7	4 851	植物措施	业主营地区		新增	
	三	临时措施								
	1	临时排水				临时措施				
		土方开挖	m³	336	3 360	临时措施	业主营地区		新增	

续表 4-32

标段	编号	项目名称	单位	工程量	投资（元）	措施类型	分区	分类 1	分类 2	实施时间（年-月-日）
前期一期施工道路标	一	进场公路								2008-06-12～2008-11-17
	1.1	纵向排水沟								
	1.1.1	土方开挖	m³	725.5	15 337	工程措施	永久道路区	对外道路	主体	
	1.1.2	浆砌石（M7.5）	m³	400.4	67 035	工程措施	永久道路区	对外道路	主体	
	1.1.5	砂砾石垫层	m³	82.2	4 644	工程措施	永久道路区	对外道路	主体	
	1.2	植物措施								
	1.2.1	撒草籽	m²	1 681	2 925	植物措施	永久道路区	对外道路	主体	
	1.2.2	阔叶杨（胸径 5 cm）	株	315	7 371	植物措施	永久道路区	对外道路	主体	
	1.3	引渠（浆砌石排水沟）	m³	20.09	3 918	工程措施	永久道路区	对外道路	主体	
	1.4	浆砌石排水沟（浆砌石）	m³	142.81	27 848	工程措施	永久道路区	对外道路	主体	
	1.5	M10 浆砌石挡墙	m³	149.44	26 899	工程措施	永久道路区	对外道路	主体	
	二	3号路								
	1	边沟 M7.5 砂浆砌片石	m³	312.4	52 302	工程措施	临时道路区	3号道路	主体	
	2	挂网锚喷混凝土防护边坡	m³	70.43	50 710	工程措施	永久道路区	3号道路	新增	
	3	临时排水沟	m³	1 200	6 000	临时措施	永久道路区	3号道路	新增	
前期二期 3 标	2号道路	边沟 M7.5 砂浆砌片石	m³	1 558.18	321 390	工程措施	永久道路区	2号道路	主体	2008-12-16～2010-07-20
前期二期 4 标	35 kV 变电站	麦冬	m²	373	55 950	植物措施	业主营地区	35 kV 变电站	35 kV 变电站	2010-04-12
前期三期 8 标	4号道路	边沟 M7.5 砂浆砌片石	m³	1 279.39	226 401	工程措施	永久道路区	4号道路	主体	2009-06-04～2010-12-20
前期三期 7 标	5号道路	边沟 M7.5 砂浆砌片石	m³	607	96 774	工程措施	永久道路区	5号道路	主体	2009-06-04～2010-07-11

续表 4-32

标段	编号	项目名称	单位	工程量	投资(元)	措施类型	分区	分类1	分类2	实施时间(年-月-日)
前期三期9标	7号道路	边沟 M7.5 砂浆砌片石	m³	1 292.76	156 657	工程措施	临时道路区	7号道路	主体	2009-06-13～2010-09-15
		临时排水沟	m³	2 513	21 360.5	临时措施	临时道路区	7号道路	新增	
前期三期6标	8号道路	8号道路浆砌石排水沟		500.85	82 640	工程措施	临时道路区	8号路	新增	2009-06-21～2010-08-01
		临时排水沟	m³	2 486	14 230	临时措施	临时道路区	8号路	新增	
移民安置区工标段	一	植物措施								
	1	喷播植草	m²	1 166	9 328	植物措施	移民安置区		主体	
	2	栽植灌木黄杨杨球	株	20	1 352.6	植物措施	移民安置区		主体	
	3	栽植灌木黄杨杨球	株	10	1 031.9	植物措施	移民安置区		主体	
	4	栽植灌木黄杨杨球	株	11	1 504.25	植物措施	移民安置区		主体	
	5	栽植乔木桂花	株	1	1 761.11	植物措施	移民安置区		主体	
	6	栽植乔木国槐	株	7	3 542.77	植物措施	移民安置区		主体	
	7	栽植乔木女贞	株	250	97 777.5	植物措施	移民安置区		主体	
	8	栽植乔木桂花	株	7	16 345.91	植物措施	移民安置区		主体	
	9	栽植乔木桂花	株	54	31 597.02	植物措施	移民安置区		主体	
	10	栽植乔木银杏	株	25	7 128.25	植物措施	移民安置区		主体	
	11	栽植乔木棕榈	株	1	1 135.13	植物措施	移民安置区		主体	
	12	栽植乔木女贞	株	10	25 211.2	植物措施	移民安置区		主体	
	13	栽植乔木碧桃	株	109	8 791.94	植物措施	移民安置区		主体	
	14	栽植乔木辛夷	株	25	2 481.5	植物措施	移民安置区		主体	
	15	栽植乔木棕榈	株	36	7 151.76	植物措施	移民安置区		主体	
	16	栽植乔木法桐	株	2	10 707.9	植物措施	移民安置区		主体	
	17	栽植乔木紫荆	株	183	19 937.85	植物措施	移民安置区		主体	

标段	编号	项目名称	单位	单价(元)	工程量	投资(元)	措施类型	分区	分类1	分类2	实施时间(年-月-日)
移民安置区工标段	18	栽植乔木枇杷	株	113.95	40	4 558	植物措施	移民安置区		主体	
	19	栽植乔木棕榈	株	510.97	3	1 532.91	植物措施	移民安置区		主体	
	20	栽植乔木棕榈	株	360.97	3	1 082.91	植物措施	移民安置区		主体	
	21	栽植乔木法桐	株	147.78	18	2 660.04	植物措施	移民安置区		主体	
	22	栽植乔木广玉兰	株	375.78	21	7 891.38	植物措施	移民安置区		主体	

续表 4-32

标段	编号	项目名称	单位	单价(元)	工程量	投资(元)	措施类型	分区	分类 1	分类 2	实施时间(年-月-日)
移民安置区施工标段	23	栽植乔木桂花	株	170.62	10	1 706.2	植物措施	移民安置区		主体	
	24	栽植乔木红叶李	株	190.78	28	5 341.84	植物措施	移民安置区		主体	
	25	栽植乔木金森女贞球	株	160.78	379	60 935.62	植物措施	移民安置区		主体	
	26	栽植乔木石榴	株	195.78	4	783.12	植物措施	移民安置区		主体	
	27	栽植乔木辛夷	株	475.78	66	31 401.48	植物措施	移民安置区		主体	
	28	栽植乔木紫薇	株	355.78	33	11 740.74	植物措施	移民安置区		主体	
	29	栽植乔木女贞	株	259.35	48	12 448.8	植物措施	移民安置区		主体	
	30	栽植乔木法桐	株	455.78	1	455.78	植物措施	移民安置区		主体	
	31	栽植乔木法桐	株	395.78	6	2 374.68	植物措施	移民安置区		主体	
	32	栽植乔木合欢	株	235.04	2	470.08	植物措施	移民安置区		主体	
	33	栽植乔木红叶石楠球	株	210.04	131	27 515.24	植物措施	移民安置区		主体	
	34	栽植乔木辛夷	株	1 405.04	5	7 025.2	植物措施	移民安置区		主体	
	35	栽植乔木雪松	株	575.04	45	25 876.8	植物措施	移民安置区		主体	
	36	栽植乔木栾树	株	270.04	220	59 408.8	植物措施	移民安置区		主体	
	37	栽植花卉 二月兰	株	70.99	20	1 419.8	植物措施	移民安置区		主体	
	38	栽植花卉金森女贞营养杯	个	45.99	100	4 599	植物措施	移民安置区		主体	
	39	栽植花卉月季营养杯	个	83.49	1 320	110 206.8	植物措施	移民安置区		主体	
	40	栽植花卉 草本花 葱兰麦冬	m²	28.49	600	17 094	植物措施	移民安置区		主体	
	41	栽植花卉 草本花 红石榴球	株	80.99	560	45 354.4	植物措施	移民安置区		主体	
	42	栽植竹类竹子	丛	39.02	158	6 165.16	植物措施	移民安置区		主体	
	43	栽植灌木大花月季	株	40.01	15	600.15	植物措施	移民安置区		主体	
	44	栽植乔木大核桃树	株	581.11	1	581.11	植物措施	移民安置区		主体	
	45	栽植乔木石楠	株	165.2	17	2 808.4	植物措施	移民安置区		主体	
	46	栽植乔木香樟 7~8 cm	株	120.2	118	14 183.6	植物措施	移民安置区		主体	
	47	栽植乔木牛筋树 8 cm	株	195.2	12	2 342.4	植物措施	移民安置区		主体	
	48	栽植乔木青桐 8~10 cm	株	155.2	68	10 553.6	植物措施	移民安置区		主体	

表4-33 水土保持方案、初步设计与实际完成水土保持措施工程量及投资对比分析（主体工程已有）

项目	单位	水土保持方案 工程量	水土保持方案 投资(万元)	初步设计 工程量	初步设计 投资(万元)	实际完成 工程量	实际完成 投资(万元)	初设－方案 工程量	初设－方案 投资(万元)	实际－初设 工程量	实际－初设 投资(万元)	实际－方案 工程量	实际－方案 投资(万元)	原因分析
一 主体工程区			37.35		676.13		875.69		638.78		199.56		838.34	
（一）工程措施			37.35		647.22		671.94		609.87		24.72		634.59	
1 排水系统					514.26		341.14		514.26		-173.12		341.14	一是由于设计深度的原因，初步设计量偏大；二是部分浆砌石排水沟变更为混凝土排水沟
土方开挖	m³	236.88	0.10	77295.00	109.80	22417.47	55.10	77058.12	109.70	-54877.53	-54.70	22180.59	55.00	
石方开挖	m³			8549.00	92.36	133.00	0.65	8549.00	92.36	-8416.00	-91.71	133.00	0.65	
浆砌石	m³	191.76	2.88	13418.00	295.64	5210.42	104.85	13226.24	292.76	-8207.58	-190.79	5018.66	101.97	
C20混凝土	m³			395.57	16.46	1398.02	88.67	395.57	16.46	1002.45	72.21	1398.02	88.67	
C25混凝土	m³					120.94	4.55	0	0	120.94	4.55	120.94	4.55	
土方回填（压实）	m³					18205.79	18.05	0	0	18205.79	18.05	18205.79	18.05	
石渣回填	m³					12610.52	60.36	0	0	12610.52	60.36	12610.52	60.36	
C10混凝土垫层	m³					107.20	4.02	0	0	107.20	4.02	107.20	4.02	
1号排洪沟钢筋混凝土盖板	m³					16.50	0.98			16.50	0.98	16.50	0.98	
M10水泥砂浆垫层	m³					115.10	3.93			115.10	3.93	115.10	3.93	
2 网格护坡					132.96		143.44		132.96	0	10.48		143.44	
浆砌石网络（草皮）护坡	m³	5017.00	34.37	6488.00	132.96	3227.78	80.90	1471.00	98.59	-3260.22	-52.06	-1789.22	46.53	初步设计阶段挡墙的砌石量未单列
M7.5浆砌石挡墙	m³					2469.49	59.59	0	0	2469.49	59.59	2469.49	59.59	
干砌石挡墙	m³					224.48	2.95	0	0	224.48	2.95	224.48	2.95	
3 种植土回填	m³			44000.00	88.00	51895.16	187.35	44000.00	88.00	7895.16	99.35	51895.16	187.35	种植土量增减
（二）植物措施					28.91		203.75		28.91		174.84		203.75	

注：表内数据不闭合为四舍五入所致，后同。

续表 4.33

序号	项目	单位	水土保持方案 工程量	水土保持方案 投资(万元)	初步设计 工程量	初步设计 投资(万元)	实际完成 工程量	实际完成 投资(万元)	初设－方案 工程量	初设－方案 投资(万元)	实际－初设 工程量	实际－初设 投资(万元)	实际－方案 工程量	实际－方案 投资(万元)	原因分析
1	种植草皮	m²			44000.00	28.91	6972.74	15.07	44000.00	28.91	-37027.26	-13.84	6972.74	15.07	初步设计只给出草皮铺设量,没有细化
2	播种草籽(紫花苜蓿)	m²					24807.60	21.97	0	0	24807.60	21.97	24807.60	21.97	
3	香樟	株					15.00	11.48	0	0	15.00	11.48	15.00	11.48	
4	桂花A	株					36.00	78.52	0	0	36.00	78.52	36.00	78.52	
5	丛生桂花A	株					8.00	6.58	0	0	8.00	6.58	8.00	6.58	
6	大电站广场侧树种植	株					21.00	1.09	0	0	21.00	1.09	21.00	1.09	
7	景观树支架	个					25.00	58.46	0	0	25.00	58.46	25.00	58.46	
8	土方开挖	m³					37.20	0.06	0	0	37.20	0.06	37.20	0.06	
9	石方开挖	m³					812.90	8.90	0	0	812.90	8.90	812.90	8.90	
12	Φ200PVC植物管	m					140.00	1.60	0	0	140.00	1.60	140.00	1.60	
二	永久道路区			486.80				232.85	-13057.00	-486.80		232.85		-253.95	
(一)	工程措施			390.78				231.82	-13057.00	-390.78		231.82		-158.96	
1	排水系统							175.76		0		175.76		175.76	
	C20混凝土边沟	m³					1636.69	70.52	0	0	1636.69	70.52	1636.69	70.52	
	C15混凝土排水沟	m³					39.70	1.62	0	0	39.70	1.62	39.70	1.62	
	M7.5浆砌石排水沟	m³	13057.00	390.78			4372.57	85.34	-13057.00	-390.78	4372.57	85.34	-8684.43	-305.44	初步设计阶段,作为新增措施计列;与方案相比变化的主要原因是部分浆砌石排水沟变更为混凝土排水沟

续表4-33

项目	单位	水土保持方案		初步设计		实际完成		初设－方案		实际－初设		实际－方案		原因分析
		工程量	投资(万元)	工程量	投资(万元)	工程量	投资(万元)	工程量	投资(万元)	工程量	投资(万元)	工程量	投资(万元)	
砖砌急流槽、急流槽	m³					19.36	0.80	0	0	19.36	0.80	19.36	0.80	
砂浆抹面	m²					159.40	1.24	0	0	159.40	1.24	159.40	1.24	
沟槽开挖	m³					840.58	2.24	0	0	840.58	2.24	840.58	2.24	
沟槽回填	m³					12.12	0.04	0	0	12.12	0.04	12.12	0.04	
砂砾石垫层	m³					82.20	0.46	0	0	82.20	0.46	82.20	0.46	
C20混凝土边沟盖板	m³					285.62	13.49	0	0	285.62	13.49	285.62	13.49	
2 网格护坡							50.38		0		50.38		50.38	水土保持方案和初步设计将其作为新增,考虑到该路位于主体工程区内,该措施计入主体工程区
M7.5浆砌石网格石护坡	m³					330.60	9.67	0	0	330.60	9.67	330.60	9.67	
护坡、挡墙基础开挖	m³					4808.00	29.57	0	0	4808.00	29.57	4808.00	29.57	
M10浆砌石挡墙	m³					149.44	2.69	0	0	149.44	2.69	149.44	2.69	
网格覆土	m³					2408.00	8.45	0	0	2408.00	8.45	2408.00	8.45	
绿化填土	m³					1620.00	5.68	0	0	1620.00	5.68	1620.00	5.68	
3 植物措施							1.03		0		1.03		1.03	
(二)														
1 铺植草皮	m²	9244.00	96.02			0	0	-9244.00	-96.02	0	0	-9244.00	-96.02	由于该路位于主体工程区内,部分植物物措施计入主体工程区
2 撒播草籽	m³					1681.00	0.29	0	0	1681.00	0.29	1681.00	0.29	
3 阔叶杨	株					315.00	0.74	0	0	315.00	0.74	315.00	0.74	
三 施工生产生活区			23.04		64.17		5.54		41.13		-58.63		-17.50	
(一) 工程措施			23.04		64.17		5.54		41.13		-58.63		-17.50	
1 土地复垦	hm²	3.82	23.04	12.83	64.17	4.24	5.54	9.01	41.13	-8.59	-58.63	0.42	-17.50	施工生产生活区实际占地面积减少

续表 4.33

项目	单位	水土保持方案 工程量	水土保持方案 投资(万元)	初步设计 工程量	初步设计 投资(万元)	实际完成 工程量	实际完成 投资(万元)	初设－方案 工程量	初设－方案 投资(万元)	实际－初设 工程量	实际－初设 投资(万元)	实际－方案 工程量	实际－方案 投资(万元)	原因分析
四 业主营地区			66.21				107.12		-66.21		107.12		40.91	
(一) 工程措施			64.08				63.59		-64.08		63.59		-0.49	
1 浆砌石护坡（网格）			28.39				47.84		-28.39		47.84		19.45	业主营地区加大了T边坡防护措施,护坡工程量增加较多
土方挖方量	m³	973.00	0.43			15110.48	19.49	-973.00	-0.43	15110.48	19.49	14137.48	19.06	
岩石挖方量	m³	262.00	0.94			7000.10	24.97	-262.00	-0.94	7000.10	24.97	6738.10	24.03	
土方回填方量	m³	262.00	0.30					-262.00	-0.30	0	0	-262.00	-0.30	
M7.5 砂浆砌 30 号块石	m³	1329.30	26.72			182.52	3.38	-1329.30	-26.72	182.52	3.38	-1146.78	-23.34	
2 植生袋护坡及客土喷播			29.79				15.75		-29.79		15.75		-14.04	
生态袋	m²	1538.76	23.34			300.00	2.40	-1538.76	-23.34	300.00	2.40	-1238.76	-20.94	网格护坡面积增大
业主营地后山坡植生袋	袋					3000.00								
碎石	m³	307.75	2.46					-307.75	-2.46	0	0	-307.75	-2.46	
锚杆Φ18 mm L=1.5 m	根	109.00	0.87					-109.00	-0.87	0	0	-109.00	-0.87	
锚杆Φ12 mm L=1.0 m	根	109.00	0.71					-109.00	-0.71	0	0	-109.00	-0.71	
浆砌石	m³	120.00	2.41					-120.00	-2.41	0	0	-120.00	-2.41	
3 覆绿化种植土	m³					3298.00	10.72	0	0	3298.00	10.72	3298.00	10.72	
整理绿化地	m²					7015.26	2.63	0	0	7015.26	2.63	7015.26	2.63	
透水砖	m²	2170.00	5.90					-2170.00	-5.90	0	0	-2170.00	-5.90	实际采用硬基础,不计入
(二) 植物措施			2.13				43.53		-2.13		43.53		41.40	

续表 4-33

序号	项目	单位	水土保持方案		初步设计		实际完成		初设-方案		实际-初设		实际-方案		原因分析
			工程量	投资(万元)	工程量	投资(万元)	工程量	投资(万元)	工程量	投资(万元)	工程量	投资(万元)	工程量	投资(万元)	
1	乔木			1.46						-1.46	0	0		-1.46	
	杨树	株	150.00	0.11					-150.00	-0.11	0	0	-150.00	-0.11	
	榆树	株	150.00	0.17					-150.00	-0.17	0	0	-150.00	-0.17	
	清蓁	株	100.00	1.18					-100.00	-1.18	0	0	-100.00	-1.18	种植数量增减，品种调整
2	灌木			0.67						-0.67	0	0		-0.67	
	胡颓子	株	3000.00	0.39					-3000.00	-0.39	0	0	-3000.00	-0.39	
	黄杨	株	2000.00	0.28			11700.00	5.44	-2000.00	-0.28	11700.00	5.44	9700.00	5.16	
	草皮种植	m²					6378.00	24.95	0	0	6378.00	24.95	6378.00	24.95	
	直径110植物管(排水管)	m					325.59	1.03	0	0	325.59	1.03	325.59	1.03	
	直径200植物管	m					346.70	3.39	0	0	346.70	3.39	346.70	3.39	
	草皮移栽	m³					2112.00	8.72	0	0	2112.00	8.72	2112.00	8.72	
	麦冬	m²					373	5.6	0	0	373	5.6	373	5.6	
五	临时道路区			312.36		32.45		42.82		-279.91		10.37		-269.54	
(一)	工程措施			203.23				42.82		-203.23		42.82		-160.41	水土保持方案确定的量偏大，初步设计阶段界定为分部措施
1	浆砌石排水沟			189.55				20.90		-189.55		20.90		-168.65	
	边沟M7.5砂浆砌片石	m³	6334.00	189.55			1605.16	20.90	-6334.00	-189.55	1605.16	20.90	-4728.84	-168.65	
2	土地复垦	hm²	3.13	13.68	2.93	32.45	1.98	21.92	-0.20	18.77	-0.95	-10.53	-1.15	8.24	运行管理区外的临时占地措施
(二)	植物措施			109.13						-109.13		0		-109.13	临时占地面积减少

续表 4-33

项目	单位	水土保持方案 工程量	水土保持方案 投资(万元)	初步设计 工程量	初步设计 投资(万元)	实际完成 工程量	实际完成 投资(万元)	初设-方案 工程量	初设-方案 投资(万元)	实际-初设 工程量	实际-初设 投资(万元)	实际-方案 工程量	实际-方案 投资(万元)	原因分析
铺植草皮	m²	104841.00	109.13					-10841.00	-109.13	0	0	-10841.00	-109.13	施工期多采用临时措施,植物措施较少
六　移民安置区				24972.00	149.83	31900.00	73.87	24972.00	149.83	6928.00	-75.96	31900.00	73.87	水土保持方案未计列,初步设计阶段只计列了草皮,实际实施按园林设计的标准细化了苗木类型、数量和投资
绿化面积	m²			24972.00	149.83	31900.00	73.87	24972.00	149.83	6928.00	-75.96	31900.00	73.87	
喷播植草	m²					1166	0.93			1166.00	0.93	1166	0.93	
栽植灌木黄杨球	株					20	0.14			20.00	0.14	20	0.14	
栽植灌木黄杨球	株					10	0.10			10.00	0.10	10	0.10	
栽植灌木黄杨球	株					11	0.15			11.00	0.15	11	0.15	
栽植乔木桂花	株					1	0.18			1.00	0.18	1	0.18	
栽植乔木国槐	株					7	0.35			7.00	0.35	7	0.35	
栽植乔木女贞	株					250	9.78			250.00	9.78	250	9.78	
栽植乔木桂花	株					7	1.63			7.00	1.63	7	1.63	
栽植乔木桂花	株					54	3.16			54.00	3.16	54	3.16	
栽植乔木银杏	株					25	0.71			25.00	0.71	25	0.71	
栽植乔木棕榈	株					1	0.11			1.00	0.11	1	0.11	
栽植乔木女贞	株					10	2.52			10.00	2.52	10	2.52	
栽植乔木碧桃	株					109	0.88			109.00	0.88	109	0.88	
栽植乔木辛夷	株					25	0.25			25.00	0.25	25	0.25	
栽植乔木棕榈	株					36	0.72			36.00	0.72	36	0.72	
栽植乔木法桐	株					2	1.07			2.00	1.07	2	1.07	

续表4-33

项目	单位	水土保持方案		初步设计		实际完成		初设-方案		实际-初设		实际-方案		原因分析
		工程量	投资(万元)	工程量	投资(万元)	工程量	投资(万元)	工程量	投资(万元)	工程量	投资(万元)	工程量	投资(万元)	
栽植乔木紫荆	株					183	1.99	0	0	183.00	1.99	183	1.99	水土保持方案未计列,初步设计阶段只计列了草皮,实际实施按园林设计的标准苗林类型,数量和投资
栽植乔木枇杷	株					40	0.46	0	0	40.00	0.46	40	0.46	
栽植乔木棕榈	株					3	0.15	0	0	3.00	0.15	3	0.15	
栽植乔木棕桐	株					3	0.11	0	0	3.00	0.11	3	0.11	
栽植乔木法桐	株					18	0.27	0	0	18.00	0.27	18	0.27	
栽植乔木广玉兰	株					21	0.79	0	0	21.00	0.79	21	0.79	
栽植乔木桂花	株					10	0.17	0	0	10.00	0.17	10	0.17	
栽植乔木红叶李	株					28	0.53	0	0	28.00	0.53	28	0.53	
栽植乔木金森女贞球	株					379	6.09	0	0	379.00	6.09	379	6.09	
栽植乔木石榴	株					4	0.08	0	0	4.00	0.08	4	0.08	
栽植乔木辛夷	株					66	3.14	0	0	66.00	3.14	66	3.14	
栽植乔木紫薇	株					33	1.17	0	0	33.00	1.17	33	1.17	
栽植乔木女贞	株					48	1.24	0	0	48.00	1.24	48	1.24	
栽植乔木法桐	株					1	0.05	0	0	1.00	0.05	1	0.05	
栽植乔木法桐	株					6	0.24	0	0	6.00	0.24	6	0.24	
栽植乔木合欢	株					2	0.05	0	0	2.00	0.05	2	0.05	
栽植乔木红叶石楠球	株					131	2.75	0	0	131.00	2.75	131	2.75	
栽植乔木辛夷	株					5	0.70	0	0	5.00	0.70	5	0.70	
栽植乔木雪松	株					45	2.42	0	0	45.00	2.42	45	2.42	
栽植乔木栾树	株					220	5.94	0	0	220.00	5.94	220	5.94	

续表 4-33

项目	单位	水土保持方案 工程量	水土保持方案 投资（万元）	初步设计 工程量	初步设计 投资（万元）	实际完成 工程量	实际完成 投资（万元）	初设-方案 工程量	初设-方案 投资（万元）	实际-初设 工程量	实际-初设 投资（万元）	实际-方案 工程量	实际-方案 投资（万元）	原因分析
栽植花卉二月兰	株					20	0.14	0	0	20.00	0.14	20	0.14	水土保持方案未计列,初步设计阶段只计列了草皮,实际实施按绿化林设计的标准细化了苗木类型数量和投资
栽植花卉金森女贞营养杯	株					100	4.60	0	0	100.00	4.60	100	4.60	
栽植花卉月季营养杯	株					1320	11.02	0	0	1320.00	11.02	1320	11.02	
栽植花卉 草本花 葱兰麦冬	株					600	1.71	0	0	600.00	1.71	600	1.71	
栽植花卉 草本花 红石榴球	株					560	1.54	0	0	560.00	1.54	560	1.54	
栽植竹类竹子	株					158	0.72	0	0	158.00	0.72	158	0.72	
栽植灌木大花月季	株					15	0.07	0	0	15.00	0.07	15	0.07	
栽植乔木大核桃树	株					1	0.06	0	0	1.00	0.06	1	0.06	
栽植乔木石楠	株					17	0.03	0	0	17.00	0.03	17	0.03	
栽植乔木香樟7~8 cm	株					118	1.42	0	0	118.00	1.42	118	1.42	
栽植乔木牛筋树8 cm	株					12	0.23	0	0	12.00	0.23	12	0.23	
栽植乔木青桐8~10 cm	株					68	1.06	0	0	68.00	1.06	68	1.06	
总计			925.76		922.58		1343.48		-3.18		420.9		417.72	

表 4-34　水土保持方案、初步设计与实际完成水土保持措施工程量及投资对比分析与变化原因（方案新增）

项目	单位	水土保持方案 工程量	水土保持方案 投资（万元）	初步设计 工程量	初步设计 投资（万元）	实际完成 工程量	实际完成 投资（万元）	初设-方案 工程量	初设-方案 投资（万元）	实际-初设 工程量	实际-初设 投资（万元）	实际-方案 工程量	实际-方案 投资（万元）	变化原因分析
一　工程措施			1917.4		2179.36		2417.33		261.96		237.97		499.93	
（一）主体工程区					565.49		993.37		565.49		427.88		993.37	

续表4-34

项目	单位	水土保持方案		初步设计		实际完成		初设－方案		实际－初设		实际－方案		变化原因分析
		工程量	投资(万元)	工程量	投资(万元)	工程量	投资(万元)	工程量	投资(万元)	工程量	投资(万元)	工程量	投资(万元)	
1 高次团粒客土喷播	m²			37184	565.49	15000	397.50	37184.00	565.49	-22184.00	-167.99	15000.00	397.50	与初步设计相比减少的主要原因是增加工程防护网络植草防护
2 六棱块植草砖	m²					1383	29.04	0	0	1383.00	29.04	1383.00	29.04	
3 种植土回填	m³					190863.97	445.37	0	0	190863.97	445.37	190863.97	445.37	重大设计变更措施,计入新增措施
4 整理绿化用地	m²					153843.18	66.53	0	0	153843.18	66.53	153843.18	66.53	
5 排水系统						0	53.67	0	0	0	53.67	0	53.67	
混凝土	m³					380	26.00	0	0	380.00	26.00	380.00	26.00	
砖砌	m³					48	3.12	0	0	48.00	3.12	48.00	3.12	
土方开挖	m³					10723	13.44	0	0	10723.00	13.44	10723.00	13.44	
浆砌石	m³					142.49	11.11	0	0	142.49	11.11	142.49	11.11	
(二) 业主营地							3.90		0		3.90		3.90	
1 整理绿化地	m²					2171.98	0.83	0	0	2171.98	0.83	2171.98	0.83	
2 花池内覆土	m³					9.33	0.02	0	0	9.33	0.02	9.33	0.02	
3 植草砖	m²					407.35	3.05	0	0.	407.35	3.05	407.35	3.05	
(三) 料场防治区			85.2		184.2		247.61		99.00		63.41		162.41	与方案和初步设计相比,实际剥离量略有减少
1 1号土料场(表土剥离)	m³	15300	21.88	15300	23.12	13800	21.39		1.24		-1.73		-0.49	
表土运输(表土剥离)	m³		21.88		23.12		21.39		1.24	-1500.00	-1.73	-1500.00	-0.49	
2 2号土料场(表土剥离)	m³	9000	12.87	9000	13.6	8200	12.71		0.73		-0.89		-0.16	
表土运输(表土剥离)	m³		12.87		13.6		12.71		0.73	-800.00	-0.89	-800.00	-0.16	

续表 4.34

序号	项目	单位	水土保持方案 工程量	水土保持方案 投资(万元)	初步设计 工程量	初步设计 投资(万元)	实际完成 工程量	实际完成 投资(万元)	初设－方案 工程量	初设－方案 投资(万元)	实际－初设 工程量	实际－初设 投资(万元)	实际－方案 工程量	实际－方案 投资(万元)	变化原因分析
3	石料场			50.45				213.51			-50.45		213.51		163.06	
3.1	排水沟			7.32		8.64		0			1.32		-8.64		-7.32	根据石料场的实际地形情况,排水沟变更取消
	土方开挖	m³	467.4	0.21	607.6	0.24		0	140.20	0.03	-607.60	-0.24	-467.40	-0.21	
	浆砌石	m³	307.8	7.11	400.14	8.4		0	92.34	1.29	-400.14	-8.40	-307.80	-7.11	
3.2	挡渣墙			43.14		46.74		213.51			3.60		166.77		170.37	为防止石料场扰动边坡和个别散落碎石的滑落,在坡脚下增设挡墙,并填土植草
	土方开挖	m³					44200.8	9.02	0	0	44200.80	9.02	44200.80	9.02	
	干砌石						756.24	8.32	0	0	756.24	8.32	756.24	8.32	
	覆土	m³	27936	43.14	35028	46.74	130030.75	196.18	7092.00	3.60	95002.75	149.44	102094.75	153.04	
(四)	施工生产生活区			13.89				3.06		-13.89		3.06		-10.83	
	土地整治	m²	93600	13.89			42500	3.06	-93600.00	-13.89	42500.00	3.06	-51100.00	-10.83	新增占地面积减少
(五)	弃渣场防治区			1538.79		614.88		700.41		-923.91		85.53		-838.38	
1	1号弃渣场	m³		295.93		110.22		107.02		-185.71		-3.20		-188.91	
1.1	表土剥离	m³	5490	2.01	3000	1	2850	0.95	-2490.00	-1.01	-150.00	-0.05	-2640.00	-1.06	表土剥离量与方案基本一致,略有减少
1.2	挡渣墙			23.31		11.36		66.61		-11.95		55.25		43.30	
	浆砌石	m³	1123.5	23.15	606.69	11.36	1949.92	50.10	-516.81	-11.79	1343.23	38.74	826.42	26.95	与初步设计和方案相比增加多
	石方开挖	m³					1800.40	18.55	0	0	1800.40	18.55	1800.40	18.55	
1.3	排水沟	m³		213.59		66.02		37.96		-147.57		-28.06		-175.63	

续表4-34

项目	单位	水土保持方案		初步设计		实际完成		初设-方案		实际-初设		实际-方案		变化原因分析
		工程量	投资(万元)	工程量	投资(万元)	工程量	投资(万元)	工程量	投资(万元)	工程量	投资(万元)	工程量	投资(万元)	
土方开挖	m³	17941	7.91	6099.87	2.44	1536.76	1.77	-11840.93	-5.47	-4563.11	-0.67	-16404.04	-6.14	
浆砌石	m³	8902.4	205.68	3026.82	63.58	760	13.45	-5875.58	-142.10	-2266.82	-50.13	-8142.40	-192.23	1号弃场部分采用现浇混凝土,排水沟、浆砌石量减少
60 mm厚C20混凝土	m³					95.82	3.46	0	0	95.82	3.46	95.82	3.46	
土方回填	m³					887.6	0.97	0	0	887.60	0.97	887.60	0.97	
明渠段C15混凝土垫层	m³					35.8	1.38	0	0	35.80	1.38	35.80	1.38	
排水沟C25混凝土	m³					72.1	7.43	0	0	72.10	7.43	72.10	7.43	
涵管段混凝土基础	m³					22.11	0.85	0	0	22.11	0.85	22.11	0.85	
涵管安装	m					33	4.69	0	0	33.00	4.69	33.00	4.69	
排水沟钢筋制作及安装	t					9.041	3.95	0	0	9.04	3.95	9.04	3.95	
1.4 削坡开级	m³	6588	7.81	3600	4.08			-2988.00	-3.73	-3600.00	-4.08	-6588.00	-7.81	1号弃渣场采用
1.5 菱形网格	m³		40.73		23.68				-17.05		-23.68		-40.73	植草护坡,未实施
浆砌石	m³	1976.4	40.73	1080	23.68			-896.40	-17.05	-1080.00	-23.68	-1976.40	-40.73	骨架护坡
1.6 渣面覆土	m³		8.48		4		1.49		-4.48		-2.51		-6.99	
土方量	m³	5490	8.48	3000	4	1150	1.49	-2490.00	-4.48	-1850.00	-2.51	-4340.00	-6.99	
2 2号弃渣场			663.82		296.53		441.99		-367.29		145.46		-221.83	
2.1 表土剥离	m³	34050	12.47	10020	3.34	10600	3.53	-24030.00	-9.13	580.00	0.19	-23450.00	-8.94	实际剥离量与方案相比减少,与初步设计相比有所增加。主要是经初步设计阶段优化,2号弃渣场占地面积减少

续表 4.34

序号	项目	单位	水土保持方案		初步设计		实际完成		初设-方案		实际-初设		实际-方案		变化原因分析
			工程量	投资(万元)	工程量	投资(万元)	工程量	投资(万元)	工程量	投资(万元)	工程量	投资(万元)	工程量	投资(万元)	
2.2	挡渣墙			103.23		74.15		76.00	0	-29.08	0	1.85	0	-27.23	
	土方开挖	m³	1685.1	0.74	1332.5	0.53	292.05	0.52	-352.60	-0.21	-1040.45	-0.01	-1393.05	-0.22	
	M7.5砂浆砌30号块石	m³	4973.1	102.49	3932.5	73.62	1733.55	37.06	-1040.60	-28.87	-2198.95	-36.56	-3239.55	-65.43	按实际计量计列
	C15混凝土	m³					238.55	17.40	0	0	238.55	17.40	238.55	17.40	
	φ100PVC排水管	m					499.5	1.82	0	0	499.50	1.82	499.50	1.82	
	土方(石渣)回填	m³					8923.13	19.19	0	0	8923.13	19.19	8923.13	19.19	
2.3	排水系统			28.79		112.94		121.25	0	84.15	0	8.31	0	92.46	
	土方开挖	m³	14854	6.55	9482.3	3.8	5960.97	2.37	-5371.80	-2.75	-3521.33	-1.43	-8893.13	-4.18	
	M7.5砂浆砌30号块石砌筑	m³	8133.1	187.91	5196.2	109.14	4643.36	100.11	-2936.90	-78.77	-552.84	-9.03	-3489.74	-87.80	增加现浇混凝土排水沟
	石方开挖	m³					7252.15	12.74	0	0	7252.15	12.74	7252.15	12.74	
	土方(石渣)回填	m³					3955.03	5.35	0	0	3955.03	5.35	3955.03	5.35	
	阀门井一般抹面	m²					104	0.22	0	0	104.00	0.22	104.00	0.22	
	C20混凝土排水沟	m³					12.94	0.47	0	0	12.94	0.47	12.94	0.47	
2.4	削坡开级土方	m³	40860	48.47	12024	13.64	5565.9	9.95	-28836.00	-34.83	-6458.10	-3.69	-35294.10	-38.52	实际结算工程量和投资较少
2.5	菱形网络护坡			252.62		79.09		84.49		-173.53		5.40		-168.13	
	护坡浆砌石砌筑	m³	12258	252.62	3607.2	79.09	2748.13	65.18	-8650.80	-173.53	-859.07	-13.91	-9509.87	-187.44	设计量偏大
	坡面平整	m²					20885	3.05	0	0	20885.00	3.05	20885.00	3.05	
	网格内覆植物土	m³					3993.35	2.12	0	0	3993.35	2.12	3993.35	2.12	
	土方(石渣)开挖	m³					873.64	1.56	0	0	873.64	1.56	873.64	1.56	
	M7.5砂浆砌机制砖	m³					232.83	9.86	0	0	232.83	9.86	232.83	9.86	
	土方回填	m³					1260.73	2.71	0	0	1260.73	2.71	1260.73	2.71	

续表4-34

序号	项目	单位	水土保持方案 工程量	水土保持方案 投资(万元)	初步设计 工程量	初步设计 投资(万元)	实际完成 工程量	实际完成 投资(万元)	初设-方案 工程量	初设-方案 投资(万元)	实际-初设 工程量	实际-初设 投资(万元)	实际-方案 工程量	实际-方案 投资(万元)	变化原因分析
2.6	渣面整治			52.58		13.37		146.77		-39.21		133.40		94.19	
	覆土	m³	34050	52.58	10020	13.37	64356.13	138.76	-24030.00	-39.21	54336.13	125.39	30306.13	86.18	种植果树，覆土量加大
	土方开挖	m³					6161.7	8.01			6161.70	8.01	6161.70	8.01	
3	3号弃渣场	m³		229.05		208.13		151.40		-20.92		-56.73		-77.65	
3.1	表土剥离	m³	11460	4.2			10800	3.67	-11460.00	-4.20	10800.00	3.67	-660.00	-0.53	
3.2	挡渣墙			26.9		24.44		14.10		-2.46		-10.34		-12.80	
	土方开挖	m³	407.55	0.18	407.55	0.16	6617.05	1.35	0	-0.02	6209.50	1.19	6209.50	1.17	
	M7.5砂浆砌30号块石	m³	1296.8	26.72	1296.75	24.28	622.84	24.64	0	-2.44	-673.91	0.36	-673.91	-2.08	数量增加
3.3	排水系统			78.92		71.74		89.29		-7.18		17.55		10.37	
	土方开挖	m³	6326.4	2.79	6326.6	2.53	936.61	0.19	0.20	-0.26	-5389.99	-2.34	-5389.79	-2.60	实际计价的土方量减少
	M7.5砂浆砌30号块石	m³	3295	76.13	3295	69.21	4258.01	87.40	0	-6.92	963.01	18.19	963.01	11.27	浆砌石数量增加
	土方回填(压实)	m³					400.63	0.35	0	0	400.63	0.35	400.63	0.35	
3.4	削坡开级	m³	13752	16.31	13752	15.6	13752		0	-0.71	-13752.00	-15.60	-13752.00	-16.31	
3.5	菱形网格护坡			85.02		77.24		1.19		-7.78		-76.05		-83.83	结算时，浆砌石未单独计列，与挡渣墙和排水系统合并
	M7.5砂浆砌30号块石	m³	4125.6	85.02	4125.6	77.24		0	0	-7.78	-4125.60	-77.24	-4125.60	-85.02	
	坡面平整	m²					10801.2	0.70	0	0	10801.20	0.70	10801.20	0.70	
	坡面覆土	m³					2141.45	0.49	0	0	2141.45	0.49	2141.45	0.49	
3.6	场地平整	m²					0	35.00	0	0	0	35.00	0	35.00	3号渣场场地平整量计量投资
	土方开挖	m³					41761.3	8.52	0	0	41761.30	8.52	41761.30	8.52	
	土方回填	m³					30336.1	26.48	0	0	30336.10	26.48	30336.10	26.48	

续表 4-34

序号	项目	单位	水土保持方案		初步设计		实际完成		初设-方案		实际-初设		实际-方案		变化原因分析
			工程量	投资(万元)	工程量	投资(万元)	工程量	投资(万元)	工程量	投资(万元)	工程量	投资(万元)	工程量	投资(万元)	
3.7	渣面覆土			17.7		15.29		8.15		-2.41		-7.14		-9.55	部分计入边坡覆土
4	土方量	m³	11460	17.7	11460	15.29	35570.837	8.15	0	-2.41	24110.84	-7.14	24110.84	-9.55	
	4号弃渣场			349.99						-349.99	0	0	0	-349.99	在初步设计阶段,4号弃渣场取消
4.1	排水沟			14.04						-14.04	0	0		-14.04	
	浆砌石	m³	607.5	14.04					-607.50	-14.04	0	0	-607.50	-14.04	
4.2	削坡开级	m³	30420	36.08					-30420.00	-36.08	0	0	-30420.00	-36.08	
4.3	菱形网格护坡	m³	12168	250.76					-12168.00	-250.76	0	0	-12168.00	-250.76	
4.4	渣面覆土护坡	m³	31800	49.1					-31800.00	-49.10	0	0	-31800.00	-49.10	
(六)	临时堆料场防治区			25.11				21.35	0	-25.11	0	21.35	0	-3.76	
1	1号堆料场			22.36		1.5		18.81		-20.86		17.31		-3.55	
1.1	表土剥离	m³	56430	20.67			56500	18.81	-56430.00	-20.67	56500.00	18.81	70.00	-1.86	表土剥离量略有增加
1.2	覆土	m³	33858	1.69	30024	1.5		0	-3834.00	-0.19	-30024.00	-1.50	-33858.00	-1.69	
2	2号堆料场			2.75				2.53		-2.75		2.53		-0.22	计入主体工程区
	表土剥离	m³	7500	2.75			7600	2.53	-7500.00	-2.75	7600.00	2.53	100.00	-0.22	表土剥离量略有增加
(七)	移民专项设施防治区			251.04					0	-251.04	0	0	0	-251.04	

序号	项目	单位	水土保持方案 工程量	水土保持方案 投资(万元)	初步设计 工程量	初步设计 投资(万元)	实际完成 工程量	实际完成 投资(万元)	初设－方案 工程量	初设－方案 投资(万元)	实际－初设 工程量	实际－初设 投资(万元)	实际－方案 工程量	实际－方案 投资(万元)	变化原因分析
1	连接路养渣场			69.19					0	-69.19	0	0	0	-69.19	
1.1	挡渣墙			21.43					0	-21.43	0	0	0	-21.43	
	土方开挖	m³	250.6	0.11	250.6	0.1			0	-0.01	-250.60	-0.10	-250.60	-0.11	由于移民专项连接路位于平原区,实际施工中,土石方挖填平衡,无须设置养渣场
	浆砌石	m³	1034.4	21.32	1034.36	19.36			0	-1.96	-1034.36	-19.36	-1034.36	-21.32	
1.2	浆砌石排水沟	m³		14.68						-14.68				-14.68	
	土方开挖	m³	1174.4	0.52	1174.4	0.47			0	-0.05	-1174.40	-0.47	-1174.40	-0.52	
	浆砌石	m³	613	14.16	613	12.88			0	-1.28	-613.00	-12.88	-613.00	-14.16	
1.3	菱形网格护坡	m²	1120	23.08					-1119.98	-23.08	0	0	-1119.98	-23.08	
1.4	渣面整治	m²	21900	3.25	21900	3.49			0	0.24	-21900.00	-3.49	-21900.00	-3.25	
1.5	渣面覆土	m³	4373.3	6.75	4373.3	5.84			0	-0.91	-4373.30	-5.84	-4373.30	-6.75	
2	恢复道路养渣场			172.33					0	-172.33	0	0	0	-172.33	
2.1	挡渣墙	m³		53.37						-53.37				-53.37	
	土方开挖	m³	624.18	0.28	624.18	0.25			0	-0.03	-624.18	-0.25	-624.18	-0.28	
	浆砌石	m³	2576.3	53.09	2576.27	48.23			0	-4.86	-2576.27	-48.23	-2576.27	-53.09	
2.2	浆砌石排水沟	m³		36.56						-36.56				-36.56	初步设计阶段,库周围路取消
	土方开挖	m³	2925.1	1.29	2925.07	1.17			0	-0.12	-2925.07	-1.17	-2925.07	-1.29	
	浆砌石	m³	1526.8	35.28	1526.79	32.07			0	-3.21	-1526.79	-32.07	-1526.79	-35.28	
2.3	菱形网格护坡	m²	2789.5	57.49					-2789.53	-57.49	0	0	-2789.53	-57.49	
2.4	渣面整治	m²	54500	8.09	54500	8.67			0	0.58	-54500.00	-8.67	-54500.00	-8.09	
2.5	渣面覆土	m³	10893	16.82	10892.53	14.53			0	-2.29	-10892.53	-14.53	-10892.53	-16.82	

续表 4-34

序号	项目	单位	水土保持方案		初步设计		实际完成		初设-方案		实际-初设		实际-方案		变化原因分析
			工程量	投资(万元)	工程量	投资(万元)	工程量	投资(万元)	工程量	投资(万元)	工程量	投资(万元)	工程量	投资(万元)	
3	引水隧洞弃渣场			9.52		5.79				-3.73		-5.79		-9.52	水土保持方案设计中和初步设计的方式比以类置弃渣场，实际开挖量仅有 1.16 万 m³。全部作坝前压至坝后压戗粒料综合利用
3.1	挡渣墙			2.95						-2.95		0		-2.95	
	土方开挖	m³	34.49	0.02	34.49	0.01			0	-0.01	-34.49	-0.01	-34.49	-0.02	
	浆砌石	m³	142.37	2.93	142.37	2.67			0	-0.26	-142.37	-2.67	-142.37	-2.93	
3.2	浆砌石排水沟			2.02						-2.02		0		-2.02	
	土方开挖	m³	161.65	0.07	161.65	0.06			0	-0.01	-161.65	-0.06	-161.65	-0.07	
	浆砌石	m³	84.38	1.95	84.38	1.77			0	-0.18	-84.38	-1.77	-84.38	-1.95	
3.3	菱形网格护坡	m²	154.16	3.18					-154.16	-3.18	0	0	-154.16	-3.18	
3.4	渣面整治	m²	3000	0.45	3000	0.48			0	0.03	-3000.00	-0.48	-3000.00	-0.45	
3.5	渣面覆土	m³	601.96	0.93	601.96	0.8			0	-0.13	-601.96	-0.80	-601.96	-0.93	
(八)	永久道路区							439.38		0		439.38		439.38	
1	1 号道路					0.64		3.24		0.64		2.60		3.24	
1.1	排水沟侧墙加高					0.64		3.24		0.64		2.60		3.24	
	M7.5 砂浆砌 30 号块石	m³			29	0.61	134.53	2.49	29.00	0.61	105.53	1.88	134.53	2.49	与设计量相比增加较多
	覆土	m³			25	0.03	400.17	0.75	25.00	0.03	375.17	0.72	400.17	0.75	
2	2 号道路					414.74		279.88		414.74		-134.86		279.88	
2.1	高次团粒客土喷播（喷混凝土）	m²			5380	81.82	0	0	5380.00	81.82	-5380.00	-81.82	0	0	实际采用网格护坡
2.2	高次团粒客土喷播（裸边坡）	m²			3447	43.35	0	0	3447.00	43.35	-3447.00	-43.35	0	0	护坡
2.3	排水沟侧墙加高					4.54		53.70		4.54		49.16		53.70	

序号	项目	单位	水土保持方案		初步设计		实际完成		初设-方案		实际-初设		实际-方案		变化原因分析
			工程量	投资(万元)	工程量	投资(万元)	工程量	投资(万元)	工程量	投资(万元)	工程量	投资(万元)	工程量	投资(万元)	
	M7.5 砂浆砌 30 号块石	m³			205	4.31	591.78	10.95	205.00	4.31	386.78	6.64	591.78	10.95	
	覆土	m³			171	0.23	11882.4	42.75	171.00	0.23	11711.40	42.52	11882.40	42.75	
2.4	挡渣墙					15.37		11.29		15.37		-4.08		11.29	
	M7.5 砂浆砌 30 号块石	m³			817	15.3	456.84	10.20	817.00	15.30	-360.16	-5.10	456.84	10.20	
	土方开挖	m³			167	0.07	380	0.51	167.00	0.07	213.00	0.44	380.00	0.51	
	砖砌(挡渣墙)	m³					13.66	0.58			13.66	0.58	13.66	0.58	
2.5	网格骨架护坡					37.33		14.87		37.33		-22.46		14.87	植生袋面积增加
	M7.5 砂浆砌 30 号块石	m³			1711	37.24	150.06	2.70	1711.00	37.24	-1560.94	-34.54	150.06	2.70	
	土方开挖	m³			226	0.09	0	0	226.00	0.09	-226.00	-0.09	0	0	
	坡面覆盖植物土(网格内)	m³					6227.495	12.17	0	0	6227.50	12.17	6227.50	12.17	
2.6	排水系统					12.28		12.35		12.28		0.07		12.35	实际实施的工程量增加,投资增加
	M7.5 砂浆砌 30 号块石	m³			472	10.14	563.56	12.06	472.00	10.14	91.56	1.92	563.56	12.06	
	干砌石	m³			139	1.63	0	0	139.00	1.63	-139.00	-1.63	0	0	
	土方开挖	m³			1270	0.51	109.06	0.29	1270.00	0.51	-1160.94	-0.22	109.06	0.29	
2.7	生态袋铺设	m²			10313	186.24	0	0	10313.00	186.24	-10313.00	-186.24	0	0	
2.8	植生袋铺设	m²				19.23		180.04		19.23		160.81		180.04	植生袋实施量增加
	镀锌铁丝网	m²				3.37	2600	3.37			2600.00	3.37	2600.00	3.37	
	锚杆	根				6.87	2600	6.87			2600.00	6.87	2600.00	6.87	
	木签	根				5.26	47800	5.26			47800.00	5.26	47800.00	5.26	
	植生袋	m²			4549	19.23	25263.67	164.54	4549.00	19.23	20714.67	145.31	25263.67	164.54	

续表 4-34

序号	项目	单位	水土保持方案 工程量	水土保持方案 投资(万元)	初步设计 工程量	初步设计 投资(万元)	实际完成 工程量	实际完成 投资(万元)	初设-方案 工程量	初设-方案 投资(万元)	实际-初设 工程量	实际-初设 投资(万元)	实际-方案 工程量	实际-方案 投资(万元)	变化原因分析
2.9	坡面整治					14.59		4.10	0	14.59		-10.49		4.10	
	坡面覆土	m³			6683	8.92	3064.32	4.10	6683.00	8.92	-3618.68	-4.82	3064.32	4.10	
	削坡	m³			5000	5.67		0	5000.00	5.67	-5000.00	-5.67	0	0	
2.1	绿地整理	m²					2892	3.53	0	0	2892.00	3.53	2892.00	3.53	增加措施布设
3	3号道路							5.48				5.48		5.48	
3.1	绿化地整治	m²					880	0.41			880.00	0.41	880.00	0.41	
3.2	挂网喷播	m²					70.43	5.07			70.43	5.07	70.43	5.07	
4	4号道路					206.64		147.16		206.64		-59.48		147.16	
4.1	高次团粒喷播（混凝土）	m²			1848	28.1	0	0	1848.00	28.10	-1848.00	-28.10	0	0	实际未实施,采用骨架和植生袋护坡
4.2	高次团粒喷播（裸边坡）	m²			2111	26.55	0	0	2111.00	26.55	-2111.00	-26.55	0	0	
4.3	排水沟侧端加高	m³				4.64		14.65	0	4.64	0	10.01	0	14.65	侧墙加高的措施量增加,浆砌石量和覆土增加,投资增加
	M7.5砂浆砌30号块石	m³			210	4.41	633.92	11.73	210.00	4.41	423.92	7.32	633.92	11.73	
	覆土	m³			175	0.23	1553.83	2.92	175.00	0.23	1378.83	2.69	1553.83	2.92	
4.4	坡面整治					7.92		19.64		7.92		11.72		19.64	与初步设计相比工程量和投资均有增加
	削坡	m³			4000	4.54	5623	10.52	4000.00	4.54	1623.00	5.98	5623.00	10.52	
	坡面覆土	m³			2533	3.38	4668.79	9.13	2553.00	3.38	2135.79	5.75	4668.79	9.13	
4.5	挡渣墙	m³				9.17		6.12		9.17		-3.05		6.12	

项目	单位	水土保持方案		初步设计		实际完成		初设－方案		实际－初设		实际－方案		变化原因分析
		工程量	投资(万元)	工程量	投资(万元)	工程量	投资(万元)	工程量	投资(万元)	工程量	投资(万元)	工程量	投资(万元)	
M7.5 砂浆砌 30 号块石	m³			485	9.08	255.04	4.59	485.00	9.08	-229.96	-4.49	255.04	4.59	
土方开挖	m³			230	0.09	376.23	0.91	230.00	0.09	146.23	0.82	376.23	0.91	措施量增加
砖砌	m³					14.77	0.63	0	0	14.77	0.63	14.77	0.63	
4.6 排水系统					7.43		12.11		7.43		4.68		12.11	
M7.5 砂浆砌 30 号块石	m³			249	5.46	338.04	6.26	249.00	5.46	89.04	0.80	338.04	6.26	
干摆石	m³			139	1.63	0	0	139.00	1.63	-139.00	-1.63	0	0	
石方开挖	m³			844	0.34	225.46	0.61	844.00	0.34	-618.54	0.27	225.46	0.61	措施量增加
砖砌排水沟	m³					51.79	2.19	0	0	51.79	2.19	51.79	2.19	
C25 混凝土急流槽	m³					74.17	3.06	0	0	74.17	3.06	74.17	3.06	
4.7 网格骨架护坡					8.35		5.69		8.35		-2.66		5.69	
M7.5 砂浆砌 30 号块石	m³			377	8.27	312.12	5.61	377.00	8.27	-64.88	-2.66	312.12	5.61	实际实施的网格护坡面积略有减少,植生袋面积增加
土方开挖	m³			206	0.08	29.21	0.08	206.00	0.08	-176.79	0	29.21	0.08	
4.8 生态袋铺设	m²			6339	114.48	13097.28	88.94	6339.00	114.48	6758.28	-25.54	13097.28	88.94	
生态袋	m²			400	114.48	400	85.30	400.00	114.48	400.00	-29.18	400.00	85.30	
镀锌铁丝网	根			400		400	0.52	400.00	0	400.00	0.52	400.00	0.52	植生袋护坡面积增加
锚杆	根					400	1.06	400.00	0	400.00	1.06	400.00	1.06	
木签						18750	2.06	18750.00	0	18750.00	2.06	18750.00	2.06	
5 5 号道路				160	113.76		3.63	160.00	113.76	-160.00	-110.13		3.63	
5.1 高次团粒客土喷播					2.01				2.01		-2.01	0	0	未实施

续表4-34

序号	项目	单位	水土保持方案 工程量	水土保持方案 投资(万元)	初步设计 工程量	初步设计 投资(万元)	实际完成 工程量	实际完成 投资(万元)	初设-方案 工程量	初设-方案 投资(万元)	实际-初设 工程量	实际-初设 投资(万元)	实际-方案 工程量	实际-方案 投资(万元)	变化原因分析
5.2	网架护坡					11.67			0	11.67	0	-11.67	0	0	
	浆砌石	m³			530	11.62			530.00	11.62	-530.00	-11.62	0	0	
	土方开挖	m³			128	0.05			128.00	0.05	-128.00	-0.05	0	0	
5.3	整理绿化用地	m²					3297.11	1.54	0	0	3297.11	1.54	3297.11	1.54	
5.4	种植土回填	m³					2104.63	2.09	0	0	2104.63	2.09	2104.63	2.09	
(九)	临时道路区					113.76		8.26	0	113.76	0	-105.50	0	8.26	按水土保持方案设计，排水量计入主体工程区
1	7号路开挖边坡								0	0	0	0	0	0	
1.1	高次团粒喷播（喷混凝土）				445	6.77			445.00	6.77	-445.00	-6.77	0	0	
1.2	高次团粒喷播（裸边坡）				605	7.61			605.00	7.61	-605.00	-7.61	0	0	
1.3	排水沟侧墙加高								0	0	0	0	0	0	
2	7号路高填方边坡								0	0	0	0	0	0	
2.1	生态袋铺设								0	0	0	0	0	0	
	浆砌石	m³			126	2.65			126.00	2.65	-126.00	-2.65	0	0	
	覆土	m³			105	0.14			105.00	0.14	-105.00	-0.14	0	0	
	生态袋				4808	86.83			4808.00	86.83	-4808.00	-86.83	0	0	
2.2	坡面挖渣								0	0	0	0	0	0	
	削坡	m³			3000	3.4			3000.00	3.40	-3000.00	-3.40	0	0	
2.3	挡渣墙								0	0	0	0	0	0	
	浆砌石	m³			203	3.8			203.00	3.80	-203.00	-3.80	0	0	
	土方开挖	m³			56	0.02			56.00	0.02	-56.00	-0.02	0	0	

序号	项目	单位	水土保持方案 工程量	水土保持方案 投资(万元)	初步设计 工程量	初步设计 投资(万元)	实际完成 工程量	实际完成 投资(万元)	初设-方案 工程量	初设-方案 投资(万元)	实际-初设 工程量	实际-初设 投资(万元)	实际-方案 工程量	实际-方案 投资(万元)	变化原因分析
2.4	急流槽														按水土保持方案设计，排水计入主体工程区
	浆砌石	m³			89	1.95			89.00	1.95	-89.00	-1.95	0	0	
	干摆石	m³			42	0.49			42.00	0.49	-42.00	-0.49	0	0	
	石渣开挖	m³			252	0.1			252.00	0.10	-252.00	-0.10	0	0	
3	8号道路							8.26		0		8.26		8.26	计入水土保持区
	浆砌石排水沟						500.85	8.26		0	500.85	8.26	500.85	8.26	
(十)	监测小区			3.36						-3.36		0		-3.36	
1	简易水土流失观测场			3.36						-3.36		0		-3.36	计入水土保持监测费
	土方开挖	m³	336.69	0.12	336.69	0.11			0	-0.01	-336.69	-0.11	-336.69	-0.12	
	砌砖	m³	122.3	3.24	122.3	2.95			0	-0.29	-122.30	-2.95	-122.30	-3.24	
二	植物措施			140.68		300.83		2197.54		160.15		1896.71		2056.86	
(一)	主体工程区			109.83		109.83		1444.03		0		1334.20		1444.03	
1	坝后压碱														由于重大设计变更，增加大坝下游工程，沿河道两岸的整治工程和核心滩景观，沿河绿化标准提高，使苗木品种数量增加较多
1.1	雪松														
	栽植	株			261	0.17	6	1.14	261	0.17	-255	0.97	6	1.14	
	苗木	株			266	13.47			266	13.47	-266	-13.47	0	0	
1.2	银杏														
	栽植	株			812	0.51			812	0.51	-812	-0.51	0	0	
	苗木	株			828	30.07			828	30.07	-828	-30.07	0	0	
1.3	广玉兰														
	栽植	株			498	0.32			498	0.32	-498	-0.32	0	0	
	苗木	株			508	13.41			508	13.41	-508	-13.41	0	0	

续表4-34

序号	项目		单位	水土保持方案 工程量	水土保持方案 投资(万元)	初步设计 工程量	初步设计 投资(万元)	实际完成 工程量	实际完成 投资(万元)	初设-方案 工程量	初设-方案 投资(万元)	实际-初设 工程量	实际-初设 投资(万元)	实际-方案 工程量	实际-方案 投资(万元)	变化原因分析
1.4	白皮松															由于重大设计变更,增加大坝下游河道两岸的整治工程和核心滩景观,沿河道绿化标准提高,使苗木品种、数量增加,投资增加较多
		栽植	株			247	0.16			247	0.16	−247	−0.16	0	0	
		苗木	株			252	10.67			252	10.67	−252	−10.67	0	0	
1.5	紫叶李															
		栽植	株			419	0.06			419	0.06	−419	−0.06	0	0	
		苗木	株			427	0.85			427	0.85	−427	−0.85	0	0	
1.6	垂柳															
		栽植	株			1257	0.18			1257	0.18	−1257	−0.18	0	0	
		苗木	株			1282	5.08			1282	5.08	−1282	−5.08	0	0	
1.7	石楠															
		栽植	株			767	0.02			767	0.02	−767	−0.02	0	0	
		苗木	株			782	0.71			782	0.71	−782	−0.71	0	0	
1.8	金边黄杨															
		栽植	株			10328	0.33			10328	0.33	−10328	−0.33	0	0	
		苗木	株			10535	7.76			10535	7.76	−10535	−7.76	0	0	
1.9	月季															
		栽植	株			627	0.02			627	0.02	−627	−0.02	0	0	
		苗木	株			640	0.13			640	0.13	−640	−0.13	0	0	
1.1	海棠															
		栽植	株			486	0.02			486	0.02	−486	−0.02	0	0	

续表4-34

序号	项目	单位	水土保持方案 工程量	水土保持方案 投资(万元)	初步设计 工程量	初步设计 投资(万元)	实际完成 工程量	实际完成 投资(万元)	初设－方案 工程量	初设－方案 投资(万元)	实际－初设 工程量	实际－初设 投资(万元)	实际－方案 工程量	实际－方案 投资(万元)	变化原因分析
1.11	苗木	株			496	1.56			496	1.56	-496	-1.56	0	0	
	牡丹	株								0		0	0	0	
1.12	栽植	株			200	0.01			200	0.01	-200	-0.01	0	0	
	苗木	株			204	0.83			204	0.83	-204	-0.83	0	0	
	草坪	m²								0		0	0	0	
	铺植	m²			28000	8.12			28000.00	8.12	-28000	-8.12	0	0	由于重大设计变更,增加大坝下游河道两岸的整治工程和核心滩景观,沿河道绿化标准提高,使苗木品种、数量、投资增加较多
	草坪	m²			28000	15.4			28000.00	15.40	-28000	-15.40	0	0	
1.13	丛生桂花A	株								0	0	0	0	0	
1.14	三角体架子	个								0	0	0	0	0	
1.15	树坑开挖(破碎挖运)	m³							0	0	0	0	0	0	
1.16	晚熟苹果(胸径6 cm,株间距4 m)(含一年养护)	株					46	1.32			46	1.32	46	1.32	
1.17	晚熟苹果(胸径6 cm,株间距4 m)(含一年养护)	株					5	0.14			5	0.14	5	0.14	
1.18	冬桃(胸径6 cm,株间距4 m)(含一年养护)	株					46	1.32			46	1.32	46	1.32	
1.19	冬桃(胸径6 cm,株间距4 m)(含一年养护)	株					6	0.17			6	0.17	6	0.17	
1.2	冬枣(胸径6 cm,株间距4 m)(含一年养护)	株					36	1.17			36	1.17	36	1.17	
1.21	红香酥梨(胸径6 cm,株间距4 m)(含一年养护)	株					46	1.50			46	1.50	46	1.50	

续表 4-34

项目	单位	水土保持方案		初步设计		实际完成		初设－方案		实际－初设		实际－方案		变化原因分析
		工程量	投资(万元)	工程量	投资(万元)	工程量	投资(万元)	工程量	投资(万元)	工程量	投资(万元)	工程量	投资(万元)	
1.22	红香酥梨(胸径6 cm,株间距4 m)(含一年养护)	株					9	0.29	0	0	9	0.29	9	0.29	由于重大设计变更,增加大坝下游工程和核心滩治工程,沿河道两岸的整体景观,沿工程绿化标准提高,使苗木品种、数量、投资增加较多
1.23	河沙阴软籽石榴(胸径6 cm,株间距4 m)(含一年养护)	株					36	1.36	0	0	36	1.36	36	1.36	
1.24	栽植乔木(五角枫)	株					41	1.72	0	0	41	1.72	41	1.72	
1.25	栽植乔木(皂角A)	株					3	0.13	0	0	3	0.13	3	0.13	
1.26	栽植乔木(皂角B)	株					4	0.50	0	0	4	0.50	4	0.50	
1.27	栽植乔木(柿子树)	株					4	0.17	0	0	4	0.17	4	0.17	
1.29	栽植乔木(马尾松)	株					93	14.03	0	0	93	14.03	93	14.03	
1.3	栽植乔木(乌桕)	株					23	3.91	0	0	23	3.91	23	3.91	
1.31	栽植乔木(栾树)	株					60	9.27	0	0	60	9.27	60	9.27	
1.32	栽植乔木(大叶女贞)	株					23	1.91	0	0	23	1.91	23	1.91	
1.33	栽植乔木(石楠)	株					97	2.27	0	0	97	2.27	97	2.27	
1.34	栽植乔木(桂花)	株					12	1.73	0	0	12	1.73	12	1.73	
1.35	栽植乔木(山楂)	株					22	1.25	0	0	22	1.25	22	1.25	
1.36	栽植乔木(红梅)	株					34	5.61	0	0	34	5.61	34	5.61	
1.37	栽植乔木(腊梅)	株					25	9.88	0	0	25	9.88	25	9.88	
1.38	栽植竹类	m²					11076.50	81.71	0	0	11076.50	81.71	11077	81.71	
1.39	草绳绕树干(高1 m)	株					330	0.29	0	0	330	0.29	330	0.29	
1.4	草绳绕树干(高1.5 m)	株					68	0.09	0	0	68	0.09	68	0.09	
1.41	草绳绕树干(高2.0 m)	株					275	0.49	0	0	275	0.49	275	0.49	

续表4-34

项目	单位	水土保持方案		初步设计		实际完成		初设-方案		实际-初设		实际-方案		变化原因分析
		工程量	投资(万元)	工程量	投资(万元)	工程量	投资(万元)	工程量	投资(万元)	工程量	投资(万元)	工程量	投资(万元)	
1.42 栽植灌木海桐球	株					57	0.66	0	0	57	0.66	57	0.66	
1.43 栽植灌木石楠球	株					68	1.76	0	0	68	1.76	68	1.76	
1.44 栽植灌木大叶黄杨球	株					20	0.31	0	0	20	0.31	20	0.31	
1.45 栽植灌木紫叶小檗球	株					15	0.28	0	0	15	0.28	15	0.28	
1.46 栽植花卉(红叶石楠)	m²					12022.23	20.99	0	0	12022.23	20.99	12022.23	20.99	由于重大设计变更,增加大坝下游河道和核心滩游春两岸的整治工程,沿河道绿化标准提高,使苗木品种数量增加,投资增加较多
1.47 栽植花卉金叶女贞	m²					5682	42.56	0	0	5682.00	42.56	5682.00	42.56	
1.48 栽植花卉南天竹	m²					2682	29.76	0	0	2682.00	29.76	2682.00	29.76	
1.49 栽植花卉二月兰	m²					679	3.09	0	0	679.00	3.09	679.00	3.09	
1.5 栽植花卉迎春	m²					2582	21.76	0	0	2582.00	21.76	2582.00	21.76	
1.51 栽植花卉红花酢浆草	m²					2879	8.74	0	0	2879.00	8.74	2879.00	8.74	
1.52 栽植花卉小叶黄杨	m²					3350	24.65	0	0	3350.00	24.65	3350.00	24.65	
1.53 栽植花卉海桐	m²					2529	39.89	0	0	2529.00	39.89	2529.00	39.89	
1.54 栽植花卉连翘	m²					226	1.90	0	0	226.00	1.90	226.00	1.90	
1.55 栽植花卉格桑花	m²					4865	31.24	0	0	4865.00	31.24	4865.00	31.24	
1.56 铺植草坪(矮生百慕大)	m²					24568	96.11	0	0	24568.00	96.11	24568.00	96.11	
1.57 垂丝海棠	株					47	5.17	0	0	47	5.17	47	5.17	
1.58 红叶李	株					73	6.28	0	0	73	6.28	73	6.28	
1.59 法桐	株					20	7.20	0	0	20	7.20	20	7.20	
1.6 樱花	株					124	7.19	0	0	124	7.19	124	7.19	
1.61 红叶石楠球	株					86	1.89	0	0	86	1.89	86	1.89	

续表 4.34

项目		单位	水土保持方案		初步设计		实际完成		初设-方案		实际-初设		实际-方案		变化原因分析
			工程量	投资(万元)	工程量	投资(万元)	工程量	投资(万元)	工程量	投资(万元)	工程量	投资(万元)	工程量	投资(万元)	
1.62	法国冬青	株					650	2.93	0	0	650	2.93	650	2.93	由于重大设计变更,增加大坝下游河道,沿河道的整治工程和核心滩两岸景观,沿河绿化标准提高,使苗木品种、数量增加,投资增加较多
1.63	丛生福禄考	m²					1415.20	16.98	0	0	1415.20	16.98	1415.20	16.98	
1.64	勺药	m²					175	3.85	0	0	175.00	3.85	175.00	3.85	
1.65	地被月季	m²					361.3	4.34	0	0	361.30	4.34	361.30	4.34	
1.66	香樟	株					4	1.68	0	0	4	1.68	4	1.68	
1.67	红花草	m²					1469.73	7.29	0	0	1469.73	7.29	1469.73	7.29	
1.68	栽植乔木国槐	株					8	2.94	0	0	8	2.94	8	2.94	
1.69	栽植乔木枇杷	株					14	1.04	0	0	14	1.04	14	1.04	
1.7	栽植乔木(柿子树)	株					6	0.32	0	0	6	0.32	6	0.32	
1.71	栽植乔木苹果树	株					18	0.59	0	0	18	0.59	18	0.59	
1.72	栽植乔木碧桃	株					28	0.64	0	0	28	0.64	28	0.64	
1.73	栽植乔木女贞	株					52	4.25	0	0	52	4.25	52	4.25	
1.74	栽植乔木女贞	株					40	3.27	0	0	40	3.27	40	3.27	
1.75	栽植乔木(柳树)	株					2	0.11	0	0	2	0.11	2	0.11	
1.76	栽植乔木石榴	株					8	0.28	0	0	8	0.28	8	0.28	
1.77	栽植乔木山楂	株					42	1.75	0	0	42	1.75	42	1.75	
1.78	草绳绕树干	株					96	0.08	0	0	96	0.08	96	0.08	
1.79	草绳绕树干	株					122	0.18	0	0	122	0.18	122	0.18	
1.8	栽植灌木海桐球	株					25	0.16	0	0	25	0.16	25	0.16	
1.81	栽植灌木海桐球	株					30	0.19	0	0	30	0.19	30	0.19	

续表 4-34

序号	项目	单位	水土保持方案 工程量	水土保持方案 投资(万元)	初步设计 工程量	初步设计 投资(万元)	实际完成 工程量	实际完成 投资(万元)	初设-方案 工程量	初设-方案 投资(万元)	实际-初设 工程量	实际-初设 投资(万元)	实际-方案 工程量	实际-方案 投资(万元)	变化原因分析
1.82	栽植灌木石楠球	株					45	0.32	0	0	45	0.32	45	0.32	
1.83	栽植花卉(红叶石楠)	m²					343.34	1.34	0	0	343.34	1.34	343.34	1.34	
1.84	栽植花卉金叶女贞	m²					2684.71	17.72	0	0	2684.71	17.72	2684.71	17.72	
1.85	栽植花卉小叶黄杨	m²					1078.10	8.90	0	0	1078.10	8.90	1078.10	8.90	
1.86	栽植花卉迎春	m²					82.64	0.44	0	0	82.64	0.44	82.64	0.44	
1.87	栽植花卉麦冬	m²					859.9	2.50	0	0	859.90	2.50	859.90	2.50	由于重大设计变更,增加大坝下游工程和核心滩景观,沿河道两岸的整治工程,沿河绿化标准提高,使苗木品种数量增加,投资增加较多
1.88	栽植花卉红花酢浆草	m²					15025.34	44.48	0	0	15025.34	44.48	15025.34	44.48	
1.89	栽植花卉葱兰	m²					287.44	0.96	0	0	287.44	0.96	287.44	0.96	
1.9	樱花	株					170	9.04	0	0	170.00	9.04	170	9.04	
1.91	垂丝海棠	株					60	6.03	0	0	60	6.03	60	6.03	
1.92	法桐	株					37	6.94	0	0	37	6.94	37	6.94	
1.93	红叶石楠球	株					218	4.55	0	0	218	4.55	218	4.55	
1.94	大叶黄杨	m²					890	8.22	0	0	890	8.22	890.00	8.22	
1.95	铺种缤生百慕大	m²					3093.53	12.10	0	0	3093.53	12.10	3093.53	12.10	
1.96	高杆月季	株					40	0.40	0	0	40	0.40	40	0.40	
1.97	芍药	m²					108.58	2.06	0	0	108.58	2.06	108.58	2.06	
1.98	地被月季	m²					210	3.89	0	0	210	3.89	210.00	3.89	
1.10	葡萄树	株					12	0.49	0	0	12	0.49	12	0.49	
1.101	草绳绕干1.5 m	株					267	0.38	0	0	267	0.38	267	0.38	
1.102	栽植乔木(迎客松)	株					1	0.05	0	0	1	0.05	1	0.05	

续表 4-34

项目		单位	水土保持方案		初步设计		实际完成		初设－方案		实际－初设		实际－方案		变化原因分析
			工程量	投资(万元)	工程量	投资(万元)	工程量	投资(万元)	工程量	投资(万元)	工程量	投资(万元)	工程量	投资(万元)	
1.103	栽植乔木(银杏)	株					8	0.36	0	0	8	0.36	8	0.36	由于重大设计变更，增加大坝下游河道两岸的整治工程和核心滩景观，沿河道绿化标准提高，使苗木品种、数量、投资增加较多
1.104	栽植乔木(香樟)	株					8	0.36	0	0	8	0.36	8	0.36	
1.105	栽植乔木(国槐)	株					6	0.27	0	0	6	0.27	6	0.27	
1.106	栽植乔木(国槐)	株					1	0.05	0	0	1	0.05	1	0.05	
1.107	栽植乔木(枫杨)	株					63	5.05	0	0	63	5.05	63	5.05	
1.108	栽植乔木(法桐)	株					116	5.24	0	0	116	5.24	116	5.24	
1.109	栽植乔木(垂柳)	株					44	2.54	0	0	44	2.54	44	2.54	
1.11	栽植乔木(栾树)	株					9	1.24	0	0	9	1.24	9	1.24	
1.111	栽植乔木(栾树)	株					7	0.97	0	0	7	0.97	7	0.97	
1.112	栽植乔木(女贞)	株					27	2.12	0	0	27	2.12	27	2.12	
1.113	栽植乔木(紫叶李)	株					28	2.11	0	0	28	2.11	28	2.11	
1.114	栽植乔木(石榴)	株					37	1.52	0	0	37	1.52	37	1.52	
1.115	栽植乔木(腊梅)	株					33	1.22	0	0	33	1.22	33	1.22	
1.116	栽植乔木(腊梅)	株					1	0.04	0	0	1	0.04	1	0.04	
1.117	栽植乔木(山楂)	株					27	1.38	0	0	27	1.38	27	1.38	
1.118	栽植乔木(山楂)	株					5	0.26	0	0	5	0.26	5	0.26	
1.119	草绳绕树干	株					202	0.12	0	0	202	0.12	202	0.12	
1.12	草绳绕树干	株					180	0.20	0	0	180	0.20	180	0.20	
1.121	草绳绕树干	株					320	0.67	0	0	320	0.67	320	0.67	
1.122	栽植灌木(海桐球)	株					123	0.72	0	0	123	0.72	123	0.72	

续表4-34

项目	单位	水土保持方案		初步设计		实际完成		初设-方案		实际-初设		实际-方案		变化原因分析
		工程量	投资(万元)	工程量	投资(万元)	工程量	投资(万元)	工程量	投资(万元)	工程量	投资(万元)	工程量	投资(万元)	
1.123 栽植灌木(黄杨球)	株					94	0.60	0	0	94	0.60	94	0.60	
1.124 栽植灌木(紫叶小檗球)	株					47	0.28	0	0	47	0.28	47	0.28	
1.125 栽植花卉(红叶石楠)	m²					1862	5.13	0	0	1862.00	5.13	1862.00	5.13	
1.126 栽植花卉(金叶女贞)	m²					902	4.17	0	0	902.00	4.17	902.00	4.17	
1.127 栽植花卉(大叶黄杨)	m²					956	5.10	0	0	956.00	5.10	956.00	5.10	
1.128 栽植花卉(紫叶小檗)	m²					1374	7.05	0	0	1374.00	7.05	1374.00	7.05	由于重大设计变更,增加大坝下游河道两岸和核心滩治工程和沿河绿化标准提高,使苗木品种、数量增加,投资增加较多
1.129 栽植花卉(品种月季)	m²					11	0.10	0	0	11.00	0.10	11.00	0.10	
1.13 栽植花卉(月季)	m²					30	0.12	0	0	30.00	0.12	30.00	0.12	
1.131 栽植花卉(杜鹃)	m²					32	0.22	0	0	32.00	0.22	32.00	0.22	
1.132 栽植花卉(迎春)	m²					206	0.89	0	0	206.00	0.89	206.00	0.89	
1.133 栽植花卉(麦冬)	m²					11	0.04	0	0	11.00	0.04	11.00	0.04	
1.134 栽植花卉(红花酢浆草)	m²					49025	211.69	0	0	49025.00	211.69	49025.00	211.69	
1.135 栽植花卉(二月兰)	m²					35	0.15	0	0	35.00	0.15	35.00	0.15	
1.136 栽植花卉(南天竹)	m²					95	0.40	0	0	95.00	0.40	95.00	0.40	
1.137 铺种草皮(冷型草)	m²					8326	39.57	0	0	8326.00	39.57	8326.00	39.57	
1.138 栽植攀缘植物(美国地锦)	株					6	0	0	0	6	0	6	0	
1.139 栽植攀缘植物(扶芳藤)	株					6	0	0	0	6	0	6	0	
1.141 小叶黄杨	m²					667	6.54	0	0	667.00	6.54	667.00	6.54	
1.142 金森女贞	m²					70.4	1.24	0	0	70.40	1.24	70.40	1.24	
1.143 洒金柏	m²					12.3	0.17	0	0	12.30	0.17	12.30	0.17	

续表 4-34

项目		单位	水土保持方案		初步设计		实际完成		初设-方案		实际-初设		实际-方案		变化原因分析
			工程量	投资(万元)	工程量	投资(万元)	工程量	投资(万元)	工程量	投资(万元)	工程量	投资(万元)	工程量	投资(万元)	
1.144	丛生福禄考	m²					1948.18	23.57	0	0	1948.18	23.57	1948.18	23.57	由于重大设计变更,增加大坝下游河道两岸的整治工程和核心滩景观,沿河道绿化标准提高,使苗木品种、数量,投资增加较多
1.146	遮阳网及架子(安拆)	m²					1076	9.68	0	0	1076.00	9.68	1076.00	9.68	
1.147	栽植乔木(海棠)	株					115	7.58	0	0	115.00	7.58	115	7.58	
1.148	栽植乔木(国槐)	株					57	2.10	0	0	57	2.10	57	2.10	
1.149	栽植乔木(松树)	株					276	21.04	0	0	276	21.04	276	21.04	
1.150	栽植乔木(法桐)	株					73	2.69	0	0	73	2.69	73	2.69	
1.151	栽植乔木(红枫)	株					75	2.77	0	0	75	2.77	75	2.77	
1.152	栽植乔木(乌桕)	株					40	6.86	0	0	40	6.86	40	6.86	
1.153	栽植乔木(水杉)	株					212	18.35	0	0	212	18.35	212	18.35	
1.154	栽植乔木(垂柳)	株					297	23.26	0	0	297	23.26	297	23.26	
1.155	栽植乔木(黄栌)	株					105	4.42	0	0	105	4.42	105	4.42	
1.156	栽植乔木(杏花)	株					123	5.18	0	0	123	5.18	123	5.18	
1.157	栽植乔木(腊梅)	株					154	7.75	0	0	154	7.75	154	7.75	
1.158	栽植乔木(柴树)	株					2	0.25	0	0	2	0.25	2	0.25	
1.159	栽植乔木(大叶女贞)	株					28	2.99	0	0	28	2.99	28	2.99	
1.16	草绳绕树干(高1m)	株					361	0.31	0	0	361	0.31	361	0.31	
1.161	草绳绕树干(高1.5m)	株					1082	1.79	0	0	1082	1.79	1082	1.79	
1.162	草绳绕树干(高2m)	株					361	0.97	0	0	361	0.97	361	0.97	
1.163	栽植乔木(点景海棠)	株					4	0.15	0	0	4	0.15	4	0.15	
1.164	栽植乔木(点景杏树)	株					2	0.07	0	0	2	0.07	2	0.07	

续表 4-34

项目		单位	水土保持方案		初步设计		实际完成		初设-方案		实际-初设		实际-方案		变化原因分析
			工程量	投资(万元)	工程量	投资(万元)	工程量	投资(万元)	工程量	投资(万元)	工程量	投资(万元)	工程量	投资(万元)	
1.165	栽植乔木(点景水杉)	株					1	0.04	0	0	1	0.04	1	0.04	
1.166	栽植乔木(点景红枫)	株					1	0.04	0	0	1	0.04	1	0.04	
1.167	栽植乔木(造型松树)	株					10	0.37	0	0	10	0.37	10	0.37	
1.168	栽植乔木(点景皂角)	株					1	0.04	0	0	1	0.04	1	0.04	
1.169	栽植灌木(海桐球)	株					81	0.78	0	0	81	0.78	81	0.78	由于重大设计变更,增加大坝下游工程和核心滩治河道两岸,沿景观,使绿化标准提高,使苗木品种、数量增加,投资增加较多
1.170	栽植灌木(石楠球)	株					184	3.14	0	0	184	3.14	184	3.14	
1.171	栽植灌木(大叶黄杨球)	株					196	1.62	0	0	196	1.62	196	1.62	
1.172	栽植灌木(紫叶小檗球)	株					126	1.27	0	0	126	1.27	126	1.27	
1.173	栽植花卉(红叶石楠)	m²					2197	4.18	0	0	2197.00	4.18	2197.00	4.18	
1.174	栽植花卉(金叶女贞)	m²					5827	19.95	0	0	5827.00	19.95	5827.00	19.95	
1.175	栽植花卉(月季)	m²					1901	34.60	0	0	1901.00	34.60	1901.00	34.60	
1.176	栽植花卉(南天竹)	m²					2142	15.25	0	0	2142.00	15.25	2142.00	15.25	
1.177	栽植花卉(二月兰)	m²					3633	15.37	0	0	3633.00	15.37	3633.00	15.37	
1.178	栽植花卉(迎春)	m²					454	1.57	0	0	454.00	1.57	454.00	1.57	
1.179	栽植花卉(大叶黄杨)	m²					2197	32.03	0	0	2197.00	32.03	2197.00	32.03	
1.180	栽植花卉(紫叶小檗)	m²					1674	11.67	0	0	1674.00	11.67	1674.00	11.67	
1.181	栽植花卉(海桐)	m²					5261	50.84	0	0	5261.00	50.84	5261.00	50.84	
1.182	栽植花卉(红花酢浆草)	m²					10730	103.69	0	0	10730.00	103.69	10730.00	103.69	
1.183	铺种草皮(冷型草)	m²					3763.5	16.03	0	0	3763.50	16.03	3763.50	16.03	
1.184	栽植美国地锦	株					1115	0.60	0	0	1115	0.60	1115	0.60	
1.185	栽植藤本月季	株					18	0.01	0	0	18	0.01	18	0.01	
1.186	栽植扶芳藤	株					1115	0.77	0	0	1115	0.77	1115	0.77	
(二)	业主营地					77.99		148.89		77.99		70.90		148.89	

续表 4-34

序号	项目	单位	水土保持方案		初步设计		实际完成		初设－方案		实际－初设		实际－方案		变化原因分析
			工程量	投资(万元)	工程量	投资(万元)	工程量	投资(万元)	工程量	投资(万元)	工程量	投资(万元)	工程量	投资(万元)	
1	雪松(高5 m)						7	0.49		0	7.00	0.49	7	0.49	实际按园林景观要求提高,标准实施,使苗木品种、数量及投资增加
	栽植	株			292	0.18			292	0.18	-292	-0.18	0	0	
	苗木	株			298	15.07			298	15.07	-298	-15.07	0	0	
2	银杏									0		0	0	0	
	栽植	株			791	0.5			791	0.50	-791	-0.50	0	0	
	苗木	株			807	29.29			807	29.29	-807	-29.29	0	0	
3	广玉兰(胸径9 cm以下)									0		0	0	0	
	栽植	株			432	0.27	10	0.90	432	0.27	-422	0.63	10	0.90	
	苗木	株			441	11.63			441	11.63	-441	-11.63	0	0	
4	白皮松									0		0	0	0	
	栽植	株			286	0.18			286	0.18	-286	-0.18	0	0	
	苗木	株			292	12.35			292	12.35	-292	-12.35	0	0	
5	紫叶李									0		0	0	0	
	栽植	株			524	0.07			524	0.07	-524	-0.07	0	0	
	苗木	株			534	1.06			534	1.06	-534	-1.06	0	0	
6	石楠									0		0	0	0	
	栽植	株			857	0.03			857	0.03	-857	-0.03	0	0	
	苗木	株			874	0.79			874	0.79	-874	-0.79	0	0	
7	海棠									0		0	0	0	
	栽植	株			623	0.02			623	0.02	-623	-0.02	0	0	

续表 4-34

序号	项目	单位	水土保持方案 工程量	水土保持方案 投资(万元)	初步设计 工程量	初步设计 投资(万元)	实际完成 工程量	实际完成 投资(万元)	初设-方案 工程量	初设-方案 投资(万元)	实际-初设 工程量	实际-初设 投资(万元)	实际-方案 工程量	实际-方案 投资(万元)	变化原因分析
8	苗木	株			635	2			635	2.00	-635	-2.00	0	0	实际按园林景观要求设计实施，标准提高，使苗木品种、数量及投资增加
	草坪	m²										0	0	0	
	铺植	m²			7379	0.48			7379	0.48	-7379	-0.48	0	0	
	草坪	m²			7379	4.06			7379	4.06	-7379	-4.06	0	0	
9	白玉兰(胸径9 cm 以下)	株					18	1.62	0	0	18	1.62	18	1.62	
10	马褂木(胸径8 cm 以下)	株					10	0.64	0	0	10	0.64	10	0.64	
11	一乔玉兰(胸径9 cm 以下)	株					3	0.29	0	0	3	0.29	3	0.29	
12	栾树(胸径8 cm 以下)	株					41	0.66	0	0	41	0.66	41	0.66	
13	龙爪槐(胸径6 cm 以下)	株					4	0.06	0	0	4	0.06	4	0.06	
14	棕榈(高1.0 m)	株					24	1.05	0	0	24	1.05	24	1.05	
15	红枫(地径4 cm)	株					2	0.05	0	0	2	0.05	2	0.05	
16	花石榴(地径4 cm)	株					27	0.36	0	0	27	0.36	27	0.36	
17	桂花(地径4 cm)	株					49	6.67	0	0	49	6.67	49	6.67	
18	贴梗海棠(冠50 cm)	株					64	0.57	0	0	64	0.57	64	0.57	
19	大叶女贞(胸径8 cm 以下)	株					65	3.23	0	0	65	3.23	65	3.23	
20	合欢(胸径10 cm)	株					6	0.18	0	0	6	0.18	6	0.18	
21	樱花(胸径5 cm)	株					49	1.34	0	0	49	1.34	49	1.34	
22	箬竹(7~10个简)	墩					540	3.24	0	0	540	3.24	540	3.24	
23	牡丹(多年生)	株					33	0.22	0	0	33	0.22	33	0.22	
24	芍药(多年生)	株					18	0.11	0	0	18	0.11	18	0.11	

续表 4.34

项目	单位	水土保持方案		初步设计		实际完成		初设－方案		实际－初设		实际－方案		变化原因分析
		工程量	投资(万元)	工程量	投资(万元)	工程量	投资(万元)	工程量	投资(万元)	工程量	投资(万元)	工程量	投资(万元)	
25 连翘(高1.2~1.8 m)	株					160	1.21	0	0	160	1.21	160	1.21	实际按园林景观要求设计实施,使苗木标准提高,品种、数量及投资增加
26 红瑞木(高1.2~1.8 m)	株					335	1.84	0	0	335	1.84	335	1.84	
27 紫薇(高1.8 m)	株					50	0.79	0	0	50	0.79	50	0.79	
28 紫荆(高1.8 m)	株					31	0.33	0	0	31	0.33	31	0.33	
29 珍珠梅(高1.2~1.8 m)	株					28	0.20	0	0	28	0.20	28	0.20	
30 海桐球(冠100~120 cm)	株					10	0.16	0	0	10	0.16	10	0.16	
31 黄杨球(冠100~120 cm)	株					15	0.18	0	0	15	0.18	15	0.18	
32 爬墙虎(三年生)	株					3200	1.33	0	0	3200	1.33	3200	1.33	
33 腊梅(高1.6~2 m)	株					57	0.96	0	0	57	0.96	57	0.96	
34 丰花月季(三年生)	株					2740	0.82	0	0	2740	0.82	2740	0.82	
35 红叶石楠(高50 cm)	株					6524	2.97	0	0	6524	2.97	6524	2.97	
36 大叶黄杨(高50 cm)	株					32254	11.38	0	0	32254	11.38	32254	11.38	
37 金叶女贞(高50 cm)	株					30300	9.14	0	0	30300	9.14	30300	9.14	
38 红花草(25墩/m²)	m²					2123.45	6.71	0	0	2123.45	6.71	2123.45	6.71	
39 麦冬(25墩/m²)	m²					2250	6.64	0	0	2250.00	6.64	2250.00	6.64	
40 葱兰(25墩/m²)	m²					2391.47	7.31	0	0	2391.47	7.31	2391.47	7.31	
41 枣树	株					4	0.06	0	0	4	0.06	4	0.06	
42 石榴	株					4	0.06	0	0	4	0.06	4	0.06	
43 冷季型草皮	m²					665.26	2.26	0	0	665.26	2.26	665.26	2.26	
44 丰花月季	株					5125	2.16	0	0	5125	2.16	5125	2.16	

续表 4-34

序号	项目	单位	水土保持方案		初步设计		实际完成		初设－方案		实际－初设		实际－方案		变化原因分析
			工程量	投资(万元)	工程量	投资(万元)	工程量	投资(万元)	工程量	投资(万元)	工程量	投资(万元)	工程量	投资(万元)	
45	红花草	m²					1056.55	6.10	0	0	1056.55	6.10	1056.55	6.10	
46	大叶黄杨	株					11700	5.44	0	0	11700	5.44	11700	5.44	
47	法青	株					990	10.87	0	0	990	10.87	990	10.87	
48	大叶女贞	株					17	1.06	0	0	17	1.06	17	1.06	
49	栖树	株					4	0.27	0	0	4	0.27	4	0.27	
50	枣树	株					4	0.34	0	0	4	0.34	4	0.34	
51	红叶石楠	株					1	0.18	0	0	1	0.18	1	0.18	
52	刚竹	株					784	4.07	0	0	784	4.07	784	4.07	实际按园林景观要求设计实施,使苗木品种提高,数量及投资增加
53	冷季型草皮	m²					1115.41	4.34	0	0	1115.41	4.34	1115.41	4.34	
54	何首乌	株					222	0.96	0	0	222	0.96	222	0.96	
55	爬墙虎	株					1770	1.81	0	0	1770	1.81	1770	1.81	
56	常青藤	株					360	0.98	0	0	360	0.98	360	0.98	
57	迎春	株					360	0.14	0	0	360	0.14	360	0.14	
58	红叶石楠	m²					42	2.06	0	0	42	2.06	42.00	2.06	
59	石榴树	株					10	0.09	0	0	10	0.09	10	0.09	
60	葡萄树	株					20	0.03	0	0	20	0.03	20	0.03	
61	枣树(建管局后土坡)	株					20	0.92	0	0	20	0.92	20	0.92	
62	红叶石楠						0	0	0	0	0	0	0	0	
	栽植	株					5490	5.68	0	0	5490	5.68	5490	5.68	
	苗木	株					5490	2.75	0	0	5490	2.75	5490	2.75	

续表 4.34

序号	项目	单位	水土保持方案 工程量	水土保持方案 投资(万元)	初步设计 工程量	初步设计 投资(万元)	实际完成 工程量	实际完成 投资(万元)	初设-方案 工程量	初设-方案 投资(万元)	实际-初设 工程量	实际-初设 投资(万元)	实际-方案 工程量	实际-方案 投资(万元)	变化原因分析
63	金叶女贞(高50 cm)							0	0	0		0	0	0	实际按设计实施,观要求设计实施,使苗木标准提高,品种、数量及投资增加
	栽植	株					11854	2.28	0	0	11854	2.28	11854	2.28	
	苗木	株					11854	2.37	0	0	11854	2.37	11854	2.37	
64	黄杨球(冠100~120 cm)							0	0	0		0	0	0	
	栽植	株					19	0.02	0	0	19	0.02	19	0.02	
	苗木	株					19	0.11	0	0	19	0.11	19	0.11	
65	丰花月季							0	0	0		0	0	0	
	栽植	株					1866	0.36	0	0	1866	0.36	1866	0.36	
	苗木	株					1866	0.56	0	0	1866	0.56	1866	0.56	
66	红叶红花草							0	0	0		0	0	0	
	栽植	株					2000	0.38	0	0	2000	0.38	2000	0.38	
	苗木	株					2000	4.00	0	0	2000	4.00	2000	4.00	
67	草皮	m²					2171.78	4.93	0	0	2171.78	4.93	2171.78	4.93	
68	红叶小檗							0	0	0		0	0	0	
	栽植	株					4950	0.95	0	0	4950	0.95	4950	0.95	
	苗木	株					4950	0.77	0	0	4950	0.77	4950	0.77	
69	小叶女贞							0	0	0		0	0	0	
	栽植	株					5181	0.99	0	0	5181	0.99	5181	0.99	
	苗木	株					5181	0.96	0	0	5181	0.96	5181	0.96	
70	大叶黄杨							0	0	0		0	0	0	

续表 4-34

序号	项目	单位	水土保持方案 工程量	水土保持方案 投资(万元)	初步设计 工程量	初步设计 投资(万元)	实际完成 工程量	实际完成 投资(万元)	初设-方案 工程量	初设-方案 投资(万元)	实际-初设 工程量	实际-初设 投资(万元)	实际-方案 工程量	实际-方案 投资(万元)	变化原因分析
	栽植	株					6600	1.27	0	0	6600	1.27	6600	1.27	实际按园林景观要求标准提高,使苗木品种、数量及投资增加
	苗木	株					6600	1.50	0	0	6600	1.50	6600	1.50	
71	大叶女贞														
	栽植	株					4	0.10	0	0	4	0.10	4	0.10	
	苗木	株					4	0.87	0	0	4	0.87	4	0.87	
72	龙爪槐														
	栽植	株					9	0.06	0	0	9	0.06	9	0.06	
	苗木	株					9	0.12	0	0	9	0.12	9	0.12	
(三)	永久道路防治区			35.42		41.93		155.50		6.51		113.57		120.08	
1	旱柳			27.52					0	-27.52	0	0	0	-27.52	实际实施的苗木品种和数量增加
	栽植	株	26600	3.64	26600	3.31			0	-0.33	-26600	-3.31	-26600	-3.64	
	苗木	株	27132	23.88	27930	24.58			798	0.70	-27930	-24.58	-27132	-23.88	
2	紫穗槐			7.9						-7.90		-7.90		-7.90	
	栽植	株	69825	2.49	72606	2.35			2781	-0.14	-72606	-2.35	-69825	-2.49	
	苗木	株	71222	5.41	76236	5.79			5014	0.38	-76236	-5.79	-71222	-5.41	
3	侧柏									0		0		0	
	栽植	株			3493	0.39			3493	0.39	-3493	-0.39	0	0	
	苗木	株			3669	3.83			3669	3.83	-3669	-3.83	0	0	
4	爬墙虎									0.40		-0.40		0	
	栽植	株			12311	0.4			12311	0.40	-12311	-0.40	0	0	

续表 4-34

序号	项目	单位	水土保持方案		初步设计		实际完成		初设－方案		实际－初设		实际－方案		变化原因分析
			工程量	投资(万元)	工程量	投资(万元)	工程量	投资(万元)	工程量	投资(万元)	工程量	投资(万元)	工程量	投资(万元)	
5	苗木									0			0	0	实际实施的苗木品种和数量增加
	狗牙根,荆条条混播	株			1926	0.84			12926	0.84	-12926	-0.84	0	0	
	撒播	hm²			2.9	0.03			2.90	0.03	-2.90	-0.03	0	0	
	种子	kg			72.43	0.29			72.43	0.29	-72.43	-0.29	0	0	
6	栽植洼青	株					4500	32.08	0	0	4500	32.08	4500	32.08	
7	扶芳藤	株					700	0.31	0	0	700	0.31	700	0.31	
8	地锦	株					700	0.31	0	0	700	0.31	700	0.31	
9	银杏	株					18	1.72	0	0	18	1.72	18	1.72	
10	高杆月季	株					60	0.60	0	0	60	0.60	60	0.60	
11	迎春	m²					550	2.92	0	0	550	2.92	550.00	2.92	
12	二月兰	m²					550	8.30	0	0	550	8.30	550.00	8.30	
13	草绳绕树干 1.5 m	株					33	0.05	0	0	33	0.05	33	0.05	
14	栽植花卉红花醉浆草	m²					595.24	1.76	0	0	595.24	1.76	595.24	1.76	
15	栽植银杏	株					16	3.00	0	0	16	3.00	16	3.00	
16	栽植油松 A	株					3	0.28	0	0	3	0.28	3	0.28	
17	栽植油松 B	株					7	0.33	0	0	7	0.33	7	0.33	
18	栽植油松 C	株					7	0.23	0	0	7	0.23	7	0.23	
19	栽植花卉丰花月季	m²					160	1.38	0	0	160	1.38	160.00	1.38	
20	铺种矮生百慕大	m²					3933.87	15.39	0	0	3933.87	15.39	3933.87	15.39	
21	大叶女贞种植	株					12	0.98	0	0	12	0.98	12	0.98	

续表 4-34

序号	项目	单位	水土保持方案 工程量	投资(万元)	初步设计 工程量	投资(万元)	实际完成 工程量	投资(万元)	初设－方案 工程量	投资(万元)	实际－初设 工程量	投资(万元)	实际－方案 工程量	投资(万元)	变化原因分析
22	固槐种植	株					1	0.37	0	0	1	0.37	1	0.37	
23	碧桃	株					19	0.44	0	0	19	0.44	19	0.44	
24	紫穗槐							0	0	0		0		0	
	栽植	株					13231	5.04	0	0	13231	5.04	13231	5.04	
	苗木	株					13231	6.62	0	0	13231	6.62	13231	6.62	
25	爬墙虎							0	0	0		0		0	
	栽植	株					28339	9.92	0	0	28339	9.92	28339	9.92	
	苗木	株					28339	8.50	0	0	28339	8.50	28339	8.50	
26	狗牙根＋荆条							0	0	0		0		0	
	撒播	hm²					0.305	0.22	0	0	0.31	0.22	0.31	0.22	
	草种	kg					10.15	0.04	0	0	10.15	0.04	10.15	0.04	
27	紫穗槐							0	0	0		0		0	实际实施的苗木品种和数量增加
	栽植	株					31750	7.50	0	0	31750	7.50	31750	7.50	
	苗木	株					18250	25.00	0	0	18250	25.00	18250	25.00	
28	1号道路侧墙端内栽植侧柏								0	0					
	栽植	株					2269	3.90	0	0	2269	3.90	2269	3.90	
	苗木	株					2269	1.87	0	0	2269	1.87	2269	1.87	
29	4号道路侧墙端内栽植侧柏								0	0					
	栽植	株					1981	3.40	0	0	1981	3.40	1981	3.40	
	苗木	株					1981	1.64	0	0	1981	1.64	1981	1.64	
30	2号道路延长段工程（紫花苜蓿草籽播种）	m²					54338.8	11.42	0	0	54338.80	11.42	54339	11.42	

续表 4-34

项目	单位	水土保持方案 工程量	投资(万元)	初步设计 工程量	投资(万元)	实际完成 工程量	投资(万元)	初设-方案 工程量	投资(万元)	实际-初设 工程量	投资(万元)	实际-方案 工程量	投资(万元)	变化原因分析
(四) 料场区			22.62		40.78		150.66		18.16		109.88		128.04	水土保持方案设计在石料场栽植乔木和果树，初步设计阶段考虑石料场土层厚度，调整为紫穗槐和侧柏，实际撒播草籽，种植苜蓿、侧柏和爬墙虎
1 石料场			22.62					0	-22.62				-22.62	
1.1 108杨	株		13.72						-13.72			0	-13.72	
栽植	株	20040	2.48					-20040	-2.48			-20040	-2.48	
苗木	株	20441	11.24					-20441	-11.24			-20441	-11.24	
1.2 苹果树	株		1.31						-1.31			0	-1.31	
栽植	株	659	0.43					-659	-0.43			-659	-0.43	
苗木	株	673	0.88					-673	-0.88			-673	-0.88	
1.3 臭椿	株		2.45						-2.45			0	-2.45	
栽植	株	461	0.4					-461	-0.40			-461	-0.40	
苗木	株	470	2.05					-470	-2.05			-470	-2.05	
1.4 紫穗槐	株		3.4						-0.19		-3.21	0	-3.40	
栽植	株	30060	1.07	28629	0.93			-1431	-0.14	-28629	-0.93	-30060	-1.07	
苗木	株	30662	2.33	30060	2.28			-602	-0.05	-30060	-2.28	-30662	-2.33	
1.5 种草			1.73						0.32		-2.05	0	-1.73	
撒播	hm²	16.3	0.17	19.46	0.18			3.16	0.01	-19.46	-0.18	-16.30	-0.17	
草种	kg	407.4	1.56	486.5	1.87			79.10	0.31	-486.50	-1.87	-407.40	-1.56	
1.6 侧柏														
栽植	株			19086	2.15	9928	127.21	19086	2.15	-9158	125.06	9928	127.21	
苗木	株			20040	20.94			20040	20.94	-20040	-20.94	0	0	

续表 4-34

序号	项目	单位	水土保持方案 工程量	水土保持方案 投资(万元)	初步设计 工程量	初步设计 投资(万元)	实际完成 工程量	实际完成 投资(万元)	初设-方案 工程量	初设-方案 投资(万元)	实际-初设 工程量	实际-初设 投资(万元)	实际-方案 工程量	实际-方案 投资(万元)	变化原因分析
1.7	爬墙虎												0	0	水土保持方案设计在石料场种植乔木和果树,初步设计阶段考虑石料场土层厚度,调整为紫穗槐和侧柏,实际撒播草籽,种植苜蓿、侧柏和爬墙虎
	栽植	株		4.08	125873	4.08			125873	4.08	-125873	-4.08	0	0	
	苗木	株		8.35	128390	8.35			128390	8.35	-128390	-8.35	0	0	
1.8	撒播种植紫花苜蓿	m²					114727	18.01			114727	18.01	114727	18.01	
1.9	种植爬墙虎	株					1535	3.01	0	0	1535	3.01	1535	3.01	
1.10	移植侧柏	株					485	2.43			485	2.43	485	2.43	
(五)	施工生产生活区			33.11				2.74	0	-33.11	0	2.74	0	-30.37	水土保持方案设计在施工区生活区部分植物措施,初步设计阶段施工生活位于运行管理区永久占地范围围内,取消了植物措施;实际实施时,个别标段在生产区内空闲地撒播了草籽,临时种植了少量景观树
1	108杨	株		8.98						-8.98		0	0	-8.98	
1.1	栽植	株	10874	7.45					-10874	-7.45			-10874	-7.45	
	苗木	株	11091	1.35					-11091	-1.35			-11091	-1.35	
	苗木	株		6.10						-6.10				-6.10	
1.2	紫穗槐	株		1.30						-1.30			0	-1.30	
	栽植	株	11513	0.41					-11513	-0.41			-11513	-0.41	
	苗木	株	11744	0.89					-11744	-0.89			-11744	-0.89	
1.3	种草	hm²		0.23					0	-0.23			0	-0.23	
	撒播	hm²	2.15	0.02					-2.15	-0.02			-2.15	-0.02	
	草种	kg	53.81	0.21					-53.81	-0.21			-53.81	-0.21	
1.4	侧柏	株											0	0	
	栽植	株											0	0	
	苗木	株											0	0	

续表 4-34

项目		单位	水土保持方案		初步设计		实际完成		初设-方案		实际-初设		实际-方案		变化原因分析
			工程量	投资(万元)	工程量	投资(万元)	工程量	投资(万元)	工程量	投资(万元)	工程量	投资(万元)	工程量	投资(万元)	
2	施工生活区			24.13					0	-24.13	0	0	0	-24.13	水土保持方案设计在施工生产生活区实施,初步设计植物措施部分考虑到大部分施工生产生活区位于运行管理区永久占地范围内,取消了植物措施;实际实施时,个别施工生产区内空闲地撒播了草籽,临时种植了少量景观树
2.1	紫穗槐	株		1.4					0	-1.40	0	0	0	-1.40	
	栽植	株	12390	0.44					-12390	-0.44	0	0	-12390	-0.44	
	苗木	株	12638	0.96					-12638	-0.96	0	0	-12638	-0.96	
2.2	月季	株		0.03						-0.03	0	0	0	-0.03	
	栽植	株	315	0.01					-315	-0.01	0	0	-315	-0.01	
	苗木	株	321.3	0.02					-321	-0.02	0	0	-321	-0.02	
2.3	广玉兰	株		1.94						-1.94	0	0	0	-1.94	
	栽植	株	127	0.09					-127	-0.09	0	0	-127	-0.09	
	苗木	株	130	1.86					-130	-1.86	0	0	-130	-1.86	
2.4	四季桂	株		2.02						-2.02	0	0	0	-2.02	
	栽植	株	143	0.09					-143	-0.09	0	0	-143	-0.09	
	苗木	株	146	1.93					-146	-1.93	0	0	-146	-1.93	
2.5	紫叶李	株		2.49						-2.49	0	0	0	-2.49	
	栽植	株	1145	0.18					-1145	-0.18	0	0	-1145	-0.18	
	苗木	株	1168	2.31					-1168	-2.31	0	0	-1168	-2.31	
2.6	垂柳			0.63						-0.63	0	0	0	-0.63	
	栽植	株	420	0.06					-420	-0.06	0	0	-420	-0.06	
	苗木	株	428	0.57					-428	-0.57	0	0	-428	-0.57	
2.7	雪松			0					0	0	0	0	0	0	

续表 4-34

项目	单位	水土保持方案		初步设计		实际完成		初设－方案		实际－初设		实际－方案		变化原因分析
		工程量	投资(万元)	工程量	投资(万元)	工程量	投资(万元)	工程量	投资(万元)	工程量	投资(万元)	工程量	投资(万元)	
栽植	株							0	0	0	0	0	0	水土保持方案设计在施工生活区实施部分植物措施,初步设计阶段施工生产部分考虑到大部分施工生产活区位于运行管理区永久占地范围内,取消了植物措施;实际实施时,个别标段在生产区内空闲地撒播了草籽,临时种植了少量景观树
苗木	株							0	0	0	0	0	0	
2.8 白皮松														
栽植	株							0	0	0	0	0	0	
苗木	株							0	0	0	0	0	0	
2.9 草坪	m²		15.61					0	-15.61	0	0	0	-15.61	
铺植	m²	18585	5.39					-18585	-5.39	0	0	-18585	-5.39	
草皮数量	m²	18585	10.22					-18585	-10.22	0	0	-18585	-10.22	
2.10 植草	m²					3320	1.99	0	0	3320	1.99	3320	1.99	
2.11 植树	株					50	0.75	0	0	50	0.75	50	0.75	
(六) 弃渣场防治区			24.18		12.49		295.74		-11.69		283.25		271.56	1号弃渣场覆土后,主要是种植柿子树,边坡植草绿化
1 1号弃渣场			1.78				25.57		-1.78		25.57		23.79	
1.1 紫穗槐	株		1.74					0	-1.74	0	0	0	-1.74	
栽植	株	15372	0.55	8000	0.26			-7372	-0.29	-8000	-0.26	-15372	-0.55	
苗木	株	15679	1.19	8400	0.64			-7279	-0.55	-8400	-0.64	-15679	-1.19	
1.2 种草	hm²		0.04					0	-0.04	0	0	0	-0.04	
撒播	hm²	0.3843	0	0.2				-0.18	0	-0.2	0	-0.38	0	
草种	kg	9.6075	0.04	5	0.02			-4.61	-0.02	-5	-0.02	-9.61	-0.04	
1.3 柿子树(胸径7~8 cm,冠幅≥2.5 m)(含一年养护)	株					189	5.43		0	189	5.43	189	5.43	

续表 4-34

项目	单位	水土保持方案		初步设计		实际完成		初设-方案		实际-初设		实际-方案		变化原因分析
		工程量	投资(万元)	工程量	投资(万元)	工程量	投资(万元)	工程量	投资(万元)	工程量	投资(万元)	工程量	投资(万元)	
1.4 河南桧(胸径8~15cm,冠幅:全冠,树高4~4.5m)(含一年养护)	株					4	0.13	0	0	4	0.13	4	0.13	1号渣场覆土后,主要种植构子树,边坡植草绿化
1.5 紫花苜蓿种植	m²					10716.8	8.10	0	0	10716.80	8.10	10717	8.10	
1.6 冬青树种植	棵					3200	4.00	0	0	3200	4.00	3200	4.00	
1.7 法青树种植	棵					1400	7.91	0	0	1400	7.91	1400	7.91	
2 2号弃渣场			9.86				198.20	0	-9.86	0	198.20	0	188.34	2号弃渣场在初步设计为临时占地,所有植物措施以易栽植的苗木品种为主,实际弃渣场作为防汛仓库和物料场,2号弃渣场已变更为永久征地,所以除边坡植草配置植景观树外,还种植了大量果树
2.1 108杨			4.27					0	-4.27	0	0	0	-4.27	
栽植	株	6242	0.77					-6242	-0.77	0	0	-6242	-0.77	
苗木	株	6367	3.5					-6367	-3.50	0	0	-6367	-3.50	
2.2 紫穗槐			5.2					0	-5.20	0	0	0	-5.20	
栽植	株	45969	1.64	9352	0.3			-36617	-1.34	-9352	-0.30	-45969	-1.64	
苗木	株	46888	3.56	9820	0.75			-37068	-2.81	-9820	-0.75	-46888	-3.56	
2.3 种草			0.38					0	-0.38	0	0	0	-0.38	
撒播	hm²	3.5753	0.04	1.002	0.01			-2.57	-0.03	-1.00	-0.01	-3.58	-0.04	
草种	kg	89.381	0.34	25.05	0.1			-64.33	-0.24	-25.05	-0.10	-89.38	-0.34	
2.4 侧柏								0	0	0	0	0	0	
栽植	株			3507	0.39			3507	0.39	-3507	-0.39	0	0	
苗木	株			3682	3.85			3682	3.85	-3682	-3.85	0	0	
2.5 紫花苜蓿	m²					8609.7	14.36	0	0	8609.70	14.36	8609.70	14.36	

续表 4-34

序号	项目	单位	水土保持方案 工程量	水土保持方案 投资(万元)	初步设计 工程量	初步设计 投资(万元)	实际完成 工程量	实际完成 投资(万元)	初设-方案 工程量	初设-方案 投资(万元)	实际-初设 工程量	实际-初设 投资(万元)	实际-方案 工程量	实际-方案 投资(万元)	变化原因分析
2.6	麦冬	m²					10903.7	31.62	0	0	10903.70	31.62	10903.70	31.62	
2.7	红花草	m²					3762.46	21.73	0	0	3762.46	21.73	3762.46	21.73	
2.8	海桐球	株					11	0.23	0	0	11	0.23	11	0.23	
2.9	红叶碧桃	株					10	0.54	0	0	10	0.54	10	0.54	
2.10	红花继木球	株					2	0.06	0	0	2	0.06	2	0.06	2号渣场在初步设计中为临时占地,所有植物措施以易栽植的苗木品种为主,实际实施中,2号渣场作为防汛仓库和物料场已变更为永久征地,所以除边坡植草配置植景观树外,还种植了大量果树
2.11	黄杨球	株					316	4.87	0	0	316	4.87	316	4.87	
2.12	紫树	株					6	0.41	0	0	6	0.41	6	0.41	
2.14	丛生紫薇	株					7	0.24	0	0	7	0.24	7	0.24	
2.15	大叶黄杨	株					12180	5.66	0	0	12180	5.66	12180	5.66	
2.16	红叶石楠	m²					324.72	15.94	0	0	324.72	15.94	325	15.94	
2.17	常青藤	株					418	1.14	0	0	418	1.14	418	1.14	
2.18	大叶女贞	株					4	0.25	0	0	4	0.25	4	0.25	
2.19	小叶女贞	m²					13	0.45	0	0	13	0.45	13	0.45	
2.20	树木移栽	棵					11	4.04	0	0	11	4.04	11	4.04	
2.21	晚熟苹果(胸径6 cm,株同距4 m)(含一年养护)	株					305	8.76	0	0	305	8.76	305	8.76	
2.22	冬桃(胸径6 cm,株同距4 m)(含一年养护)	株					380	10.92	0	0	380	10.92	380	10.92	
2.23	冬桃(胸径6 cm,株同距4 m)(含一年养护)	株					9	0.26	0	0	9	0.26	9	0.26	

续表4-34

项目		单位	水土保持方案		初步设计		实际完成		初设－方案		实际－初设		实际－方案		变化原因分析
			工程量	投资(万元)	工程量	投资(万元)	工程量	投资(万元)	工程量	投资(万元)	工程量	投资(万元)	工程量	投资(万元)	
2.24	冬枣(胸径6 cm,株间距4 m)(含一年养护)	株					369	12.04	0	0	369	12.04	369	12.04	2号弃渣场在初步设计为临时占地,所有植物措施以易栽植的苗木品种为主,实际实施中,2号弃渣场作为防汛仓库和物料场已变更为永久征地,所以删除边坡植草配置植景观树外,还种植了大量果树
2.25	冬枣(胸径6 cm,株间距4 m)(含一年养护)	株					58	1.89	0	0	58	1.89	58	1.89	
2.26	红香酥梨(胸径6 cm,株间距4 m)(含一年养护)	株					385	12.56	0	0	385	12.56	385	12.56	
2.27	河阴软籽石榴(胸径6 cm,株间距4 m)(含一年养护)	株					363	13.72	0	0	363	13.72	363	13.72	
2.28	树木给水							0		0		0		0	
	PE给水管 DN100	m					362.4	5.62	0	0	362.40	5.62	362.40	5.62	
	PE给水管 DN50	m					4186.4	18.16	0	0	4186.40	18.16	4186.40	18.16	
	PE给水管 DN25	m					1869	10.11	0	0	1869.00	10.11	1869.00	10.11	
	沟槽土方开挖	m³					579.8	0.61	0	0	579.80	0.61	579.80	0.61	
	土方回填(压实)	m³					579.8	0.64	0	0	579.80	0.64	579.80	0.64	
2.29	苗圃地绿化	m²					896.89	0.68	0	0	896.89	0.68	896.89	0.68	
	防汛仓库北、西边绿化	m²					707.67	0.54	0	0	707.67	0.54	707.67	0.54	
2.3	树坑开挖	m³					66	0.07	0	0	66.00	0.07	66.00	0.07	
2.31	树坑回填	m³					66	0.07	0	0	66.00	0.07	66.00	0.07	
3	3号弃渣场			4.28			71.96		0	-4.28	0	71.96	0	67.68	

续表 4-34

序号	项目	单位	水土保持方案		初步设计		实际完成		初设-方案		实际-初设		实际-方案		变化原因分析
			工程量	投资(万元)	工程量	投资(万元)	工程量	投资(万元)	工程量	投资(万元)	工程量	投资(万元)	工程量	投资(万元)	
3.1	108杨	株		2.88						-2.88	0	0	0	-2.88	
	栽植	株	4212	0.52					-4212	-0.52	0	0	-4212	-0.52	
	苗木	株	4296	2.36					-4296	-2.36	0	0	-4296	-2.36	
3.2	紫穗槐(种植高 0.5 m)	株		1.27						-1.27			0	-1.27	
	栽植	株	11231	0.4	10696	0.35	5509	48.61	-535	-0.05	-5187	48.26	-5722	48.21	方案设计有速生杨和紫穗槐，初步设计优化为紫穗槐、侧柏和植草；实际撒播紫花苜蓿、侧柏和紫穗槐
	苗木	株	11455	0.87	111231	0.85			99776	-0.02	-111231	-0.85	-11455	-0.87	
3.3	种草														
	撒播	hm²	1.2033	0.01	1.146	0.01			-0.06	0	-1.15	-0.01	-1.20	-0.01	
	草种	kg	30.083	0.12	28.65	0.11			-1.43	-0.01	-28.65	-0.11	-30.08	-0.12	
3.4	侧柏														
	栽植	株	4011		4011	0.45	302	3.87	4011	0.45	-3709	3.42	302	3.87	
	苗木	株	1212	4.4	1212				1212	4.40	-1212	-4.40	0	0	
3.5	撒播种植紫花苜蓿	m²					83972.99	13.18	0	0	83972.99	13.18	83973	13.18	
3.6	种植爬墙虎	株					3215	6.30	0	0	3215	6.30	3215	6.30	
4	4号渣场			8.26						-8.26	0	0	0	-8.26	
4.1	108杨	株		5.47						-5.47	0	0	0	-5.47	4号渣场在初步设计阶段取消
	栽植	株	7985.3	0.99					-7985	-0.99	0	0	-7985	-0.99	
	苗木	株	8145	4.48					-8145	-4.48	0	0	-8145	-4.48	
4.2	紫穗槐	株		2.41						-2.41	0	0	0	-2.41	
	栽植	株	21294	0.76					-21294	-0.76	0	0	-21294	-0.76	

续表 4-34

项目		单位	水土保持方案 工程量	水土保持方案 投资(万元)	初步设计 工程量	初步设计 投资(万元)	实际完成 工程量	实际完成 投资(万元)	初设-方案 工程量	初设-方案 投资(万元)	实际-初设 工程量	实际-初设 投资(万元)	实际-方案 工程量	实际-方案 投资(万元)	变化原因分析
4.3	苗木	株	21720	1.65					-21720	-1.65	0	0	-21720	-1.65	
	种草			0.38						-0.38	0	0	0	-0.38	
	撒播	hm²	3.549	0.04					-3.55	-0.04	0	0	-3.55	-0.04	
	草种	kg	88.725	0.34					-88.73	-0.34	0	0	-88.73	-0.34	
(七)	临时道路防治区			8.72						-8.72	0	0	0	-8.72	
1	紫穗槐	株		8.44					0	-8.44	0	0	0	-8.44	
	栽植	株	74613	2.66					-74613	-2.66	0	0	-74613	-2.66	
	苗木	株	76105	5.78					-76105	-5.78	0	0	-76105	-5.78	4号弃渣场在初步设计阶段取消
2	种草(狗牙根 荆条混播)														
	撒播	hm²	2.62	0.28					-2.62	-0.28	0	0	-2.62	-0.28	
	草种	kg	65	0.03					-65.00	-0.03	0	0	-65.00	-0.03	
3	爬墙虎			0.25						-0.25	0	0	0	-0.25	
	栽植	株							0	0	0	0	0	0	
	苗木	株							0	0	0	0	0	0	
4	侧柏								0	0	0	0	0	0	
	栽植	株							0	0	0	0	0	0	
	苗木	株							0	0	0	0	0	0	
(八)	移民安置防治区			5.15						-5.15	0	0		-5.15	

序号	项目	单位	水土保持方案		初步设计		实际完成		初设-方案		实际-初设		实际-方案		变化原因分析
			工程量	投资(万元)	工程量	投资(万元)	工程量	投资(万元)	工程量	投资(万元)	工程量	投资(万元)	工程量	投资(万元)	
1	108杨	株		5.15						-5.15	0	0	0	-5.15	
	栽植	株	7343	0.91					-7343	-0.91	0	0	-7343	-0.91	
	苗木	株	7710	4.24					-7710	-4.24	0	0	-7710	-4.24	
2	侧柏	株								0			0	0	
	栽植	株							0	0			0	0	
	苗木	株							0	0			0	0	
(九)	移民专项设施防治区			11.49		17.81				6.32	0	-17.81	0	-11.49	
1	连接路养渣场			2.72						-2.72	0	0	0	-2.72	未布设养渣场
1.1	108杨	株		2.08						-2.08	0	0	0	-2.08	
	栽植	株	2970	0.37					-2970	-0.37	0	0	-2970	-0.37	
	苗木	株	3119	1.72					-3119	-1.72	0	0	-3119	-1.72	
1.2	紫穗槐	株		0.46						-0.46	0	0	0	-0.46	
	栽植	株	3960	0.14	3960	0.13			0	-0.01	-3960	-0.13	-3960	-0.14	
	苗木	株	4158	0.32	4158	0.32			0	0	-4158	-0.32	-4158	-0.32	
1.3	种草			0.18						-0.18			0	-0.18	
	撒播	hm²	1.65	0.02	1.65	0.02			0	0	-1.65	-0.02	-1.65	-0.02	
	草种	kg	41	0.16	41	0.16			0	0	-41.00	-0.16	-41.00	-0.16	
1.4	侧柏	株										-0.33	0	0	
	栽植	株			2970	0.33			2970	0.33	-2970	-0.33	0	0	
	苗木	株			3119	3.26			3119	3.26	-3119	-3.26	0	0	

续表 4-34

序号	项目	单位	水土保持方案 工程量	水土保持方案 投资(万元)	初步设计 工程量	初步设计 投资(万元)	实际完成 工程量	实际完成 投资(万元)	初设－方案 工程量	初设－方案 投资(万元)	实际－初设 工程量	实际－初设 投资(万元)	实际－方案 工程量	实际－方案 投资(万元)	变化原因分析
2	恢复道路弃渣场			8.31					0	-8.31	0	0	0	-8.31	初步设计阶段库周路取消
2.1	108杨	株		6.37					0	-6.37	0	0	0	-6.37	
	栽植	株	9087	1.12					-9087	-1.12	0	0	-9087	-1.12	
	苗木	株	9542	5.25					-9542	-5.25	0	0	-9542	-5.25	
2.2	紫穗槐	株		1.4					0	-1.40	0	0	0	-1.40	
	栽植	株	12116	0.43	12116	0.39			0	-0.04	-12116	-0.39	-12116	-0.43	
	苗木	株	12722	0.97	12722	0.97			0	0	-12722	-0.97	-12722	-0.97	
2.3	种草			0.54					0	-0.54	0	0	0	-0.54	
	撒播	hm²	5.05	0.05	5.05	0.05			0	0	-5	-0.05	-5.05	-0.05	
	草种	kg	126	0.48	126.21	0.48			0	0	-126	-0.48	-126.00	-0.48	
2.4	侧柏														
	栽植	株			9087	1.02			9087	1.02	-9087	-1.02	0	0	
	苗木	株			9542	9.97			9542	9.97	-9542	-9.97	0	0	
3	引水隧洞弃渣场			0.46						-0.46	0	0	0	-0.46	渣土作为坝后压戗利用，未单独设置弃渣场
3.1	108杨	株		0.35						-0.35	0	0	0	-0.35	
	栽植	株	502	0.06					-502	-0.06	0	0	-502	-0.06	
	苗木	株	527	0.29					-527	-0.29	0	0	-527	-0.29	
3.2	紫穗槐			0.08					0	-0.08	0	0	0	-0.08	
	栽植	株	670	0.02	670	0.02			0	0	-670	-0.02	-670	-0.02	
	苗木	株	703	0.05	703	0.05			0	0	-703	-0.05	-703	-0.05	

续表 4-34

序号	项目	单位	水土保持方案 工程量	水土保持方案 投资(万元)	初步设计 工程量	初步设计 投资(万元)	实际完成 工程量	实际完成 投资(万元)	初设－方案 工程量	初设－方案 投资(万元)	实际－初设 工程量	实际－初设 投资(万元)	实际－方案 工程量	实际－方案 投资(万元)	变化原因分析
3.3	种草			0.03					0	-0.03	0	0	0	-0.03	
	撒播	hm²	0.3	0	0.28					0	0	0	-0.30	0	渣土作为坝后压载利用,未单独设置弃渣场
	草种	kg	8	0.03	6.98	0.03			-1	0	-7	-0.03	-8.00	-0.03	
3.4	侧柏														
	栽植	株			502	0.06			502	0.06	-502	-0.06	0	0	
	苗木	株			527	0.55			527	0.55	-527	-0.55	0	0	
三	临时措施			175.07		94.42		109.84		-80.65		15.42		-65.23	
(一)	主体工程防治区			0.35		0.32		18.77		-0.03		18.45		18.42	临时措施类型和措施量增加,投资相应增加
1	临时排水							12.37		0		12.37		12.37	
	土方开挖	m³	433.32	0.19	433.32	0.18	2881.52	3.96	0	-0.01	2448.20	3.78	2448.20	3.77	
	临时排水沟(浆砌石)	m³					5170	8.41	0	0	5170.00	8.41	5170.00	8.41	
2	临时挡			0.16				6.40		-0.16		6.40		6.24	
	临时拦渣	m³		0.16		0.14		5.01		-0.02		4.87		4.85	
	填筑土埂	m³	97.19		97.19		8152.16	0.77	0	0	8054.97	0.77	8054.97	0.77	
	临时浆砌石端	m³					46	0.62		-0.01	46.00	0.62	46.00	0.62	
	临时干砌石端	m³					130				130.00		130.00		
(二)	业主营地防治区			0.14		0.13		0.34		-0.14		0.21		0.20	
1	临时排水			0.14		0.13		0.34		-0.01		0.21		0.20	
	土方开挖	m³	326		326		336		0		10.00		10.00		
(三)	永久道路防治区			6.95		0.08		15.48		-6.87		15.40		8.53	

· 250 ·

续表4-34

序号	项目	单位	水土保持方案		初步设计		实际完成		初设-方案		实际-初设		实际-方案		变化原因分析
			工程量	投资(万元)	工程量	投资(万元)	工程量	投资(万元)	工程量	投资(万元)	工程量	投资(万元)	工程量	投资(万元)	
1	临时排水			6.87				4.47		-6.87		4.47		-2.40	
	土方开挖	m³	15580	6.87			3402	4.47	-15580.00	-6.87	3402.00	4.47	-12178.00	-2.40	
	临时拦挡														
2	浆砌砖挡水墙	m³						2.57	0	0	0	2.57	0	2.57	措施量和措施类型增加,投资增加
	挡水埂填筑	m³					15	0.48	0	0	15.00	0.48	15.00	0.48	
3	排水沟清理	m³					3680	2.09	0	0	3680.00	2.09	3680.00	2.09	
	潜清池(沉砂池)						7600	5.24	0	0	7600.00	5.24	7600.00	5.24	
4	个数	个					2	0.10	0	0	2	0.10	2.00	0.10	
5	土方开挖	m³	200	0.09	200	0.08	200	0.10	0	-0.01	0	0.02	0	0	
	土地临时平整	m³					3100	3.10	0	-0.15	3100.00	3.10	3100.00	0.01	
(四)	料场防治区			0.48		0.33		0.32	0	-0.29	0	-0.02	0	-0.17	措施类型和措施量与方案设计基本一致
1	1号土料场			0.29		0.17		0.18	0	-0.11	0	0.18	0	-0.11	
1.1	临时排水			0.11				0.10	0	-0.11	-20.80	0.10	-20.80	-0.11	
1.2	土方开挖	m³	250.8	0.11	250.8	0.17	230	0.08	0	-0.18	67.14	-0.09	67.14	-0.01	
	临时拦挡			0.18			180	0.13	0	-0.01	0	0.13	0	-0.18	
2	2号土料场	m³	112.86	0.18	112.86	0.06			0	-0.19	1.60	0	1.60	-0.10	
2.1	临时排水			0.19			160	0.07	0	-0.07	0	0.01	0	-0.06	
2.2	土方开挖	m³	158.4	0.07	158.4	0.07			0	-0.01	58.72	-0.04	58.72	-0.07	
	临时拦挡			0.07					0	-0.12				0	
	填筑土埂	m³	71.28	0.12	71.28	0.1	130	0.06	0	-0.02				-0.12	

续表4-34

项目		单位	水土保持方案		初步设计		实际完成		初设-方案		实际-初设		实际-方案		变化原因分析
			工程量	投资(万元)	工程量	投资(万元)	工程量	投资(万元)	工程量	投资(万元)	工程量	投资(万元)	工程量	投资(万元)	
(五)	施工生产生活防治区			1.41		1.33		24.47	0	-0.08	0	23.14	0	23.06	
1	临时排水			1.24				24.06	0	-1.24	0	24.06	0	22.82	
1.2	土方开挖	m³	3199.7	1.41	3325.67	1.34	4063	4.91	126.00	-0.07	737.33	3.57	863.33	3.50	措施类型和措施量增加,投资增加
	浆砌砖	m³					418.5	13.71	0	0	418.50	13.71	418.50	13.71	
	浆砌石	m³					425	5.45	0	0	425.00	5.45	425.00	5.45	
2	临时挡							0.41	0	0		0.41		0.41	
	临时干砌石端	m³					90	0.41	0	0	90.00	0.41	90.00	0.41	
(六)	弃渣场防治区			9.27		4.82		4.26		-4.45		-0.56		-5.01	
1	1号弃渣场			0.36		0.29		0.18		-0.07		-0.11		-0.18	与设计基本一致
1.1	表土覆盖	m²	2196	0.11	1200	0.06	1320	0.07	-996.00	-0.05	120.00	0.01	-876.00	-0.04	
1.2	临时挡	m³	144	0.23	144	0.21	90	0.06	0	-0.05	-54.00	-0.15	-54.00	-0.17	
	袋装土(挡水土埂)	m³	144	0.23				0.06		-0.23	-54.00	-0.15		-0.23	
1.3	土方开挖	m³	46	0.02	46	0.02	112	0.06	0	-0.02	66.00	0	66.00	0.04	
2	2号弃渣场			3.08		2.45		3.12		-0.63		0.67		0.04	
2.1	表土覆盖	m²	11350	0.57	3340	0.17	3620	0.18	-8010.00	-0.40	280.00	0.01	-7730.00	-0.39	
2.2	临时挡			2.47		2.24		0.75		-0.23		-1.49		-1.72	
	袋装土(挡水土埂)	m³	390	2.47	390	2.24	934	0.75	0	-0.23	544.00	-1.49	544.00	-1.72	
	浆砌石挡端	m³		0.77			70	0.77			70.00	0.77	70.00	0.77	措施类型增加
	临时干砌石端	m³		0.61			110	0.61			110.00	0.61	110.00	0.61	
2.3	临时排水			0.04		0.04		0.82		-0.04		0.78		-0.04	
	土方开挖	m³	97.5	0.04	97.5	0.04	698.4	0.82	0	0	600.90	0.78	600.90	0.78	

续表 4-34

序号	项目	单位	水土保持方案 工程量	水土保持方案 投资(万元)	初步设计 工程量	初步设计 投资(万元)	实际完成 工程量	实际完成 投资(万元)	初设－方案 工程量	初设－方案 投资(万元)	实际－初设 工程量	实际－初设 投资(万元)	实际－方案 工程量	实际－方案 投资(万元)	变化原因分析
3	3号弃渣场			2.27		2.08		0.96	0	-0.19	0	-1.12	0	-1.31	
3.1	表土覆盖	m²	4584	0.23	4584	0.23	4800	0.24	0	0	216.00	0.01	216.00	0.01	与方案设计基本一致
3.2	临时拦挡			2.01		1.83		0.11				0		-2.01	
3.3	袋装土	m³	318	2.01	318	1.83	207	0.11	0	-0.18	-111.00	-1.72	-111.00	-1.90	
	临时排水			0.03		0.03		0.60	0	-0.03	0	0	0	-0.03	
	土方开挖	m³	68.9	0.03	68.9	0.03	483.84	0.60	0	0	414.94	0.57	414.94	0.57	
4	4号弃渣场			3.56					0	-3.56	0	0	0	-3.56	初步设计阶段取消4号弃渣场
4.1	临时拦挡			3.51					0	-3.51	0	0	0	-3.51	
4.2	袋装土	m³	554.4	3.51					-554.40	-3.51	0	0	-554.40	-3.51	
	临时排水			0.05					0	-0.05	0	0	0	-0.05	
	土方开挖	m³	120.12	0.05					-120.12	-0.05	0	0	-120.12	-0.05	
(七)	临时堆料场防治区			149.66		80.8		41.13	0	-68.86	0	-39.67	0	-108.53	
1	1号堆料场	m³	1356	94.04	1197.23	48.85	837	27.80	-158.77	-45.19	-360.23	-21.05	-519.00	-66.24	
1.1	临时拦挡			8.57		6.89		0.28	0	-8.57	0	-6.61	0	-8.57	
	袋装土(挡水土埂)	m³		8.57		6.89		0.28		-1.68		-8.29		-8.29	实际实施时铝丝笼用为干砌石和浆砌石
	浆砌石墙	m³					2702	26.19		0	2702.00	26.19	2702.00	26.19	
	干砌石墙	m³					220	1.32		-0.13	220.00	1.32	220.00	1.32	
1.2	临时排水	m³		0.13		0.1				-0.03		-0.10	0	-0.13	
1.3	土方开挖	m³	293.8	0.13	259.55	0.1			-34.25		-259.55		-293.80	-0.13	
	铝丝石笼								0		0		0		
	方量	m³	2950	85.34	2655	41.86			-295.00	-43.48	-2655.00	-41.86	-2950.00	-85.34	

· 253 ·

续表 4-34

序号	项目	单位	水土保持方案		初步设计		实际完成		初设－方案		实际－初设		实际－方案		变化原因分析
			工程量	投资(万元)	工程量	投资(万元)	工程量	投资(万元)	工程量	投资(万元)	工程量	投资(万元)	工程量	投资(万元)	
2	2号堆料场			55.62		31.95		13.34		-23.67		-18.61	0	-42.28	
2.1	临时拦挡			0.51						-0.51			0	-0.51	
	填筑土埂	m³	318	0.51					-318.00	-0.51			-318.00	-0.51	
	袋装土	m³			318	0.47			318.00	0.47	-318.00	-0.47	0	0	
	临时浆砌石端	m³					710	11.08			710.00	11.08	710.00	11.08	实际实施时铝丝笼调整为干砌石和浆砌石
	临时干砌石端	m³					415	2.26			415.00	2.26	415.00	2.26	
2.2	铝丝石笼														
	方量	m³	1767.5	51.13	1767.5	27.87				-23.26	-1767.50	-27.87	-1767.50	-51.13	
2.3	排水沟			3.97						-3.97				-3.97	
	土方开挖	m³	238.7	0.11	238.7	0.1				-0.01	-238.70	-0.10	-238.70	-0.11	
	浆砌石	m³	167.4	3.87	167.4	3.52				-0.35	-167.40	-3.52	-167.40	-3.87	
(八)	临时道路区			6.76		6.45		5.07		-0.31		-1.38	0	-1.69	
1	临时排水			6.76						-6.76				-6.76	
	土方开挖	m³	15334	6.76	16100.7	6.45	7855	5.07	766.70	-0.31	-8245.70	-1.38	-7479.00	-1.69	
(九)	移民专项设施防治区														
1	连接路养渣场			0.05						-0.05				-0.05	
1.1	表土覆盖			0.01						-0.01				-0.01	
	防尘网	m²	262.4	0.01	262.4	0.01					-262.40	-0.01	-262.40	-0.01	未设置弃渣场
2	恢复道路养渣场			0.03						-0.03				-0.03	
2.1	表土覆盖												0	0	

续表 4-34

项目		单位	水土保持方案		初步设计		实际完成		初设－方案		实际－初设		实际－方案		变化原因分析
			工程量	投资(万元)	工程量	投资(万元)	工程量	投资(万元)	工程量	投资(万元)	工程量	投资(万元)	工程量	投资(万元)	
3	防尘网	m²	653.6	0.03	653.55	0.03			-0.05	0	-653.55	-0.03	-653.60	-0.03	
	引水隧洞弃渣场			0						0	0	0	0	0	未设置弃渣场
	表土覆盖									0				0	
3.1	防尘网	m²	36.1	0	36.12	0			0.02	0	-36.12	0	-36.10	0	
四	独立费用			381.18		624.16	572.19			242.98		-51.97		191.01	
1	建设单位管理费		2233.2	44.66	2574.61	51.49	94.49	341.46	6.83	-2574.61	43.00	-2233.15	49.83		据实计列
2	工程建设监理费			47.99		79.18	79.18		31.19		0		31.19		
3	科研勘测设计费			152.53		288.47	279.82		135.94		-8.65		127.29		
3.1	方案编制费(前期费)			62.81		112.86	109.47		50.05		-3.39		46.66		
3.2	勘测费			45.55		84.92	82.37		39.37		-2.55		36.82		
3.3	设计费			44.17		90.69	87.97		46.52		-2.72		43.80		
4	水土保持监测费(设施费+人工费)			64		110.02	49.00		46.02		-61.02	0	-15.00		
5	水土保持设施验收评估费(自验报告编制费)	参考保监[2005]22号文		72		95	69.70		23.00		-25.30		-2.30		
	一~四部分之和			2614.33		3198.78	4724.76		584.45		1525.98		2110.43		
五	基本预备费		2614.3	156.86		95.96	0		-60.90	-2614.33	-95.96	-2614.33	-156.86		并入主体
六	水土保持补偿费			191.31		0	0		-191.31	0	0	0	-191.31		初设批复取消
	合计			2962.50		3294.75	5296.89		332.25		2002.14		2334.40		

4.4.5 水土保持投资完成情况

4.4.5.1 水土保持投资

1. 实际发生的水土保持投资

根据结算资料统计,本项目共完成水土保持总投资 6 640.38 万元,其中主体已有 1 343.48 万元,新增 5 296.89 万元。新增水土保持措施中,工程措施 2 417.33 万元,植物措施 2 197.54 万元,临时措施 109.84 万元,独立费用 572.19 万元。实际完成水土保持投资汇总见表 4-35、表 4-36,结算明细见表 4-32。

表 4-35 主体工程中界定的水土保持措施投资完成情况统计 （单位:万元)

防治分区	措施类型	实际完成投资
主体工程区	工程措施	667.43
	植物措施	205.09
业主营地区	工程措施	63.6
	植物措施	49.12
永久道路区	工程措施	234.99
	植物措施	1.03
施工生产生活区	工程措施	5.54
	植物措施	
临时道路区	工程措施	42.82
	植物措施	
移民安置区	工程措施	73.87
	植物措施	
合计		1 343.48

表 4-36 方案新增水土保持措施投资完成情况统计 （单位:万元)

防治分区	措施类型	实际完成投资
主体工程区	工程措施	993.37
	植物措施	1 444.03
	临时措施	18.77
业主营地区	工程措施	3.90
	植物措施	148.89
	临时措施	0.34
永久道路区	工程措施	439.38
	植物措施	155.50
	临时措施	15.48

防治分区	措施类型	实际完成投资
料场区	工程措施	247.61
	植物措施	150.66
	临时措施	0.32
弃渣场区	工程措施	700.41
	植物措施	295.74
	临时措施	4.26
施工生产生活区	工程措施	3.06
	植物措施	2.74
	临时措施	24.47
临时道路区	工程措施	8.26
	植物措施	
	临时措施	5.07
临时堆料场区	工程措施	21.35
	植物措施	
	临时措施	41.13
移民安置区	工程措施	
	植物措施	
	临时措施	
移民专项设施区	工程措施	
	植物措施	
	临时措施	
独立费用		572.19
预备费		0
补偿费		0
合计		5 296.89

2. 水土保持投资变化原因分析

经对比,本项目水土保持实际完成投资较方案批复投资 3 888.3 万元增加 2 746.51 万元,其中工程措施增加 797.15 万元,植物措施增加 2 171.75 万元,临时措施费减少 65.43 万元,独立费用增加 191.01 万元,基本预备费计入主体工程,减少 156.86 万元,水土保持补偿费核减 191.31 万元。实际投资与方案和初步设计投资对比分析见表 4-37,对比明细见表 4-33。

表4-37　投资变化情况对比分析

（单位：万元）

	项目	方案	初步设计	实际	重大设计变更	扣除重大设计变更	实际-方案	实际-初设	扣除重大变更实际-方案	扣除重大变更实际-初设	变化原因分析
一	主体已有	925.76	922.58	1343.48		1343.48	412.12	415.30	412.12	415.30	
1	工程措施	718.48	743.84	1021.3		1021.3	302.82	277.46	302.82	277.46	施工中措施类型和措施量增加
2	植物措施	207.28	178.74	322.17		322.17	114.89	143.43	114.89	143.43	提高了绿化标准
二	方案新增	2962.5	3294.7	5296.89	1287.81	4009.08	2334.39	2002.15	1046.58	714.34	
1	工程措施	1917.4	2179.4	2417.33	368.59	2048.74	499.93	237.97	131.34	-130.62	重大变更使措施量和类型增加
2	植物措施	140.68	300.83	2197.54	912.15	1285.39	2056.86	1896.71	1144.71	984.56	重大变更使措施量和类型增加,绿化标准提高
3	临时措施	175.07	94.42	109.84	7.07	102.77	-65.23	15.42	-72.30	8.35	初步设计阶段进行了优化设计;与初步设计实施的工程量有所增加
	1+2+3	2233.2	2574.6	4724.70	1287.81	3436.89	2491.55	2150.09	1203.74	862.28	
4	独立费用	381.18	624.16	572.19		572.19	191.01	-51.97	191.01	-51.97	初步设计阶段进行了优化设计。与初步设计相比,监测费用减少,使独立费用减少
5	预备费	156.86	95.96	0		0	-156.86	-95.96	-156.86	-95.96	与主体工程合并计列
6	水土保持补偿费	191.31	0	0		0	-191.31	0	-191.31	0	国家发展和改革委员会批复概算时核定取消
	合计	3888.3	4217.3	6640.37	1287.81	5352.56	2751.11	2423.05	1464.30	1135.24	

4.4.5.2　投资控制与财务管理

为使工程价款结算工作程序化、规范化,明确各部门和人员在工程价款结算中的责任,依据国家有关规定,河南省河口村水库工程建设管理局在投资控制和财务管理方面建立健全了各项规章制度。2010 年 9 月,河南省河口村水库工程建设管理局结合工程建设的实际,参阅学习和借鉴其他工程的做法,经多方征求意见,编制了《河南省河口村水库工程建设管理制度汇编》,明确了价款结算程序、索赔处理程序、工程投资管理制度和财务管理制度等有关投资和财务管理的规章制度,以规范工程建设投资的使用与管理,有效控制工程造价,提高资金使用效益。水土保持工程投资已列入主体工程投资概算,投资控制以合同管理为主,资金支付严格按合同、协议书和现场计量规定的程序进行。

《河南省河口村水库工程建设管理制度汇编》和河口村水库工程建设管理局相关文件中,明确了计划合同和负责制定工程建设投资控制目标,掌握并分析工程项目概算的执行情况,负责工程价款的结算工作,对合同内变更项目及合同新增项目的单价进行审核;财务科负责编制单位财务计划、经费预算、年终决算、用款计划,负责财务管理和财务核算等。明确了工程计量联合签证程序,即工程计量必须由施工、监理、设计、建管四方联测,联签后方可结算。施工前,由施工、监理、设计、建管等单位联合进行断面或地形测量,并对原始测量数据签字确认;施工完成后,在月结算前,由施工、监理、设计、建管四方联合测量,并对联合计量数据确认,然后由施工单位计算,填写工程计量报验单,附原始测量数据和计算过程,报监理单位和建管单位审核、批准;按图中工程量计算的,由施工单位计算后,填写工程量报验单,附计算过程,报监理部和建管局审核、审批。结算时,先由施工单位提出申请,提交监理部、质量安全科、工程技术科、计划合同科、财务科、总工、主管局长审查和审核,再由局长审批、财务部门予以支付。

结算时间为每月 25 日,施工单位填写"工程价款月支付申请书"及附表,报监理部审核、签认,监理部根据审核过的已完成工程量、施工单位投标单价或经批准的变更、新增单价,签发"工程价款月付款证书";"工程价款月付款证书"经建管局质量安全科审核质量与安全情况,工程技术科审核工程量,计划合同科审核单价,总工、总会、主管副局长、局长审核签字认可后,由财务科支付;对新增单价,施工单位先报送单价送审表,同时附有详细的单价分析表及有关附件,在监理审核完成后,再报审批表,最后由监理对报表进行再次审核签字后报建管局计划合同科初审,初审完成后,报建管局批准。

4.5　水土保持工程质量

4.5.1　质量管理体系

沁河河口村水库工程建设实行了项目法人制、招标投标制、监理制、合同管理制,建立了"项目法人负责、监理单位控制、施工单位保证、政府职能部门监督"的质量管理体系。质量检查体系的主体是河南省河口村水库工程建设管理局,任务是检查质量控制体系、质量保证体系的建立及执行情况;质量控制体系的主体是监理单位,项目的质量控制机构为河南省河川工程监理有限公司河口村水库工程监理部,对质量保证体系的建立和执行起关键控制作用;质量保证体系的主体是设计单位、施工单位、重要设备(材料)供应单位等,是工程质量能否得到保证的最直接和最关键的因素。

4.5.1.1 建设单位质量管理体系

2008年8月25日,河南省水利厅以豫水人劳〔2008〕37号下发了《河南省水利厅关于成立河口村水库工程建设管理局的通知》(简称《通知》)。《通知》中指出,根据省政府常务会议纪要〔2007〕117号和省政府《关于组建沁河河口村水库工程项目法人的批复》(豫政文〔2006〕191号),经研究,决定成立河南省沁河河口村水库工程建设管理局,为河口村水库工程建设项目法人,全面负责该工程的建设管理工作。

河南省沁河河口村水库工程建设管理局成立后,密集出台了包含工程质量管理、综合管理、技术管理、经济管理、安全督查、现场施工等方方面面的规章制度及实施细则等,制定了《河南省河口村水库工程质量管理办法》(豫水河建〔2011〕33号)、《河南省河口村水库工程环境保护和水土保持管理制度》(豫水河建〔2011〕91号)、《河南省河口村水库工程质量安全事故应急预案》、《工程质量检查制度》、《重要隐蔽或关键部位单元工程验收制度和程序》、《河南省河口村水库工程考勤和请假管理办法》、《河南省河口村水库工程工地试验室管理办法》、《河口村水库大坝填筑质量管理办法》等一系列保证质量管理制度,做到规范管理、有章可循,明确了参建各方的职责。

《河南省河口村水库工程质量管理办法》(豫水河建〔2011〕33号)中明确指出,在工程建设过程中,工程质量管理贯彻"百年大计,质量第一"和"质量管理,预防为主"的总方针。加强组织措施和技术措施,防止质量事故。当质量与工期、成本和经济利益发生矛盾时,必须把保证工程质量放在第一位;工程质量管理目标是参建各方严格履行合同责任,达到合同规定的质量要求,把河口村水库工程建设成为省级优质工程,争取获得"大禹奖"。

成立了河南省河口村水库工程质量管理领导小组,局长担任领导小组组长,书记、副局长担任领导小组副组长,总工程师、质量安全科和工程技术科负责人、施工单位、监理单位、设计单位现场机构的负责人为领导小组成员。领导小组日常工作由建管局质量安全科负责,全面负责工程的质量管理工作,对工程进行全员、全过程质量监督管理,在施工中对工程关键部位、重点工序、薄弱环节、隐蔽工程设立质量控制点,严把质量验收关;对监理单位和施工单位的工程质量体系进行监督检查,保证监理单位质量控制体系和施工单位质量保证体系运行正常,工程质量在受控状态;对日常施工质量进行检查,下发质量通报,督促质量隐患或事故处理和整改落实。

河南省河口村水库工程建设管理局依据制定的有关规章制度,一是加强质量安全科队伍建设和提高人员综合素质培训教育力度;二是进一步监督检查监理、设计、施工等单位质量体系运行情况,提倡各参建单位全员、全面、全过程的质量管理,确保工程实体质量;三是加大日常质量检查力度,成立质量巡查小组,对工程关键部位、薄弱环节实行四方扩大化联合验收,不定期委托工地实验室对工程原材料、中间产品及工程质量可疑点进行检验检测,确保工程质量动态受控。

河南省河口村水库工程建设管理局将水土保持工程纳入了主体工程管理体系,实施了统一管理。在合同文本中,有明确的工程质量管理条款,要求单位工程合格率达到

100%;因工程施工破坏的地貌,承包商必须进行整治,并按照规章制度进行了检查监督。在工程款中预留 5% ~10% 作为工程质量保证金,在工程质量保证期(正式交工后 1 ~ 2 年)内根据具体情况陆续支付。

在施工中采取的质量控制措施主要有:

(1)积极构建政府监督、业主管理、社会监理、企业自检和第三方检测的"五级"质量控制保障体系。贯彻质量控制目标,建立"多层过滤"质量管理模式,保证工程质量。

(2)加大工程质量巡查力度,建立质量巡回检查制度。对巡查中发现的问题,现场下达整改指令,对现场存在的质量、安全问题和隐患,以及不文明施工等行为进行书面告知,责令限期整改,做不到位的,进行约谈。

(3)强化监理职能,落实各项措施。以工序控制为重点,以客观、公正、科学的试验数据为依据,实行全过程旁站、全天候服务、全方位监理。强调事前监理与主动监理,把工作重点放在施工前的准备工作阶段和施工过程的工序质量控制,最大限度地杜绝质量安全隐患和质量安全事故。对监理指令追踪到底,认真落实到位,不留死角。

(4)强化材料管理,实施"主材准入制度",从源头上杜绝材料质量隐患。

(5)实施工程建设质量举报奖励办法,接受政府、监理及社会公众的质量监督,鼓励进行质量问题举报。

(6)实行方案报批制,对一些关键施工方案先进行论证、审批后再实施,对一些关键质量控制指标进行控制,保证质量控制目标。

(7)在质量控制中,做到"七不准":不进行技术交底不准进行施工,不合格的原材料不准进场使用,施工人员和施工机械准备不足不准开工,施工工艺和施工方案未经监理批准不准采用,上道工序未经监理检查认可不准进入下道工序施工,各分项(部)工程未经检验合格不准进行中间交工验收,不合格工程不准进行计量。凡发现工程质量不符合设计和规范要求的,不护短,不掩盖,坚决予以返工,彻底消灭质量隐患。

4.5.1.2 设计单位质量管理体系

按照国标质量管理体系要求,制定了《质量管理手册》,对过程中的管理职责、产品实现、测量、分析和改进进行控制。明确提出,总经理代表公司管理层做出承诺,以项目为关注焦点,确保顾客的要求得到满足,根据国家法律法规和限制性文件制定产品设计方案。

在产品实现的策划中,明确总经理负责批准质量计划,综合部主控实现策划、编制总计划,进行监督、检查、考核、确认,并提出全面总结。设计室负责单位工程设计咨询质量计划的编制、实施;设计部针对产品,策划开发产品实现所需的过程,确定恰当的产品质量目标,保证满足顾客和法律法规的要求。

为确保设计产品满足顾客的要求和期望及有关法律法规,各专业设计人员在项目负责人组织领导下各司其职。项目负责人对工程的整体质量负责,主任工程师对设计过程中有关设计文件和资料审批,设计部各设计室主管内部组织和技术接口、设计输入、输出、评审、验证、确认、更改等。

工程设计项目首先由综合部组织编制设计策划,经总经理批准后下达给各设计部。设计部根据项目具体情况组成项目组。项目负责人填写《设计项目计划书》,对生产和服务过程进行有效控制。总经理负责设计服务计划的组织和协调,综合部负责对产品标识和可追溯性实施监督检查,设计部各设计室负责具体的实施工作,为确保工程设计实现过程及产品不混淆,使其产品质量和产品具有可追溯性,进行产品特性识别或状态的标志或标记;对设计内外接口校对、审核、审定、验证、记录等。

对顾客财产,包括政府及上级管理部门批复、文件,顾客提供作为设计依据的文件和资料,设计部各设计室填写相应的记录,按合同规定进行验证,严格维护顾客财产,对设计产品建立防护标识,文件和资料在搬运过程中严禁日晒雨淋,防止搬运途中破损;存档的底图及工程设计资料及时送交办公室保存,原始资料整理后装袋,注明工程名称、档案号后统交办公室保存;设计成品完成后,由项目负责人填写"工程设计成品文件存档验收单"送交办公室存档。综合部经检验合格后填写"工程设计成品检验记录"交办公室安排出版、晒图装订后交付给顾客。

设计产品首先由综合部负责组织内部审核,按内部审核控制程序进行总过程和子过程的综合测量;其次是过程审核,即对产品的某个过程、工序的审核。当过程活动内容或过程条件发生较大变化时,由综合部组织各部门有关人员实施,编制"过程能力审核报告"。

在内部审核的间隔期内,综合部对各部门某些质量活动的实施情况进行抽查,填写"工作质量检查表"。当过程监视和测量反映出未能达到预期结果时,综合部进行数据分析,并提出纠错措施和纠正措施,发出"纠正措施通知单"责成责任部门实施。

综合部对责任部门实施的纠错措施和纠正措施进行跟踪验证,验证产品的符合性和过程的有效性,同时综合部负责产品监视和测量的控制。设计部各设计室专业总工程师负责本专业设计文件和资料的质量检验评定,并给出"优、良、可、劣"四个等级,报综合部审定,总经理批准。

评审不合格的,综合部负责对质量管理体系各过程输出信息进行评审,确定不合格的原因,采取相应的纠正措施,下发纠正措施通知单。

设计单位对本项目勘测设计实行项目管理,在项目建议书开始之时成立了河口村工程勘测设计项目部,质量环境职业健康安全管理体系遵从公司质量环境职业健康安全管理体系进行各方面管理工作,建立严格的勘测设计、科研试验成果的核审签证制度和相应程序的会签核签人员技术责任制,每年定期进行质量环境职业健康安全内审和外审检查,确保质量环境职业健康安全体系的顺利实施,保证工程设计质量。确保产品质量100%符合国家、行业、地方相关法律法规和其他要求,按期交付勘测设计产品,合格率达100%;上级主管部门产品质量抽查中不出现不合格品;做好设计技术交底、各种验收,地质安全预报,对现场各方提出的问题,及时快速解决,控制一般问题处理不超过 3 d,重大问题不超过 7 d;合同履约率100%,现场参建各方满意率95%以上,不发生现场参建各方重大投诉;做好自身安全,服从现场安全管理,控制现场重大环境污染事故为0,重大及以上安全生产责任事故为0,较大安全生产责任事故每年不超过 1 起,重大问题追究率100%。

4.5.1.3 监理单位质量管理体系

监理单位以控制质量为主,协助业主控制安全、进度、投资。根据监理单位提供的监理工作总结报告,河南省河川工程监理有限公司在监理过程中成立了水土保持监理领导小组,制定了由总监理工程师、监理工程师、现场监理三级监理岗位责任制,总监理工程师负责审核,监理工程师负责落实检查监督执行情况和督促执行的责任,现场监理工程师负责监督现场执行的责任。把握"事前、事中、事后"三个控制环节,层层落实、步步把关,将水土保持责任分解到每个人身上,以此增强对水土保持工程实施控制和处置能力,将由施工造成的人为水土流失减少到最低。

开工前,监理单位按照要求制定了监理规划和细则,确定了设计交底制度、实施方案审核制度、进度控制检查制度、资金使用抽查制度、设计变更处理制度、质量检查制度、文档管理制度等多项监理制度;明确了总监理工程师、监理工程师和监理员的职责与权限。在监理单位内部制定了工作会议制度,监理单位来往行文审批制度,监理工作日志制度,技术、经济、资料归档制度;拟定了监理人员守则。监理过程中通过巡视、检查、抽查等方法,对水土保持措施落实情况进行监理,采用"三控三管一协调"的监控措施。

施工现场设有监理项目部,工程监理人员常驻现场,把握事前控制、过程跟踪、事后检查三个环节,对工程质量进行全方位、全过程的监督、检查和管理,根据工程承建合同,签发施工图纸,审查施工组织设计和技术措施,指导和监督执行有关质量标准,参加工程施工放样,质量检查、工程质量事故调查处理和工程验收,通过旁站、巡视、抽检、量测、报告书审查、书面指令、联合检查等方式,为控制工程质量提供可靠的保证。

4.5.1.4 质量监督单位管理体系

河南省水利水电工程建设质量监测监督站为本项目的质量监督机构。2008 年 12 月 22 日,成立了河口村水库工程质量监督项目站,具体负责河口村水库质量监督工作,并任命了项目站站长。工程建设过程中,项目站常驻 3 名质量监督人员开展质量监督工作。监督人员严格按照《河南省水利工程质量监督规程》制订了监督工作方案和监督工作计划,坚持"服务、帮助、指导、监督"的原则,完成了参建单位质量复核、质量体系检查、项目划分和外观质量评定标准确认、新增单元工程评定标准的审核、参建单位行为和实体质量监督检查、法人验收工作的监督检查、法人验收质量结论的核备核定等各项监督工作任务。为加强质量监督力度,河南省水利水电工程建设质量监测监督站开展了质量巡查和质量巡检,印发了巡查报告和巡检报告,有力地促进了工程质量提高。

同时,在工程建设期间,政府相关职能部门也多次进行监督检查,项目所在流域机构和地方水行政主管部门多次到施工现场,检查指导水土保持工作,为水土保持工程的实施和完善及控制施工过程中的水土流失都起到了极大的促进作用。

4.5.1.5 施工单位质量管理体系

施工单位全部通过招标投标形式承揽本项目水土保持工程施工任务。各施工单位均具有相应施工资质,具备一定技术力量和经济实力,自身的质量保证体系较完善。施工单位对本项目实行项目经理负责制,对工程进行全面管理,人员持证上岗,实行工程质量终身负责制,明确各自岗位的相应质量责任,并接受业主、监理、质量监督部门全方位及全过程的监督。

项目经理部建立了质量管理机构和质量保证体系,执行质量保证所遵循的规范、标准及规程,确保工程质量。

主要采用的质量管理办法如下:

(1)建立健全现场质量管理机构,建立现场施工质量保证体系,落实岗位责任制;加强员工的质量意识教育,在确保施工质量的前提下求进度、求效益。

（2）认真做好施工前的工程技术交底，使现场全体管理人员了解施工组织设计方案、工程难点、关键部位及规范，做好施工前准备。

（3）严格控制原材料、配件的质量，验收工作规范化，认真执行材料试验、检验制度，做好材料存放、保管工作。

（4）认真执行技术监督制度，贯彻"谁施工谁负责质量，谁操作谁保证质量"的原则。

（5）质量管理工作贯彻预防为主的方针，实行自检、互检与专检的三级检查制度，并及时做好质量检查记录。严格执行隐蔽工程验收制度，未经验收签证，一律不准隐蔽。

（6）推行新材料、新工艺、新技术的应用，对新、特施工工艺，重要或复杂工序，进行典型施工，推行全面质量管理等科学管理方法。

施工过程中，工程质量采用事前、事中和事后控制三个阶段。对工程的主要部位，影响质量的特殊工艺、原材料等，作为质量管理重点加以控制。施工前制定相应的技术措施和检查手段、方法，施工中通过质量保证计划、现场施工管理制度、施工技术监督制度、质量检查制度、隐蔽工程验收制度、材料进场检查、抽样检验制度等进行控制，首先是施工班组的自检、工序间的互检以及施工技术人员的检查（填写记录）等日常质检工作，控制每道工序质量；其次是质安组按质量保证计划在管理点进行任意抽查，对关键工序和隐蔽工程，会同设计及建设方共同验收。经验收后方能进行下道工序的施工。

可见，施工单位质量管理体系较为健全完善。

综上所述，工程建设采用的质量管理体系健全、制度完善、措施有力，为保证工程质量奠定了坚实的基础。

4.5.2 各防治分区水土保持工程质量评价

4.5.2.1 工程项目划分过程与结果

1. 项目划分过程

根据《水土保持工程质量评定规程》（SL 336—2006）、《开发建设项目水土保持设施验收技术规程》（GB/T 22490—2008），结合本项目标段划分及现场具体情况，针对水土保持工程标段，单个水土保持标段作为一个单位工程，按工程项目功能与类型划分分部工程，按照施工方法、工程位置及工程量划分单元工程。

本项目前期工程施工标段主要包括永久道路、临时道路、场内供电、办公楼房建、金滩河大桥、通信及供水等工程；主体工程标段主要包括大坝、泄洪洞、溢洪道、引水发电及防渗系统等工程。根据水土保持方案和水土保持初步设计所界定的水土保持措施项目按功能、部位或工程量（长度等）等划分单元工程，并入主体工程所划单位工程及相应分部工程中，不再单独划分水土保持分部工程和单位工程，质量评定随主体进行。

因各施工标段的临时水土保持措施费用包括在合同总价承包项目中，故在实施过程中对开展的临时挡水埝、排水沟、挡渣墙、临时覆盖等临时措施进行检查控制，不再进行项目划分及评定，而是在施工过程中，由施工单位自检、监理单位抽检，填写现场记录表，合格后予以支付。

从上述项目划分的实际情况可知，本项目在实施过程中，水土保持工程项目划分包括两部分：一部分是主体工程施工标段对所包含的水土保持工程的项目划分，一部分是水土保持工程标段所进行的工程项目划分。主体工程施工标段的项目划分依据是水利水电工程质量评定标准,其中所包含的水土保持工程的评定采用主体工程已评定结果分类统计,根据单元工程的评定结果("合格"或"优良")确定包含水土保持单元工程的分部工程和单位工程评定结果,并将该部分评定资料作为水土保持工程质量评定资料归档。水土保持标段所实施的项目以水土保持工程为主,部分项目不属于水土保持工程项目的,如场内道路分部工程,但该部分内容含在所属水土保持标段中,为不影响单位工程的评价结果及与现有评定资料的统一,该部分项目划分的情况一并进行统计,不再剔除。本项目水土保持工程最终的质量评定采用对上述两种划分结果分别统计,综合确定。个别单位工程中所含水土保持工程单元较少,单元工程和分部工程评定结果与所在单位工程的评定结论有冲突的,采用水土保持监理重新认定,依次进行综合评价,最终确定水土保持工程质量的评定等级。

2. 划分结果

本项目水土保持工程标共划分为 9 个单位工程。根据工程项目的功能与类型,每个标段按绿化、护坡、挡渣墙、其他工程等分别划分 4 ~ 7 个分部工程,共 46 个分部工程、1 174 个单元工程。

前期工程和主体工程施工标段中,涉及水土保持工程的单位工程有 12 个、分部工程42 个、单元工程 285 个。

项目划分及划分结果详见表 4-38、表 4-39。

4.5.2.2　工程质量评价

1. 资料核查情况

自验项目组分组查阅了沁河河口村水库工程水土保持方案及批复文件、水土保持初步设计文件、项目建议书及批复文件、可行性研究报告及批复文件、初步设计及批复文件、概算核定批复文件、施工图设计文件、建设征地移民安置规划报告、征地勘界红线图、临时占地租赁协议、临时占地移交签证表、重大设计变更及审批文件、变更联系单及审批文件、招标投标文件、主体工程施工合同、水土保持工程施工合同、质量评定资料、工程结算资料、弃渣场稳定评价报告,以及水土保持投资与资金管理、建设单位、施工单位、监理单位、运营管理部门等相关管理制度等。

针对 21 个单位工程,自验项目组查阅了水土保持工程标的 9 个单位工程,包括侧墙加高、边坡防护、道路绿化、挡渣墙、给水排水等 40 个分部工程、980 个单元工程;其他施工标(主体工程标和前期工程)的 12 个单位工程,包括高次团粒喷播、边坡防护、浆砌石排水沟、挡渣墙等 42 个分部工程、285 个单元工程;单位工程的全套施工和评定资料,包括中标文件,开工令,设计变更及审批文件,水土保持工程施工合同,施工总结报告,项目划分资料,施工组织设计,单元工程、分部工程和单位工程的质量评定资料,水土保持分部工程验收签证书,单位工程验收鉴定书,质量检验资料,监理月报及监理现场抽查资料原始记录,施工管理制度,施工总结报告,工程结算资料,施工大事记等;监测单位季报、年报及现场原始记录等,并对水土保持分部工程验收签证书和单位工程验收鉴定书及施工影像资料进行详查。

2.工程质量评定结果

通过对水土保持工程质量评定资料详查,结合主体监理、水土保持监理、施工总结报告,工程质量检查和质量评定记录进行统计,本项目水土保持工程质量评定结果详见表4-40～表4-42。

河南省河口村水库工程水土保持标段共划分9个单位工程,全部合格,其中优良6个,单位工程优良率66.7%;46个分部工程,全部合格,其中优良23个,优良率50%;1174个单元工程,全部合格,其中优良632个,单元工程优良率53.8%。

其他施工标段(主体工程和前期工程)包含水土保持措施项目的共涉及12个单位工程,全部合格,其中8个认定为优良,单位工程优良率66.7%;42个分部工程全部合格,其中优良26个,分部工程优良率61.9%;285个单元工程,全部合格,其中优良188个,单元工程优良率66.0%。

表4-38　水土保持工程标项目划分及划分结果统计

水土流失防治分区	单位工程名称及编码	分部工程名称及编码	分部工程个数	单元工程总数	划分标准
主体工程区	河南省河口村水库道路水土保持工程（HKSKSB1）	边坡坡脚排水沟浆砌石侧墙加高（HKSKSB1－1）	1	3	按长度50～500 m进行划分
		边坡防护工程（HKSKSB1－2）	1	20	按段、块、长度进行划分
		冲沟砌体工程（HKSKSB1－3）	1	24	按段、块、长度进行划分
		冲沟绿化工程（HKSKSB1－4）	1	22	按种类划分
		道路绿化工程（HKSKSB1－5）	1	44	按面积、株进行划分
弃渣场区	2号弃渣场水土保持工程（HKSKSB2）	挡渣墙工程（HKSKSB2－1）	1	8	按结构形式分部位划分
		渣场护坡工程（HKSKSB2－2）	1	14	按结构形式分高程划分
		边坡排水工程（HKSKSB2－3）	1	15	按结构形式分部位、长度划分
		边坡绿化工程（HKSKSB2－4）	1	35	按种类划分
		2号道路边坡防护工程（HKSKSB2－5）	1	16	按结构形式分部位、长度划分
		平台排水工程（HKSKSB2－6）	1	19	按结构形式分长度划分

水土流失防治分区	单位工程名称及编码	分部工程名称及编码	分部工程个数	单元工程总数	划分标准
弃渣场区	1号、2号弃渣场整治及水土保持工程（HKSKSB3）	Δ1号渣场基础处理工程（HKSKSB3－1）	1	28	按结构形式划分
		1号渣场挡土墙工程（HKSKSB3－2）	1	13	按结构形式分长度划分
		1号渣场绿化工程（HKSKSB3－3）	1	19	按施工内容根据情况而定
		1号、2号渣场场内道路工程（HKSKSB3－4）	1	25	按施工内容划分
		小电站边坡绿化工程（HKSKSB3－5）	1	12	按施工内容分种类划分
		2号渣场绿化工程（HKSKSB3－6）	1	19	按施工内容根据情况而定
		防汛仓库工程（HKSKSB3－7）	1	97	按结构形式划分
弃渣场区、料场区	3号弃渣场及石料场水土保持工程（HKSKSB4）	3号渣场排水沟工程（HKSKSB4－1）	1	40	按结构形式分长度划分
		3号渣场护坡工程（HKSKSB4－2）	1	11	按施工内容分种类、长度划分
		3号渣场绿化工程（HKSKSB4－3）	1	9	按种类划分
		石料场绿化工程（HKSKSB4－4）	1	19	按种类划分
主体工程区	坝后排水系统整治及水土保持工程（HKSKSB5）	给水排水工程（HKSKSB5－1）	1	58	按结构形式分种类、部位划分
		护坡工程（HKSKSB5－2）	1	24	按结构形式分部位划分
		场内道路工程（HKSKSB5－3）	1	11	按结构形式分部位划分
		绿化工程（HKSKSB5－4）	1	8	按种类分部位划分
		其他工程（HKSKSB5－5）	1	16	按施工内容根据情况而定

水土流失防治分区	单位工程名称及编码	分部工程名称及编码	分部工程个数	单元工程总数	划分标准
主体工程区	坝后 220 m 平台渣场水土保持工程（HKSKSB6）	给水排水工程（HKSKSB6－1）	1	27	按结构形式分部位、长度划分
		场内道路工程（HKSKSB6－2）	1	21	按结构形式分部位划分
		花坛及建筑（HKSKSB6－3）	1	66	按结构形式分部位划分
		绿化工程（HKSKSB6－4）	1	51	按种类划分
		其他工程（HKSKSB6－5）	1	6	按施工内容根据情况而定
	坝下河道河心滩水土保持工程（HKSKSB7）	给水排水工程（HKSKSB7－1）	1	8	按结构形式分部位划分
		场内道路工程（HKSKSB7－2）	1	13	按结构形式分长度划分
		铺装及建筑工程（HKSKSB7－3）	1	27	按结构形式分部位划分
		绿化工程（HKSKSB7－4）	1	46	按种类划分
		其他工程（HKSKSB7－5）	1	14	按施工内容根据情况而定
	坝下河道岸坡及滩地水土保持工程 I 标（HKSKSB8）	给水排水工程（HKSKSB8－1）	1	22	按结构形式分部位划分
		广场及场内道路工程（HKSKSB8－2）	1	20	按结构形式分部位划分
		进口及停车场硬化工程（HKSKSB8－3）	1	49	按结构形式分部位划分
		绿化工程（HKSKSB8－4）	1	34	按种类划分
		其他工程（HKSKSB8－5）	1	10	按施工内容根据情况而定

水土流失防治分区	单位工程名称及编码	分部工程名称及编码	分部工程个数	单元工程总数	划分标准
主体工程区	坝下河道岸坡及滩地水土保持工程Ⅱ标（HKSKSB9）	给水排水工程（HKSKSB9－1）	1	20	按结构形式分部位划分
		场内道路工程（HKSKSB9－2）	1	63	按结构形式分部位划分
		绿化工程（HKSKSB9－4）	1	38	按种类划分
		其他工程（HKSKSB9－5）		10	按施工内容根据情况而定
合计			46	1 174	

表 4-39　主体施工标段水土保持措施项目划分情况统计

水土流失防治分区	单位工程名称及编码	含有水土保持工程的分部工程名称及编码	单元工程名称	单元工程个数	评定标准
主体工程区	ZT1 标泄洪洞工程（HKSK1）	1 号泄洪洞出口消能段（HKSK1－5）	高次团粒喷播	10	全部合格为合格,50%优良为优良
	ZT2 标引水发电工程（HKSK3）	边坡工程（HKSK3－2）	边坡开挖	2	全部合格为合格,50%优良为优良
			浆砌石网格护坡	2	全部合格为合格,50%优良为优良
			草皮护坡	2	全部合格为合格,50%优良为优良
		厂区附属工程（HKSK3－10）	排水沟基础开挖	2	全部合格为合格,50%优良为优良
			浆砌石排水沟	3	全部合格为合格,50%优良为优良
	ZT4 标大坝工程（HKSK6）	下游坝面护坡（HKSK6－13）	浆砌石排水沟	3	全部合格为合格,50%优良为优良
			浆砌石集水井	1	全部合格为合格,50%优良为优良
			混凝土消力池	6	全部合格为合格,50%优良为优良
			混凝土排水沟	41	全部合格为合格,50%优良为优良
			干砌石护坡	1	全部合格为合格,50%优良为优良
			混凝土量水堰排水渠	7	全部合格为合格,50%优良为优良
			混凝土量水堰蓄水池	4	全部合格为合格,50%优良为优良
			浆砌石护坡	4	全部合格为合格,50%优良为优良
		其他工程（HKSK6－15）	增建水池	2	全部合格为合格,50%优良为优良
			浆砌石排水沟	5	全部合格为合格,50%优良为优良
			浆砌石消力池	1	全部合格为合格,50%优良为优良
			混凝土箱涵	31	全部合格为合格,50%优良为优良

水土流失防治分区	单位工程名称及编码	含有水土保持工程的分部工程名称及编码	单元工程名称	单元工程个数	评定标准
永久道路区	SG10标道路改建1标（HKSK11）	1号道路道路改建工程（HKSK11-1）	混凝土排水沟	5	全部合格为合格,50%优良为优良
		5号延长段道路改建工程（HKSK11-2）	混凝土排水沟	9	全部合格为合格,50%优良为优良
			浆砌石网格护坡	2	全部合格为合格,50%优良为优良
			草皮种植	6	全部合格为合格,50%优良为优良
		11号道路K0+000-K0+243段道路改建工程（HKSK11-3）	混凝土排水沟	4	全部合格为合格,50%优良为优良
	SG11标道路改建2标（HKSK11）	2号道路K0+000~K1+000段道路改建工程（HKSK11-4）	混凝土排水沟	15	全部合格为合格,50%优良为优良
		2号道路K1+000~K2+160段道路改建工程（HKSK11-5）	混凝土排水沟	16	全部合格为合格,50%优良为优良
		2号道路延长段及3号道路改建工程（HKSK11-6）	混凝土排水沟	4	全部合格为合格,50%优良为优良
			浆砌石挡墙	4	全部合格为合格,50%优良为优良
	进场道路（对外道路）（HKCQQ1）	K9+810~K9+960（HKCQQ1-1）	排水沟土方开挖	1	全部合格为合格,50%优良为优良
			浆砌石排水沟	1	全部合格为合格,50%优良为优良
		K9+960~K10+110（HKCQQ1-2）	排水沟土方开挖	1	全部合格为合格,50%优良为优良
			浆砌石排水沟	1	全部合格为合格,50%优良为优良
		K10+110~K10+260（HKCQQ1-3）	排水沟土方开挖	1	全部合格为合格,50%优良为优良
			浆砌石排水沟	1	全部合格为合格,50%优良为优良
		K10+260~K10+410（HKCQQ1-4）	排水沟土方开挖	1	全部合格为合格,50%优良为优良
			浆砌石排水沟	1	全部合格为合格,50%优良为优良
		K10+410~K10+562（HKCQQ1-5）	排水沟土方开挖	1	全部合格为合格,50%优良为优良
			浆砌石排水沟	1	全部合格为合格,50%优良为优良

水土流失防治分区	单位工程名称及编码	含有水土保持工程的分部工程名称及编码	单元工程名称	单元工程个数	评定标准
永久道路区	1号道路（HKCQQ8）	K0+000～K0+340（HKCQQ8-1）	排水沟基础开挖	4	全部合格为合格,50%优良为优良
			浆砌石排水沟	4	全部合格为合格,50%优良为优良
		K0+340～K0+720（HKCQQ8-2）	排水沟基础开挖	3	全部合格为合格,50%优良为优良
			浆砌石排水沟	3	全部合格为合格,50%优良为优良
		K0+720～K1+099（HKCQQ8-3）	排水沟基础开挖	2	全部合格为合格,50%优良为优良
			浆砌石排水沟	2	全部合格为合格,50%优良为优良
	2号道路（HKCQQ10）	K0+000～K0+400（HKCQQ10-1）	边沟基础开挖	2	全部合格为合格,50%优良为优良
			浆砌石边沟	2	全部合格为合格,50%优良为优良
		K0+400～K0+800（HKCQQ10-2）	边沟基础开挖	2	全部合格为合格,50%优良为优良
			浆砌石边沟	2	全部合格为合格,50%优良为优良
		K0+800～K0+1200（HKCQQ10-3）	边沟基础开挖	2	全部合格为合格,50%优良为优良
			浆砌石边沟	2	全部合格为合格,50%优良为优良
		K0+1200～K0+1600（HKCQQ10-4）	边沟基础开挖	2	全部合格为合格,50%优良为优良
			浆砌石边沟	2	全部合格为合格,50%优良为优良
	2号道路（HKCQQ10）	K0+1600～K2+076.937（HKCQQ10-5）	边沟基础开挖	2	全部合格为合格,50%优良为优良
			浆砌石边沟	3	全部合格为合格,50%优良为优良
		排水涵工程（HKCQQ10-7）	挡渣墙基础开挖	2	全部合格为合格,50%优良为优良
			挡渣墙浆砌石	2	全部合格为合格,50%优良为优良
			急流槽基础开挖	2	全部合格为合格,50%优良为优良
			急流槽浆砌石	2	全部合格为合格,50%优良为优良
	3号道路（HKCQQ2）	K0+000～K0+200（HKCQQ2-1）	浆砌石排水沟	1	全部合格为合格,50%优良为优良
		K0+200～K0+400（HKCQQ2-2）	浆砌石排水沟	1	全部合格为合格,50%优良为优良
		K0+400～K0+600（HKCQQ2-3）	浆砌石排水沟	1	全部合格为合格,50%优良为优良
		K0+600～K0+718.657（HKCQQ2-4）	浆砌石排水沟	1	全部合格为合格,50%优良为优良

水土流失防治分区	单位工程名称及编码	含有水土保持工程的分部工程名称及编码	单元工程名称	单元工程个数	评定标准
永久道路区	4 号道路（HKCQQ17）	K0＋000～K0＋400（HKCQQ17－1）	浆砌石排水沟	1	全部合格为合格,50%优良为优良
		K0＋400～K0＋800（KCQQ17－2）	排水沟基础开挖	1	全部合格为合格,50%优良为优良
			浆砌石排水沟	1	全部合格为合格,50%优良为优良
		K1＋600～K2＋000（KCQQ17－5）	排水沟基础开挖	1	全部合格为合格,50%优良为优良
			浆砌石排水沟	1	全部合格为合格,50%优良为优良
		K2＋000～K2＋400（HKCQQ17－6）	排水沟基础开挖	1	全部合格为合格,50%优良为优良
			浆砌石排水沟	1	全部合格为合格,50%优良为优良
		K2＋400～K2＋848.134（HKCQQ17－7）	排水沟基础开挖	1	全部合格为合格,50%优良为优良
			浆砌石排水沟	1	全部合格为合格,50%优良为优良
	5 号道路（HKCQQ15）	K0＋000～K0＋300（HKCQQ15－1）	排水沟基础开挖	1	全部合格为合格,50%优良为优良
			浆砌石排水沟	1	全部合格为合格,50%优良为优良
		K0＋400～K0＋800（HKCQQ15－2）	排水沟基础开挖	1	全部合格为合格,50%优良为优良
			浆砌石排水沟	1	全部合格为合格,50%优良为优良
		K2＋000～K2＋400（HKCQQ15－4）	排水沟基础开挖	1	全部合格为合格,50%优良为优良
			浆砌石排水沟	1	全部合格为合格,50%优良为优良
临时道路区	9 号道路（HKCQQ16）	K0＋000～K0＋300（HKCQQ16－1）	排水沟基础开挖	2	全部合格为合格,50%优良为优良
			浆砌石排水沟	2	全部合格为合格,50%优良为优良
		K0＋300～K0＋500（HKCQQ16－2）	排水沟基础开挖	2	全部合格为合格,50%优良为优良
			浆砌石排水沟	2	全部合格为合格,50%优良为优良
		K0＋500～K0＋700（HKCQQ16－3）	排水沟基础开挖	2	全部合格为合格,50%优良为优良
			浆砌石排水沟	2	全部合格为合格,50%优良为优良
		K0＋700～0＋863.74（HKCQQ16－4）	排水沟基础开挖	1	全部合格为合格,50%优良为优良
			浆砌石排水沟	1	全部合格为合格,50%优良为优良
业主营地区	前期二期4#标	10 kV 高压配电室主体结构	麦冬	1	
合计	42			285	

表 4-40　水土保持工程标段质量评定结果统计

单位工程名称及编码	单位工程评定情况	分部工程名称及编码	分部工程评定情况	单元工程总数	合格个数	优良个数	合格率（%）	优良率（%）
河南省河口村水库道路水土保持工程（HKSKSB1）	合格	边坡坡脚排水沟浆砌石侧墙加高（HKSKSB1-1）	合格	3	3	3	100	100
		边坡防护工程（HKSKSB1-2）	合格	20	20	14	100	70
		冲沟砌体工程（HKSKSB1-3）	合格	24	24	17	100	70.8
		冲沟绿化工程（HKSKSB1-4）	合格	22	22	22	100	100
		道路绿化工程（HKSKSB1-5）	合格	44	44	44	100	100
Δ2号弃渣场水土保持工程（HKSKSB2）	合格	挡渣墙工程（HKSKSB2-1）	合格	8	8	3	100	37.5
		渣场护坡工程（HKSKSB2-2）	合格	14	14	6	100	42.9
		边坡排水工程（HKSKSB2-3）	合格	15	15	1	100	6.7
		边坡绿化工程（HKSKSB2-4）	合格	35	35	12	100	34.3
		2号道路边坡防护工程（HKSKSB2-5）	合格	16	16	5	100	31.3
		平台排水工程（HKSKSB2-6）	合格	19	19	3	100	15.8
Δ1号、2号渣场整治及水土保持工程（HKSKSB3）	优良	Δ1号渣场基础处理工程（HKSKSB3-1）	优良	28	28	20	100	71.4
		1号渣场挡土墙工程（HKSKSB3-2）	合格	13	13	3	100	23.1
		1号渣场绿化工程（HKSKSB3-3）	优良	19	19	15	100	78.9

注:标 Δ 的为重要单位工程,下同。

· 273 ·

单位工程 名称及编码	单位工 程评定 情况	分部工程 名称及编码	分部工 程评定 情况	单元工 程总数	合格 个数	优良 个数	合格率 （%）	优良率 （%）
Δ1 号、 2 号渣场 整治及水 土保持工程 （HKSKSB3）	优良	1 号、2 号渣场场内道路 工程（HKSKSB3 - 4）	优良	25	25	17	100	68.0
		小电站边坡绿化工程 （HKSKSB3 - 5）	优良	12	12	9	100	75.0
		2 号渣场绿化工程 （HKSKSB3 - 6）	优良	19	19	15	100	78.9
		防汛仓库工程 （HKSKSB3 - 7）	合格	97	97	0	100	0
Δ3 号渣场及 石料场水 土保持工程 （HKSKSB4）	合格	3 号渣场排水沟工程 （HKSKSB4 - 1）	合格	40	40	16	100	40.0
		3 号渣场护坡工程 （HKSKSB4 - 2）	优良	11	11	6	100	54.5
		3 号渣场绿化工程 （HKSKSB4 - 3）	优良	9	9	5	100	55.6
		石料场绿化工程 （HKSKSB4 - 4）	合格	19	19	4	100	21.1
坝后排水系 统整治及水 土保持工程 （HKSKSB5）	优良	给水排水工程(HKSKSB5 - 1)	合格	58	8	23	100	39.7
		护坡工程(HKSKSB5 - 2)	合格	24	4	10	100	41.7
		场内道路工程(HKSKSB5 - 3)	优良	11	11	9	100	81.8
		绿化工程(HKSKSB5 - 4)	优良	8	8	5	100	62.5
		其他工程(HKSKSB5 - 5)	优良	16	16	10	100	62.5
Δ 坝后 220 平 台渣场水土 保持工程 （HKSKSB6）	优良	给水排水工程(HKSKSB6 - 1)	优良	27	27	19	100	70.4
		场内道路工程(HKSKSB6 - 2)	合格	21	21	11	100	52.4
		花坛及建筑（HKSKSB6 - 3）	优良	66	66	39	100	59.1
		绿化工程(HKSKSB6 - 4)	优良	51	51	26	100	51.0
		其他工程(HKSKSB6 - 5)	合格	6	6	5	100	83.3
Δ 坝下河道 河心滩水土 保持工程 （HKSKSB7）	优良	给水排水工程(HKSKSB7 - 1)	优良	8	8	4	100	50.0
		场内道路工程(HKSKSB7 - 2)	优良	13	13	10	100	76.9
		铺装及建筑工程(HKSKSB7 - 3)	优良	27	27	16	100	59.3
		绿化工程(HKSKSB7 - 4)	优良	46	46	24	100	52.2
		其他工程(HKSKSB7 - 5)	合格	14	14	4	100	28.6

続表 4-40

单位工程名称及编码	单位工程评定情况	分部工程名称及编码	分部工程评定情况	单元工程总数	合格个数	优良个数	合格率（%）	优良率（%）
△ 坝下河道岸坡及滩地水土保持工程 I 标（HKSKSB8）	优良	给水排水工程（HKSKSB8－1）	优良	22	22	16	100	72.7
		广场及场内道路工程（HKSKSB8－2）	合格	20	20	8	100	40.0
		进口及停车场硬化工程（HKSKSB8－3）	优良	49	49	41	100	83.7
		绿化工程（HKSKSB8－4）	优良	34	34	28	100	82.4
		其他工程（HKSKSB8－5）	合格	10	10	4	100	40.0
△ 坝下河道岸坡及滩地水土保持工程 II 标（HKSKSB9）	优良	给水排水工程（HKSKSB9－1）	优良	20	20	15	100	75.0
		场内道路工程（HKSKSB9－2）	合格	63	63	33	100	52.4
		绿化工程（HKSKSB9－4）	优良	38	38	23	100	60.5
		其他工程（HKSKSB9－5）	优良	10	10	9	100	90.0
9				1 174	1 174	632	100	53.8

表 4-41　主体施工标段水土保持措施质量评定结果统计

项目名称	含有水土保持工程的分部工程名称及编码	分部工程质量评定结果	水土保持措施项目	单元工程总数	合格个数	优良个数	合格率（%）	优良率（%）
ZT1 泄洪洞工程（HKSK1）	1 号泄洪洞出口消能段（HKSK1－5）	优良	高次团粒喷播	10	10	8	100	80
ZT2 标引水发电工程（HKSK3）	边坡工程（HKSK3－2）	合格	边坡开挖	2	2	2	100	100
			浆砌石网格护坡	2	2		100	
			草皮护坡	2	2		100	
	厂区附属工程（HKSK3－10）	合格	排水沟基础开挖	2	2	1	100	50
			浆砌石排水沟	3	3		100	
ZT4 标大坝工程（HKSK6）	下游坝面护坡（HKSK6－13）	优良	浆砌石排水沟	3	3		100	
			浆砌石集水井	1	1		100	
			混凝土消力池	6	6	6	100	100
			混凝土排水沟	41	41	41	100	100
			干砌石护坡	1	1		100	

项目名称	含有水土保持工程的分部工程名称及编码	分部工程质量评定结果	水土保持措施项目	单元工程总数	合格个数	优良个数	合格率（%）	优良率（%）
ZT4标大坝工程（HKSK6）	下游坝面护坡（HKSK6-13）	优良	混凝土量水堰排水渠	7	7	7	100	100
			混凝土量水堰	4	4	4	100	100
			浆砌石护坡	4	4		100	
	其他工程（HKSK6-15）	优良	增建水池	2	2	2	100	100
			浆砌石排水沟	5	5		100	
			浆砌石消力池	1	1		100	
			混凝土箱涵	31	31	30	100	96.8
SG10标道路改建1标（HKSK11）	1号道路道路改建工程（HKSK11-1）	优良	混凝土排水沟	5	5	4	100	80.0
	5号延长段道路改建工程（HKSK11-2）	优良	混凝土排水沟	10	10	10	100	100
			浆砌石网格护坡	2	2		100	
			草皮种植	6	6	6	100	100
	11号道路K0+000-K0+243段道路改建工程（HKSK11-3）	优良	混凝土排水沟	4	4	3	100	75.0
SG11标道路改建2标（HKSK11）	2号道路K0+000~K1+000段道路改建工程（HKSK11-4）	优良	混凝土排水沟	15	15	11	100	73.3
	2号道路K1+000~K2+160段道路改建工程（HKSK11-5）	合格	混凝土排水沟	16	16		100	
	2号道路延长段及3号路道路改建工程（HKSK11-6）	合格	混凝土排水沟	4	4		100	
			浆砌石挡墙	4	4		100	
进场道路（对外道路）（HKCQQ1）	K9+810~K9+960（HKCQQ1-1）	合格	排水沟土石方开挖	1	1		100	
			浆砌石排水沟	1	1		100	
	K9+960~K10+110（HKCQQ1-2）	优良	排水沟土石方开挖	1	1		100	
			浆砌石排水沟	1	1	1	100	100
	K10+110~K10+260（HKCQQ1-3）	优良	排水沟土石方开挖	1	1		100	
			浆砌石排水沟	1	1	1	100	100
	K10+260~K10+410（HKCQQ1-4）	优良	排水沟土石方开挖	1	1		100	
			浆砌石排水沟	1	1	1	100	100
	K10+410~K10+562（HKCQQ1-5）	优良	排水沟土石方开挖	1	1		100	
			浆砌石排水沟	1	1	1	100	100

项目名称	含有水土保持工程的分部工程名称及编码	分部工程质量评定结果	水土保持措施项目	单元工程总数	合格个数	优良个数	合格率（%）	优良率（%）
1号道路（HKCQQ8）	K0+000～K0+340（HKCQQ8-1）	优良	排水沟土石方开挖	4	4	2	100	50.0
			浆砌石排水沟	4	4	3	100	75.0
	K0+340～K0+720（HKCQQ8-2）	合格	排水沟土石方开挖	3	3	2	100	66.7
			浆砌石排水沟	3	3		100	
	K0+720～K1+099（HKCQQ8-3）	优良	排水沟土石方开挖	2	2	1	100	50.0
			浆砌石排水沟	2	2	1	100	50.0
2号道路（HKCQQ10）	K0+000～K0+400（HKCQQ10-1）	优良	边沟基础开挖	2	2	1	100	50.0
			浆砌石边沟	2	2	1	100	50.0
	K0+400～K0+800（HKCQQ10-2）	合格	边沟基础开挖	2	2	2	100	100
			浆砌石边沟	3	3		100	
	K0+800～K0+1200（HKCQQ10-3）	优良	边沟基础开挖	2	2	2	100	100
			浆砌石边沟	2	2	1	100	50.0
	K0+1200～K0+1600（HKCQQ10-4）	优良	边沟基础开挖	2	2	2	100	100
			浆砌石边沟	2	2	2	100	100
	K0+1600～K2+076.937（HKCQQ10-5）	优良	边沟基础开挖	2	2	2	100	100
			浆砌石边沟	3	3	2	100	66.7
	排水涵工程（HKCQQ10-7）	优良	挡渣墙基础开挖	2	2	2	100	100
			挡渣墙浆砌石	2	2	2	100	100
			急流槽基础开挖	2	2	2	100	100
			急流槽浆砌石	2	2	2	100	100
3号道路（HKCQQ2）	K0+000～K0+200（HKCQQ2-1）	合格	浆砌石排水沟	1	1		100	
	K0+200～K0+400（HKCQQ2-2）	合格	浆砌石排水沟	1	1		100	
	K0+400～K0+600（HKCQQ2-3）	合格	浆砌石排水沟	1	1		100	
	K0+600～K0+718.657（HKCQQ2-4）	合格	浆砌石排水沟	1	1		100	
4号道路（HKCQQ17）	K0+000～K0+400（HKCQQ17-1）	优良	浆砌石排水沟	1	1	1	100	100
	K0+400～K0+800（KCQQ17-2）	优良	排水沟基础开挖	1	1		100	
			浆砌石排水沟	1	1	1	100	100
	K1+600～K2+000（KCQQ17-5）	优良	排水沟基础开挖	1	1	1	100	100
			浆砌石排水沟	1	1	1	100	100

项目名称	含有水土保持工程的分部工程名称及编码	分部工程质量评定结果	水土保持措施项目	单元工程总数	合格个数	优良个数	合格率（%）	优良率（%）
4 号道路（HKCQQ17）	K2 + 000 ~ K2 + 400（HKCQQ17 – 6）	优良	排水沟基础开挖	1	1	1	100	100
			浆砌石排水沟	1	1	1	100	100
	K2 + 400 ~ K2 + 848.134（HKCQQ17 – 7）	优良	排水沟基础开挖	1	1	1	100	100
			浆砌石排水沟	1	1	1	100	100
5 号道路（HKCQQ15）	K0 + 000 ~ K0 + 300（HKCQQ15 – 1）	优良	排水沟基础开挖	1	1	1	100	100
			浆砌石排水沟	1	1	1	100	100
	K0 + 400 ~ K0 + 800（HKCQQ15 – 2）	优良	排水沟基础开挖	1	1	1	100	100
			浆砌石排水沟	1	1	1	100	100
	K2 + 000 ~ K2 + 400（HKCQQ15 – 4）	优良	排水沟基础开挖	1	1	1	100	100
			浆砌石排水沟	1	1	1	100	100
9 号道路（HKCQQ16）	K0 + 000 ~ K0 + 300（HKCQQ16 – 1）	优良	排水沟基础开挖	2	2		100	
			浆砌石排水沟	2	2	2	100	100
	K0 + 300 ~ K0 + 500（HKCQQ16 – 2）	合格	排水沟基础开挖	2	2		100	
			浆砌石排水沟	2	2		100	
	K0 + 500 ~ K0 + 700（HKCQQ16 – 3）	合格	排水沟基础开挖	2	2	1	100	50.0
			浆砌石排水沟	2	2		100	
	K0 + 700 ~ 0 + 863.74（HKCQQ16 – 4）	合格	排水沟基础开挖	1	1		100	
			浆砌石排水沟	1	1		100	
变电站	麦冬	合格	麦冬	1	1	0	100	
合计				284	284	188	100	66.0

表 4-42　水土保持临时措施质量抽查统计

项目名称	临时水土保持措施项目	检查数量	合格数量	评定结果
ZT1 标泄洪洞工程	临时排水沟	17	17	合格
	临时植树	1	1	合格
	临时植草	5	5	合格
	土地临时平整	1	1	合格
	临时挡水埂	4	4	合格
	临时浆砌石墙	7	7	合格
	临时干砌石墙	4	4	合格

项目名称	临时水土保持措施项目	检查数量	合格数量	评定结果
ZT2 标引水 发电工程	临时干砌石墙	2	2	合格
	土地临时平整	4	4	合格
	临时排水沟	6	6	合格
	临时植草	5	5	合格
	临时挡水埂	7	7	合格
ZT3 标防渗 系统工程	临时浆砌石墙	4	4	合格
	临时排水沟	4	4	合格
	临时植草	2	2	合格
	临时挡水埂	3	3	合格
ZT4 标大坝工程	临时排水沟	21	21	合格
	临时植草	10	10	合格
	临时挡水埂	36	36	合格
	临时干砌石墙	3	3	合格
	临时浆砌石墙	24	24	合格
ZT5 标溢洪道工程	临时排水沟	42	42	合格
	临时植草	5	5	合格
	临时挡水埂	10	10	合格
	临时干砌石墙	7	7	合格
	临时浆砌石墙	6	6	合格
SG2 标河口村水库 道路水土保持工程	临时挡水埂	2	2	合格
	临时排水沟	1	1	合格
SG4 标河南省河口村水 库工程管理码头施工标	临时挡水埂	3	3	合格
	临时排水沟	3	3	合格
SG5 标河南省河口村水库 泄洪建筑物出口河道整治 工程施工 1 标段	临时挡水埂	4	4	合格
	临时排水沟	1	1	合格
SG6 标河南省河口村水库 泄洪建筑物出口河道整治 工程施工 2 标段	临时挡水埂	2	2	合格
	临时排水沟	1	1	合格
SG7 标河南省河口村水库 泄洪建筑物出口河道整治 工程施工 3 标段	临时挡水埂	1	1	合格
	临时排水沟	3	3	合格
	临时植草	2	2	合格

项目名称	临时水土保持措施项目	检查数量	合格数量	评定结果
SG8 标河南省河口村水库泄洪建筑物出口河道整治工程施工 3 标段	临时挡水埝	2	2	合格
	临时排水沟	2	2	合格
SG9 标济源供水跨河段管网工程	临时挡水埝	2	2	合格
	临时排水沟	2	2	合格
SG13 标封闭工程	临时挡水埝	1	1	合格
	临时排水沟	1	1	合格
SB1 标河口村水库 2 号弃渣场水土保持工程	临时挡水埝	2	2	合格
	临时排水沟	1	1	合格
SB4 标河口村水库 1 号、2 号渣场整治及水土保持工程	临时挡水埝	2	2	合格
	临时排水沟	3	3	合格
SB5 标河口村水库 3 号渣场及石料场水土保持工程	临时挡水埝	2	2	合格
	临时排水沟	2	2	合格
SB6 标河口村水库坝后排水系统整治及水土保持工程	临时挡水埝	4	4	合格
	临时排水沟	4	4	合格
SB7 标河口村坝后 220 平台渣场水土保持工程	临时挡水埝	2	2	合格
	临时排水沟	2	2	合格
SB8 标坝下河道河心滩水土保持工程	临时挡水埝	5	5	合格
	临时排水沟	4	4	合格
SB9 标坝下河道岸坡及滩地水土保持 1 标段	临时挡水埝	2	2	合格
SB10 标坝下河道岸坡及滩地水土保持 2 标段	临时挡水埝	2	2	合格
	临时排水沟	2	2	合格
合计		312	312	合格

4.5.3 重要单位工程质量评价

本项目重要单位工程包括大于 1 hm² 的景观绿化工程(由于业主营地实施较早,只进行了工程招标,未进行项目划分,不再界定重要单位工程)、大于 5 万 m³ 的 3 个弃渣场的防护措施、石料场的防护措施。评定结果详见表 4-43,共包括 7 个重要单位工程,36 个分部工程,944 个单元工程。单位工程全部合格,其中 5 个优良;分部工程全部合格,其中 20个优良;单元工程全部合格,其中 475 个优良。综合评定,重要单位工程为优良。

表 4-43　水土保持重要单位工程质量评定结果统计

单位工程 名称及编码	单位工 程评定 情况	分部工程名称及编码	分部工 程评定 情况	单元工 程总数	合格 个数	优良 个数	合格率 （％）	优良率 （％）
Δ2 号弃渣场 水土保持工程 （HKSKSB2）	合格	挡渣墙工程 （HKSKSB2－1）	合格	8	8	3	100	37.5
		渣场护坡工程 （HKSKSB2－2）	合格	14	14	6	100	42.9
		边坡排水工程 （HKSKSB2－3）	合格	15	15	1	100	6.7
		边坡绿化工程 （HKSKSB2－4）	合格	35	35	12	100	34.3
		2 号路边坡防护工程 （HKSKSB2－5）	合格	16	16	5	100	31.3
		平台排水工程 （HKSKSB2－6）	合格	19	19	3	100	15.8
Δ1 号、2 号 渣场整治及 水土保持工程 （HKSKSB3）	优良	Δ1 号渣场基础处理工程 （HKSKSB3－1）	优良	28	28	20	100	71.4
		1 号渣场挡土墙工程 （HKSKSB3－2）	合格	13	13	3	100	23.1
		1 号渣场绿化工程 （HKSKSB3－3）	优良	19	19	15	100	78.9
		1 号、2 号渣场场内道路工程 （HKSKSB3－4）	优良	25	25	17	100	68.0
		小电站边坡绿化工程 （HKSKSB3－5）	优良	12	12	9	100	75.0
		2 号渣场绿化工程 （HKSKSB3－6）	优良	19	19	15	100	78.9
		防汛仓库工程 （HKSKSB3－7）	合格	97	97	0	100	0
Δ3 号渣场 及石料场水 土保持工程 （HKSKSB4）	合格	3 号渣场排水沟工程 （HKSKSB4－1）	合格	40	40	16	100	40.0
		3 号渣场护坡工程 （HKSKSB4－2）	优良	11	11	6	100	54.5
		3 号渣场绿化工程 （HKSKSB4－3）	优良	9	9	5	100	55.6
		石料场绿化工程 （HKSKSB4－4）	合格	19	19	4	100	21.1

单位工程名称及编码	单位工程评定情况	分部工程名称及编码	分部工程评定情况	单元工程总数	合格个数	优良个数	合格率（%）	优良率（%）
△坝后 220 平台渣场水土保持工程（HKSKSB6）	优良	给水排水工程（HKSKSB6 – 1）	优良	27	27	19	100	70.4
		场内道路工程（HKSKSB6 – 2）	合格	21	21	11	100	52.4
		花坛及建筑（HKSKSB6 – 3）	优良	66	66	39	100	59.1
		绿化工程（HKSKSB6 – 4）	优良	51	51	26	100	51.0
		其他工程（HKSKSB6 – 5）	合格	6	6	5	100	83.3
△坝下河道河心滩水土保持工程（HKSKSB7）	优良	给水排水工程（HKSKSB7 – 1）	优良	8	8	4	100	50.0
		场内道路工程（HKSKSB7 – 2）	优良	13	13	10	100	76.9
		铺装及建筑工程（HKSKSB7 – 3）	优良	27	27	16	100	59.3
		绿化工程（HKSKSB7 – 4）	优良	46	46	24	100	52.2
		其他工程（HKSKSB7 – 5）	合格	14	14	4	100	28.6
△坝下河道岸坡及滩地水土保持工程Ⅰ标（HKSKSB8）	优良	给水排水工程（HKSKSB8 – 1）	优良	22	22	16	100	72.7
		广场及场内道路工程（HKSKSB8 – 2）	合格	20	20	8	100	40.0
		进口及停车场硬化工程（HKSKSB8 – 3）	优良	49	49	41	100	83.7
		绿化工程（HKSKSB8 – 4）	优良	34	34	28	100	82.4
		其他工程（HKSKSB8 – 5）	合格	10	10	4	100	40.0
△坝下河道岸坡及滩地水土保持工程Ⅱ标（HKSKSB9）	优良	给水排水工程（HKSKSB9 – 1）	优良	20	20	15	100	75.0
		场内道路工程（HKSKSB9 – 2）	合格	63	63	33	100	52.4
		绿化工程（HKSKSB9 – 4）	优良	38	38	23	100	60.5
		其他工程（HKSKSB9 – 5）	优良	10	10	9	100	90.0
7		36		944	944	475	100	50.4

4.5.4 总体工程质量评价

4.5.4.1 评定标准

工程质量等级评定标准按表 4-44 确定。

表 4-44　工程质量等级评定标准

评定等级	所含单位工程
合格	质量全部合格
	中间产品及原材料质量全部合格
	工程措施外观质量评定得分率≥70%
	施工质量检验资料基本齐全
优良	质量全部合格,其中50%以上达到优良,重要单位工程质量优良,且施工中未发现过重大质量事故
	中间产品及原材料质量全部合格
	大中型工程外观质量得分率达到85%以上
	施工质量检验资料齐全

从表 4-44 分析,单位工程质量全部合格的工程评定为合格;单位工程质量评定为全部合格,其中有 50% 以上的单位工程质量为评定优良,且重要单位工程质量优良的工程项目评为优良。

4.5.4.2　工程项目质量评定

本项目涉及水土保持工程的单位工程共 21 个,根据表 4-40 ~ 表 4-42 可知,21 个单位工程全部合格,其中 14 个评定为优良;临时措施抽检合格;7 个重要单位工程 5 个优良,重要单位工程评定为优良。综合评定,工程项目质量总体为优良。详见表 4-45。

表 4-45　工程项目质量评定

单位工程					重要单位工程等级	工程项目等级
数量(个)	合格数(个)	合格率(%)	优良数(个)	优良率(%)		
21	21	100	14	66.7	优良	优良

4.5.5　弃渣场稳定性评价结论

为了防止弃渣场的水土流失,保证弃渣场渣体稳定、所实施的水土保持措施达到设计标准,确保弃渣场周边和下游道路安全,考虑到极端状况及地震等情况下是否会影响弃渣的整体稳定性,且根据《水利部水土保持设施验收技术评估工作要点》,对堆渣量超过 50 万 m³ 或者最大堆渣高度超过 20 m 的弃渣场,还应查阅建设单位提供的稳定性评估报告的要求,河南省河口村水库工程建设管理局于 2016 年 8 月委托黄河勘测规划设计有限公司对本项目弃渣场稳定性进行评估。

根据《河南省沁河河口村水库工程 1 号、2 号、3 号弃渣场稳定性评估报告》,各弃渣场水土保持措施、渣体稳定性评估结论如下:沁河河口村水库工程 1 号、2 号、3 号弃渣场经过勘察设计,布设防治措施后,目前弃渣场计算的各个工况下的安全系数均满足《水利水电工程水土保持技术规范》(SL 575—2012)的要求,边坡处于稳定状态。弃渣场堆积体失稳的可能性小,故除保持排水通畅外,可不再进行专门的工程治理措施。

4.6 工程初期运行及水土保持效果

4.6.1 运行情况

河口村水库建成后,以河南省河口村水库工程建设管理局为班底,成立了河南省河口村水库管理局,隶属河南省水利厅,服从水利部黄河水利委员会的统一调度。河南省机构编制委员会于 2012 年 6 月 21 日以豫编办〔2012〕185 号下发了《河南省机构编制委员会办公室关于设立河南省河口村水库管理局的通知》,同意设立河南省河口村水库管理局。本项目运行管理由河南省河口村水库管理局具体负责。

本项目自试运行以来,水土保持设施的管理维护措施基本落实,能够相对及时地进行补播补栽,对死苗、死株及时更换,排水设施及时清理、边坡冲沟及时平整,绝大部分水土保持措施运行效果较好。但仍有部分区域水土保持措施管理不到位,如石料场段路基边坡、石料场加工场地、2 号冲沟平台等个别区域地表裸露,苗木成活率和植被覆盖率较低;1 号弃渣场排水口有损毁;2 号平台个别边坡有建筑垃圾等。所以,运行期仍要注重加强水土保持设施的养护管理,确保水土保持设施安全运行,最大限度地控制水土流失。

4.6.2 水土保持效果

4.6.2.1 水土流失治理

(1)扰动土地整治率和水土流失总治理度。

根据自验项目组调查核实,项目建设实际占地总面积 780.5 hm²,其中永久占地752.18 hm²、临时占地 28.32 hm²。建设过程中实际扰动地表 777.86 hm²,永久建筑物及场地、道路硬化面积 41.53 hm²,河道、河滩地水面面积 622.90 hm²,水土保持措施治面积777.45 hm²,造成水土流失面积 113.48 hm²,水土保持措施治理面积 113.02 hm²(其中工程措施面积 13.36 hm²、植物措施面积 99.66 hm²)。经计算,本项目建设扰动土地整治率达到99.95%,水土流失总治理度达到99.60%。详见表 4-46。

(2)土壤流失控制比。

项目区地貌类型属低山丘陵区,水土流失类型区属北方土山区,容许土壤流失量为200 t/(km²·a)。根据水土保持监测结果,经抽样调查复核,结合地面坡度、植被覆盖度、土壤侵蚀分类分级标准,采用经验估判的方法,确定各防治区的土壤侵蚀模数,经加权平均,计算出设计水平年项目建设区综合土壤侵蚀模数为 150.08 t/(km²·a),土壤流失控制比为 1.33。详见表 4-47。

(3)拦渣率。

根据监测资料并结合现场调查,各区弃渣量和临时堆土量及拦渣率统计详见表 4-48。经计算,综合拦渣率为 99.75%。

表4-46 扰动土地整治及水土流失治理情况

防治分区	总面积（hm²）	扰动面积（hm²）	建筑物及场地、道路硬化面积（hm²）	河道、河滩地水面面积（hm²）	未扰动和自然恢复面积（hm²）	水土保持措施治理面积（hm²）			水土流失面积（hm²）	扰动土地整治面积（hm²）	扰动土地整治率（%）	水土流失总治理度（%）
						工程措施	植物措施	小计				
主体工程区	97.01	97.01	8.85	24.00		6.21	57.92	64.13	64.16	96.98	99.97	99.95
业主营地区	0.63	0.63	0.35				0.28	0.28	0.29	0.63	99.21	96.55
永久道路区	23.98	23.98	10.71			1.20	11.97	13.17	13.27	23.88	99.57	99.25
库区	601.54	598.90		598.90	2.60		0	0	0.04	598.90	99.99	0
料场区	15.52	15.52				0.04	15.43	15.47	15.52	15.47	99.71	99.68
弃渣场区	3.81	3.81	1.52			0.51	3.29	3.80	3.81	3.80	99.75	99.74
临时道路区	1.98	1.98	0.32			0.45		0.45	0.46	1.97	99.49	97.83
施工生产生活区	4.78	4.78				4.25	0.21	4.46	4.46	4.78	99.96	99.96
移民安置区	16.64	16.64	11.45				4.99	4.99	5.19	16.44	98.80	96.15
移民专项设施区	14.61	14.61	8.33			0.70	5.57	6.27	6.28	14.60	99.97	99.84
合计	780.50	777.86	41.53	622.90	2.60	13.36	99.66	113.02	113.48	777.45	99.95	99.60

注：扰动土地整治率=（水土保持措施治理面积+建筑物占地面积+道路硬化面积+场地、道路硬化面积）扰动面积×100%，土地整治面积计人工程治理面积，
水土流失总治理度=水土保持措施治理面积/水土流失面积×100%；水土流失面积=扰动面积-场地、河滩地、道路硬化面积-河道、河滩地水面
面积-区内未扰动微度侵蚀面积=工程措施治理面积+植物措施治理面积；水土保持措施治理面积=工程措施面积+植物措施面积+河道、河滩地水面面积；
施工生产生活区中占用的已有场区，工程措施中有部分绿化面积属未扰动区域，故从总占地中扣减。

表 4-47 土壤流失控制比计算

防治分区	措施实施后土壤侵蚀模数 [t/(km² · a)]	容许土壤流失量 [t/(km² · a)]	土壤流失控制比
主体工程区	150	200	1.33
业主营地区	150	200	1.33
永久道路区	150	200	1.33
库区	150	200	1.33
料场区	150	200	1.33
临时堆料场区	150	200	1.33
弃渣场区	150	200	1.33
施工生产生活区	150	200	1.33
临时道路区	180	200	1.11
移民安置区	150	200	1.33
移民专项设施区	150	200	1.33
综合	150.08	200	1.33

表 4-48 弃渣治理情况调查

序号	监测区	弃渣量（按体积）（万 m³）	弃渣量（按质量计）（t）	流失量（t）	拦渣量（t）	拦渣率（%）
一	主体工程区	62.30	1 121 400.00	2 089.78	1 119 310.22	99.81
二	业主营地区	0.03	540.00	14.81	525.19	97.26
三	永久道路区	10.40	187 200.00	2 774.81	184 425.19	98.52
四	库区	0.36	6 480.00	0.76	6 479.24	99.99
五	弃渣场区	1.32	23 760.00	160.47	23 599.53	99.32
六	料场区	59.60	1 072 800.00	290.03	1 072 509.97	99.97
七	临时堆料场区	1.76	31 680.00	441.46	31 238.54	98.61
八	施工生产生活区	0.05	900.00	138.60	761.40	84.60
九	临时道路区	0.05	900.00	145.00	755.00	83.89
十	移民安置区	0.02	360.00	34.06	325.94	90.54
十一	移民专项设施区	0.01	180.00	83.87	96.13	53.41
	综合	135.90	2 446 200.00	6 173.65	2 440 026.35	99.75

注:容重按每立方米 1.8 t 换算。

4.6.2.2　生态环境和土地生产力恢复情况

（1）林草植被恢复率及林草覆盖率。

项目建设区占地总面积 780.50 hm²，已绿化面积 99.66 hm²，自然恢复面积 2.6 hm²，可绿化面积 102.72 hm²，项目区林草植被恢复率为 99.55%，扣除库区水面面积后林草覆盖率为 64.89%。详见表4-49。

表4-49　林草植被恢复率及林草覆盖率计算

防治分区	总面积（hm²）	计入林草植被计算的面积（hm²）	可绿化面积（hm²）	已绿化面积（含自然恢复面积）（hm²）	林草植被恢复率（%）	林草覆盖率（扣除库区水面面积）（%）	林草覆盖率（%）
主体工程区	97.01	73.01	57.95	57.92	99.95	79.33	59.71
业主营地区	0.63	0.63	0.29	0.28	98.25	44.44	44.44
永久道路区	23.98	23.98	12.07	11.97	99.14	49.92	49.92
库区	601.54	2.64	2.64	2.60	98.48	98.48	0.43
料场区	15.52	15.52	15.48	15.43	99.71	99.42	99.42
弃渣场区	3.81	3.81	3.30	3.29	99.71	86.35	86.35
临时道路区	1.98	1.98	0.01	0	0	0	0
施工生产生活区	4.78	4.78	0.21	0.21	99.06	4.39	4.39
移民安置区	16.64	16.64	5.19	4.99	96.15	30.00	30.00
移民专项设施区	14.61	14.61	5.58	5.57	99.91	38.12	38.12
合计	780.50	157.60	102.72	102.26	99.55	64.89	13.10

注：林草植被恢复率=已造林种草面积/可造林种草面积；林草覆盖率=已绿化面积/总面积（扣除水面面积）。

4.6.2.3　防治效果分析

自验组通过对本项目防治责任范围面积、工程措施、植物措施实施量及实施质量进行全面核查，并将评估的六项指标与水土保持方案和初步设计对比分析后认为，本次验收评估的六项指标均达到了方案设定和初步设计确定的防治目标值，同时达到开发建设项目水土流失防治标准确定的建设类项目一级防治目标要求，说明水土保持措施防治效果是显著的。六项指标对比结果详见表4-50。

表4-50　效益指标对比分析

六项指标	扰动土地整治率（%）	水土流失总治理度（%）	土壤流失控制比	拦渣率（%）	林草植被恢复率（%）	林草覆盖率（%）
方案确定	95	96	1.0	90	98	26
初步设计确定	95	96	1.0	95	98	26
评估结果	99.95	99.60	1.33	99.75	99.55	64.89
评估与方案确定值比较	达到	达到	达到	达到	达到	达到

4.6.2.4 公众满意度

为对本项目水土保持工程实施情况做出公正评价,根据有关规定和要求,自验项目组在对水土保持设施现场核查过程中,针对主体工程区、业主营地区、永久道路区、弃渣场区、料场区、施工生产生活区、临时道路区、移民安置区、移民专项设施区附近的群众及领导进行了公众调查,目的在于了解项目在建设中水土保持工作的实施情况及项目实施对当地经济和自然环境所产生的影响、周边群众对项目实施的反响,以作为自查初验的参考依据。

自验组共发放 65 份水土保持公众调查表,被调查的人群中,主要为农民,占到 92% 以上。其中,99% 的人认为项目建设对当地经济发展有促进作用,98.6% 的人认为工程边坡防护、排水沟实施情况好,所有的都认为本项目植物措施实施情况很好,96.9% 的人对施工临时占地复耕或恢复植被评价为好,96.9% 的人对工程施工期间采取洒水措施评价为很好,95.4% 的人对施工中已采取覆盖、拦挡和排水措施为很好,100% 的人对本项目建设的综合评价为很好。被调查的人群中,有个别对施工中的覆盖措施实施不完善表示不太满意。公众调查情况统计见表 4-51。

表 4-51   水土保持公众调查

调查项目评价	好(很好)		一般		差(不大)		说不清	
	人数(人)	占总人数(%)	人数(人)	占总人数(%)	人数(人)	占总人数(%)	人数(人)	占总人数(%)
对当地经济发展促进作用	64	99					1	1
工程边坡防护、排水沟实施情况	64	98.6	1	1				
工程植物措施实施情况	65	100						
施工临时占地复耕或恢复植被情况	63	96.9	1	1.5			1	1.6
洒水措施实施情况	63	96.9	2	3.1				
拦挡和覆盖措施实施情况	62	95.4	2	3.1	1	1.5		
水土保持措施综合评价	65	100						

4.7　水土保持管理

4.7.1　组织领导

2011 年 9 月 10 日,河南省河口村水库工程建设管理局以豫水河建〔2011〕58 号下发了《关于成立河南省河口村水库工程环境保护和水土保持领导小组及印发〈河南省河口村水库工程环境保护和水土保持管理制度〉的通知》,明确提出:河口村水库主体工程已全面开工,为加强河口村水库工程环境保护和水土保持管理工作,明确各参建单位职责,认真贯彻落实环境保护、水土保持法律法规。按照"少破坏、多保护,少扰动、多防护,少污染、多防治"的方针,根据国家现行行业的有关规定,结合河口村水库工程建设实际情况,制定了《河南省河口村水库工程环境保护和水土保持管理制度》,并成立河口村水库环境保护和水土保持工作领导小组,强化思想认识、组织保障、职责分工和措施落实,齐抓共管,形成合力,确保环境保护和水土保持工作顺利完成,并附《河口村水库环境保护和水土保持工作领导小组》和《河南省河口村水库工程环境保护和水土保持管理制度》两个文件。

第一个文件中,明确了河口村水库工程环境保护和水土保持工作领导小组,具体如下:

组　长:林四庆　河南省河口村水库工程建设管理局局长

副组长:张兆省　河南省河口村水库工程建设管理局书记

　　　　李永江　河南省河口村水库工程建设管理局副局长

　　　　曹先升　河南省河口村水库工程建设管理局副局长

成　员:褚青来　河南省河口村水库工程建设管理局总工兼工程技术科科长

　　　　严　实　河南省河口村水库工程建设管理局质量与安全科科长

　　　　汪　军　河南省河口村水库工程建设管理局计划合同科科长

　　　　田有福　河南省河口村水库工程建设管理局财务科科长

　　　　许建设　河南省河口村水库工程建设管理局环境与移民科科长

　　　　解枫赞　河南省河口村水库工程建设管理局综合科科长

　　　　李泽民　黄河勘测规划设计有限公司河口村水库工程设代处副设总

　　　　王为然　河南省河川工程监理有限公司河口村水库主体工程监理部总监

　　　　甘继胜　河南省水利第二、第一工程局联合体河口村水库泄洪洞工程项目经理部项目经理

　　　　王　勇　中国水利水电第十工程局有限公司河口村水库 ZT2 标工程项目经理部项目经理

　　　　杨金顺　河南省水利第一、第二工程局联合体河口村水库大坝工程项目经理部项目经理

　　　　梁　军　河南水利建筑工程有限公司河口村水库溢洪道工程项目经理部项目经理

　　　　吕欣怀　中国水利水电科学研究院河口村水库工程安全监测项目经理部项目经理

第二个文件中,明确了领导小组的岗位职责。

(1)组长职责。

①贯彻执行国家有关环境保护法律法规、规章,工程监理环境保护规定中的强制性条款;严格执行建设行政主管部门批复的工程环境影响报告书。

②建立健全环境保护及水土保持组织机构,制定环境保护目标和有关规章制度。对

整个工程项目施工环境及水土保持工作负总责。

③讨论、研究和解决重要环境保护事宜。

（2）副组长环境保护、水土保持职责。

①协助组长贯彻执行国家有关环境保护法律法规、规章和建设单位，工程监理环境保护、水土保持规定中的强制性条款；严格执行建设行政主管部门批复的工程环境影响报告书。

②建立健全环境保护及水土保持组织机构，制定环境保护目标和有关规章制度。对工程项目施工环境及水土保持工作负监督责任。

③保持与地方环境保护部门的联系，接受监督检查和指导。

④负责环境保护体系标准和有关规章制度的贯彻落实，确保环境保护管理体系的有效运行。

⑤组织对各施工单位的检查和指导工作，深入施工现场认真调查和收集有关环境保护的好做法，并推广应用。

⑥组长不在时行使组长职责。

（3）各参建单位环境保护、水土保持职责。

①对施工项目中的环境保护和水土保持工作负责。

②制订和签发项目施工环境保护及水土保持实施性计划。

③贯彻执行国家、行业环境保护政策法规，保证环境保护和水土保持管理体系有效运行。

④分解施工环境保护及水土保持目标，并进行实施。

（4）综合科环境保护、水土保持职责。

①负责生活区、办公区的环境卫生管理。

②负责生活污水的达标排放。

③负责生活区、办公区的环境卫生检查。

④生活、办公能源及资源的节约管理。

⑤生活区、办公区环境保护设施的建立与维护。

⑥负责收集与管理地方政府的环境保护的相关文件。

⑦负责与相关方合同的签订，并编写环境保护倡议书。

⑧科学管理、合理节约使用能源及资源。

（5）工程技术科环境保护、水土保持职责。

①负责施工废渣、废水、粉尘的达标排放。

②负责构造物施工噪声的达标。

③负责施工现场的环境保护设施的建立与维护。

④科学管理、合理节约使用能源、资源。

（6）环境移民科环境保护、水土保持职责。

①负责项目所在地当地居民的环境投诉，处理与当地居民、政府的关系。

②协助施工单位对工地临时用地采取环境保护和水土保持措施。

③科学管理、合理节约使用能源、资源。

4.7.2 规章制度

为加强本项目的水土保持管理,依据《中华人民共和国水土保持法》等国家相关法律法规及有关规定和河南省关于开发建设项目水土保持管理的要求,结合本项目建设实际情况,制定了本项目环境保护和水土保持管理制度。

该制度中,规定了水土保持规划制度、水土保持教育制度、水土流失控制制度、水土保持工作监督检查制度、水土保持事故报告、处理制度、奖励处罚制度等 6 大制度。

4.7.2.1 水土保持规划制度

各项目部施工前对生产区域的水土保持环境进行调查,根据国家、地方政府、行业相关法律法规和建设管理局的有关规定,结合项目部对水土保持工作的要求,制订施工过程中水土保持计划和具体措施,实现施工范围的水土保持目标。

4.7.2.2 水土保持教育制度

(1)侧重对工作人员、环境保护、水土保持工作专(兼)职管理人员的培训教育工作。

(2)负责对员工进行《中华人民共和国水土保持法》以及地方政府和建设管理局的有关环境保护、水土保持规定的学习教育,加强全体员工执行水土保持法规,进行水土保持的意识。

(3)各项水土保持活动要安排具体、目标明确、力争实效、树立典型、以点带面,促进水土保持工作的顺利开展。

4.7.2.3 水土流失控制制度

(1)各参建单位在项目开工前,应根据各项目实际存在的水土保持因素,制订相应管理方案及措施,有效控制重要水土保持因素及重大水土流失隐患。

(2)水土保持工作的策划内容要纳入实施性施工组织设计中,并按规定进行审批后组织实施。

(3)各施工单位应针对作业项目特点、作业环境和岗位的环境因素,编制水土保持技术交底,同施工技术交底一并下达至作业班组。

(4)对施工场地、作业场所、运输道路、生产设备与设施均应采取有效的水土保持工作措施。

(5)对施工生产中可能产生的水土流失制定相应的防范、控制措施,避免造成水土流失破坏。

4.7.2.4 水土保持工作监督检查制度

(1)按国家、地方政府、行业颁布的法律法规及标准的管理办法进行。

(2)水土保持工作检查侧重于检查所制定的措施、管理方案的实施情况,发生新的水土流失可能。

(3)工程技术科对可能的环境破坏、水土流失源进行重点监控。

(4)积极参加地方政府和上级机关组织的水土保持工作检查活动,积累水土保持工作管理经验,推动水土保持工作的开展。

(5)经常性检查。现场水土保持员(兼任)每日进行巡回检查,其他管理人员在检查生产的同时检查水土保持工作。

4.7.2.5 水土保持事故报告、处理制度

若发生水土流失事件,现场管理人员应在事故发生后的 1 h 内电话报告项目部,同时采取恰当的措施,控制事件发展。同时向建设管理局书面报告事故详细情况。事故处理完成后,书面报告事故的详细情况和处理措施及处理结果。

4.7.2.6 奖励处罚制度

(1)对在水土保持工作中做出贡献的单位和个人给予表彰奖励,对造成水土流失的单位和责任人员给予经济处罚。

(2)符合下列条件之一的,单位写出书面材料,连同有关资料、证书、文件的复印件报建设管理局,经审核批准给予奖励:获得市、省、部、国家级水土保持工作荣誉称号的单位、部门、人员;在水土保持工作理论、方法、实践等方面表现突出者。

(3)有下列情况之一的,给予处罚:发生水土流失的单位及主要责任者;水土保持工作受到建设管理局或上级通报批评或处罚的单位;因水土保持工作事件,给工程施工造成重大影响的责任人。

同时,提出了施工中相应的防治措施:

(1)植物、植被保护措施。

在红线内有植物、植被的地区施工时,工地小搬运选择原有便道或无植被的线路,植物、植被茂盛地区尽量采用人力施工方式,避免机械对红线外植物、植被的碾压,施工车辆和机械严格按规定线路行驶,不得碾压红线外植被,不得砍伐红线外灌木、割草、挖树根作为取暖材料,施工人员尽量减少活动范围,加强防火工作,贯彻"预防为主,防消结合"的方针,建立防火责任制,制定防火制度,按国家有关规定确定防火期,在防火期内严格管理。

(2)人文、自然景观保护措施。

加强对管理人员和施工人员的教育,取弃土场、砂石料场、机械摆放等严格按设计及项目部指定的地点设置。施工驻地及施工场地布局合理、有序,避开特殊景观区。施工驻地、施工场地、取弃土场及砂石料场等场地使用结束后,应迅速撤离,对场地及时清理,清除油渍和垃圾,平整地面,按建设管理局或地方政府要求进行景观恢复。施工人员严禁在沿线地区采药开荒,严禁采集有观赏价值的野花野草。

(3)水土保持工作措施。

①施工前认真调查水源、地下水分布情况,认真研究施工驻地设置、施工场地及工程主体对地表水、地下水活动的影响,按国家有关规定保护水环境,做好施工驻地及施工现场排水设施建设,达到国家排放标准,保证生活、生产排污不污染地表水及地下水源,禁止向水体倾倒建筑垃圾和其他有毒物质。

②雨天禁止沟坑开挖作业,防止降雨冲泡沟坑造成松散土体的流失。在土层不稳定地域施工,要进行加固处理,防止塌方发生。弃土严禁丢弃至河流、稻田、排水沟渠内。地形平坦地区,基坑的开挖土按规范要求就近堆放,特别要防止土顺坡滑落。

4.7.3 建设过程

本项目前期工程自 2008 年 3 月开始,陆续进行招标投标工作,2008 年 4 月开工建设,

主要包括道路工程和业主营地建筑物及供水、供电线路等,共划分为 17 个标;2011 年 4 月主体工程开工,包括 6 个主体标和 14 个施工标段,主体工程施工合同中明确了有关水土保持工作的内容和要求。2014 年 3 月,为进一步完善水土保持工程,部分水土保持工程开始施工招标,河南宏森绿化工程有限公司、洛阳水利工程局有限公司、陕西盛鑫建筑安装工程有限公司、河南省武消园林景观绿化工程有限公司、黄河园林集团有限公司等陆续中标,共 10 个标段。包括主体工程在内,本项目建设共划分 47 个施工标段,参与施工的单位有 23 家。施工单位根据现场的实际情况,按照合同约定,于 2016 年 10 月陆续完成施工内容,历时 106 个月。

在项目实施过程中,参建各方建立了相对完善的资料存档、传递等管理制度。对施工组织设计、现场检查数据、通知、会议纪要、相关文件等基础资料实时登记存档,并做好日志、大事记等过程资料,基本能够做到对施工资料及时整理。

监理人员能够严格按照工程承包合同对工程建设项目进行管理,并按合同赋予双方的权利和义务,公证处理建设中发生的各种纠纷,确保建设任务按期完成;同时甄选具有较高业务素质的监理人员,熟悉相关工程技术规程、规范和承包合同,明确合同范围、权利和职责,严格执行合同所约定的款项,处理并解决执行合同中出现的问题和相关事宜。在执行合同中发生纠纷时,能够尽力予以协调,使合同双方能互相谅解,并及时发现和总结合同管理中的经验和存在问题,及时向发包方汇报并提出建议,听取指示、提出改进措施。

通过各参建方的共同努力,项目在建设过程中,各承包单位基本能够按照合同约定内容顺利完成施工,并确保土建工程合格率 100%。

4.7.4 监理监测

4.7.4.1 水土保持监测工作开展情况

1. 监测实施

河南省河口村水库建设管理局于 2011 年 11 月委托河南省水土保持监督监测总站具有甲级监测资质的单位承担了本项目水土保持监测工作,2012 年 5 月双方签订了《河南省沁河河口村水库工程水土保持监测合同》。监测单位接受委托后成立了项目部,项目部由 5 人组成,设总监测工程师 1 人、监测工程师 4 人。监测人员专业组成涵盖水土保持、水文、林业等专业,参与监测工作的人员均具有水土保持监测上岗资格证书。接受委托后,立即进入施工现场,在河南省河口村水库建设管理局的配合下,对本项目开展水土保持监测工作。

根据监测报告,水土流失监测范围内划分为 11 个监测分区:主体工程区(运行管理区)、业主营地区、永久道路区、库区、料场区、弃渣场区、临时堆料场区、施工生产生活区、临时道路区、移民安置区、移民专项设施区。监测时段为 2011 年 12 月至 2016 年 12 月底,重点监测时段为工程施工期雨季 7~9 月。监测内容包括水土流失因子的监测、水土流失量动态变化的监测、水土流失危害的监测、水土保持措施效果的监测、水土流失 6 项防治目标监测等五大部分。主要采用的监测方法有实地量测法、地面观测法、卡口监测样区、遥感监测和资料分析的方法。对土壤侵蚀量采用定位监测;对扰动地表及临时性弃土采用调查监测;对定位监测困难的项目采用场地巡查监测,如临时堆土(料)场,施工生产及人员生活临时占地区等。

扰动土地情况监测通过调查监测和收集资料、统计分析并复核面积的方法,对项目征占地面积、地表扰动面积、防治责任范围变化情况进行监测;取土(石、料)场、弃土(石、渣)场和临时堆料场(石、料)、弃土(石、渣)场及临时堆料场主要通过调查监测、巡查监测、收集资料、统计分析并复核量测等方法;水土保持措施采用实地量测、巡查、统计资料分析复核的方法,根据水土保持方案及实际施工情况,对各监测分区水土保持措施数量、位置、进度等实施情况进行动态监测;植被恢复期监测,通过调查、实地量测和资料分析等方法,对各监测分区水土流失防治措施类型、数量和质量,工程措施稳定性、完好程度及运行情况,林草生长情况、成活率、保存率、覆盖率等进行监测。

监测单位在建设期内对工程进行全程监测。对扰动土地情况每月监测一次;料场、弃渣场数量每季度监测一次,取土、弃渣数量每10天监测记录一次,水土保持工程措施、临时措施每月监测记录一次,植物措施每季度监测记录一次;水土流失量和潜在的水土流失量每月监测一次,水土流失危害半年监测一次。

监测单位共在施工扰动区布设水土保持监测点20个,其中,主体工程区4个,业主营地区1个,永久道路区1个,库区1个,弃渣场区3个,料场区及临时堆料场区5个,施工生产生活区2个,临时道路区2个,移民安置区1个。详见表4-52。

表4-52　水土流失监测点布设情况

序号	名称	监测点位置	监测点基本情况(截至2011年12月第一次现场调查)	监测方法
1	业主营地（建设管理区）	N35°11.276″ E112°38.698″	建设内容包括现场办公用房建设、值班居住用房建设、后方基地建设和生产厂房仓库建设,总建筑面积6 100 m²,其中现场办公用房建筑面积1 200 m²;值班居住及文化娱乐用房建筑面积2 800 m²;后方基地建筑面积1 000 m²。征地总面积为2.17 hm²。上述工程基本完工,营地内硬化、绿化、美化、排水设施完善。有挡墙、边坡防护等措施,水土流失轻微	调查监测
2	金滩沁河大桥	N35°11.055″ E112°38.925″	金滩沁河大桥位于坝址下游约2 km处,长约370 m,连接沁河两岸,担负施工期及运行管理期的两岸交通运输任务。金滩沁河大桥的防洪标准为50年一遇,设计采用梁板桥,预应力简支转连续箱梁结构,桥面宽9 m。早已建好,桥下河床弃渣已清理,水土流失轻微	调查监测
3	2号弃渣场	N35°11.096″ E112°39.295″	河南省水利第一工程局、第二工程局、基础局、水建等施工单位共有弃渣场。为1号泄洪洞和左坝肩、溢洪道开挖弃渣及岸坡灌浆开挖弃渣,渣场部分场地由河南省水利第二工程局平整后作为施工生产用地(建有拌和站)。渣体自然堆放在沟道内,下游无拦挡措施,整个渣场也无其他防护措施,渣场上游汇水面积较小,约80 hm²,为一闭合汇水单元,可在沟口建立沉砂池	调查监测、定位小区观测

序号	名称	监测点位置	监测点基本情况(截至 2011 年 12 月第一次现场调查)	监测方法
4	河口村块石料场	N35°10.622″ E112°38.150″	原状为荒坡和灌木林。石料场开挖周围较高,料场开挖区为一大坑,因此料场区水土流失虽较为严重,但流进了开挖坑内。周边山沟内修建有谷坊式挡墙	调查监测、定位小区观测
5	1 号临时堆料场	N35°11.217″ E112°38.909″	堆存泄洪洞、大坝、溢洪道等开挖后的可利用料,占地 100 多亩,堆料约 100 万 m³,主要为石料。沿河侧砌有挡渣墙,其他无水土保持措施。水土流失为中度	调查监测
6	4 号永久道路	N35°11.423″ E112°38.547″	起点为三孔窑,经沁河水电公司、余庄、余铁沟,到达坝顶,为右岸上坝的高线道路;主要承担大坝坝肩开挖、填筑、面板浇筑的交通运输任务。该道路后期改建为大坝运行管理的永久道路。沥青路面,宽 7 m,一侧有排水沟,上边坡下有浆砌石挡墙约 50 cm 高,边坡上水泥护坡并有爬墙虎,下边坡原有柏树和荆条等长势良好,下边坡植被覆盖率约 80% 以上	调查监测
7	余铁沟施工营地	N35°11.865″ E112°38.824″	为河南省水利第一工程局、第二工程局联合体大坝标项目部,4 层楼,正在施工,待沉陷后再修路等设施,周边有排水沟和挡墙	调查监测、定位小区观测
8	1 号弃渣场	N35°11.116″ E112°39.090″	2010 年渣场弃渣已结束,2011 年汛前做好各种防护措施,纵横排水沟完善,上边坡绿化植草防护,下边坡浆砌石网格内植草护坡,坡脚挡墙拦挡,顶面曾为施工营地,因场地太小,现废弃不用,因此顶面已平整,但未复耕。水土流失轻微	调查监测
9	大坝坝体施工区	N35°11.856″ E112°39.094″	混凝土面板堆石坝,1 级建筑物,坝基有 10~40 m 厚的砂卵石覆盖层。坝体从上游向下游依次为混凝土面板、垫层区、过渡层、主堆石区和次堆石区。挡水建筑物按 500 年一遇洪水设计,2 000 年一遇洪水校核。大坝坝顶高程为 288.5 m,坝顶长度为 530 m,最大坝高为122.50 m。正在进行基础处理,施工围堰已建,现场有排水措施	调查监测
10	2 号临时堆料场	N35°11.848″ E112°39.491″	主要堆存泄洪洞、大坝等开挖后的可利用料,计划回采堆放在大坝面板前作为大坝保护层。现堆放在库区内,堆料约 30 万 m³。无水土保持措施,水土流失较为严重	调查监测
11	松树滩土料场	N35°12.326″ E112°39.992″	位于张庄村,现状为石坎梯田,种有玉米和蔬菜,长势良好,水土流失轻微	调查监测
12	河东土料场	N35°12.356″ E112°40.336″	现场位于一荒坡,植被有荒草、灌木、乔木等。河床沉积物,主要用于防渗铺盖	调查监测

序号	名称	监测点位置	监测点基本情况（截至 2011 年 12 月第一次现场调查）	监测方法
13	3 号弃渣场	N35°10.515″ E112°38.354″	位于石料场东侧，原为一荒沟，主要堆存石料场弃渣及表土覆盖层。弃渣自然堆放，堆场零乱，无水土保持措施，水土流失相对严重，约中度以上	调查监测、定位小区观测
14	引水发电系统	N35°11.571″ E112°38.817″	河口村水电站总装机容量 16.8 MW，分大小两个电站布置。大电站装机 4 台，单机容量 4.0 MW；小电站装机 1 台，容量 0.8 MW。引水发电系统主要建筑物包括引水发电洞、主厂房、副厂房、开关站、尾水渠等。引水洞叉洞口正在施工，进行基础开挖，原为荒山坡，现场植生袋护坡较多	调查监测
15	3 号临时道路	N35°11.126″ E112°39.048″	起点在金滩村口现有的乡级公路，终点为泄洪洞出口，长约 0.7 km，主要承担泄洪洞及其进出口的开挖出渣、混凝土浇筑等交通运输任务。路面宽 7 m，泥结碎石路面，有防护墩，下边坡浆砌石护坡，上边坡植生袋植草护坡，排水系统完善	调查监测
16	7 号临时道路	N35°11.850″ E112°39.123″	起点为右坝肩，终点为 2 号临时堆料场，并连接 6 号道路，主要承担大坝右岸岸坡的开挖、弃渣、粉煤灰填筑等交通运输任务。路宽 7 m，泥结碎石路面，靠山体一侧有排水沟，上边坡混凝土护坡，下边坡没有防护。水土流失为中度	调查监测
17	河南省水利第二工程局（泄洪洞标）施工营地	N35°11.175″ E112°39.149″	营地院内硬化、绿化、美化、排水系统完善，边坡树草长势良好，同时院内有很多菜地，管理较好。水土流失轻微	调查监测
18	库区监测点	N35°12.561″ E112°40.396″	位于张庄村，紧临河道，等移民安置区建好后，村民迁出，现状河水清澈，但村民生活垃圾堆在河道内，污染严重。水土流失为轻度	调查监测
19	施工围堰	N35°11.705″ E112°39.252″	2011 年 10 月 19 日合龙，可防 500 年一遇洪水。计划 2013 年底拆除。围堰内库区边坡已护坡（铅丝石笼防护，一侧护库区，一侧护 7 号临时道路）	调查监测
20	移民安置区	N35°08.672″ E112°32.473″	集中安置 5 个行政村 3 004 人，安置区规划占地 240 亩，35 栋 6 层高楼房，共 948 套，建筑面积 14.9 万 m²，计划 2013 年 3 月交工。施工现场有地下排水设施以及彩钢板拦挡措施	调查监测

2. 主要监测成果

1) 扰动地表面积监测

根据水土保持监测总结报告，本项目建设实际占地面积780.50 hm²，较方案设计的水土流失防治责任范围857.05 hm²减少了76.55 hm²，较初步设计的水土流失防治责任范围850.6 hm²减少了70.1 hm²。各防治分区水土流失防治责任范围监测情况见表4-53。

表4-53　水土流失防治责任范围监测结果

防治区		项目建设区（hm²）			直接影响区（hm²）	水土流失防治责任范围（hm²）
		永久占地	临时占地	小计		
一	主体工程区	95.78	1.23	97.01	0	97.01
二	业主营地区	0.63		0.63	0	0.63
三	永久道路区	23.98		23.98	0	23.98
四	库区	601.54		601.54	0	601.54
五	弃渣场区		3.81	3.81	0	3.81
六	料场区		15.52	15.52	0	15.52
七	临时堆料场区					
八	施工生产生活区		4.78	4.78	0	4.78
九	临时道路区		1.98	1.98	0	1.98
十	移民安置区	16.64		16.64	0	16.64
十一	移民专项设施区	13.61	1.0	14.61	0	14.61
合计		752.18	28.32	780.50	0	780.50

2) 弃土（石、渣）量监测

本项目建设过程中实际产生的弃土（石、渣）量为132.3万 m³，除综合利用的临时堆土外，不可利用的全部弃至规划的3个弃渣场内，进行削坡、覆土整治，实施植物措施。监测结果见表4-54。

3) 土壤侵蚀模数动态监测

土壤侵蚀模数监测结果详见表4-55。

由表 4-55 可知,原地貌土壤侵蚀模数为 400 t/(km² · a),扰动后综合土壤侵蚀模数为 653.57 t/(km² · a),是原地貌土壤侵蚀模数的 1.6 倍;防治措施实施后土壤侵蚀模数降为 150.08 t/(km² · a),较原地貌土壤侵蚀模数 400 t/(km² · a)降低了 62%。

表 4-54　弃土(石、渣)量监测结果

序号	监测区	弃渣量 (万 m³)	弃渣总量 (t)	流失量 (t)	拦渣量 (t)	拦渣率 (%)
一	主体工程区	62.30	1 121 400.00	2 089.78	1 119 310.22	99.81
二	业主营地区	0.03	540.00	14.81	525.19	97.26
三	永久道路区	10.40	187 200.00	2 774.81	184 425.19	98.52
四	库区	0.36	6 480.00	0.76	6479.24	99.99
五	弃渣场区	1.32	23 760.00	160.47	23 599.53	99.32
六	料场区	59.60	1 072 800.00	290.03	1 072 509.97	99.97
七	临时堆料场区	1.76	31 680.00	441.46	31 238.54	98.61
八	施工生产生活区	0.05	900.00	138.60	761.40	84.60
九	临时道路区	0.05	900.00	145.00	755.00	83.89
十	移民安置区	0.02	360.00	34.06	325.94	90.54
十一	移民专项设施区	0.01	180.00	83.87	96.13	53.41
	合计	135.90	2 446 200.00	6 173.65	2 440 026.35	99.75

注:容重按每立方米 1.8 t 换算。

4)土壤流失量动态监测

土壤流失量动态监测结果详见表 4-56。

从表 4-56 可知,项目建设期扰动范围内原地貌土壤流失量 2 297.88 t,扰动后土壤流失量为 5 732.19 t,较原地貌新增 3 434.31 t。经分析,扰动后土壤流失量是原地貌土壤流失量的 2.49 倍左右;防治措施实施后土壤流失量为 11.99 t,相当于原地貌土壤流失量 2 297.88 t 的 0.52%(根据与监测单位沟通,土壤流失量只计算了轻度侵蚀及以上的面积)。

5)设计水平年六项防治目标值监测

设计水平年各防治分区及项目综合目标值监测结果详见表 4-57。

表 4-55　各防治分区土壤侵蚀模数监测　　　　　　　　　　　　　　[单位:t/(km²·a)]

时段	监测分区											综合土壤侵蚀模数
	主体工程区	业主营地区	永久道路区	库区	料场区	弃渣场区	临时堆料场区	施工生产生活区	临时道路区	移民安置区	移民专项设施区	
原地貌	400	400	400	400	400	400	400	400	400	400	400	400
扰动后	597.83	600	25 000	400	877.48	521.26	445.71	373.56	2 500	262.53	445.15	653.57
治理后	150	150	150	150	150	150	150	150	180	150	150	150.08

表 4-56　各防治分区土壤流失量动态监测结果　　　　　　　　　　　　（单位:t）

时段	监测分区											合计
	主体工程区	业主营地区	永久道路区	库区	料场区	弃渣场区	临时堆料场区	施工生产生活区	临时道路区	移民安置区	移民专项设施区	
原地貌	1 398.24	11.13	443.97	0.76	155.2	60.96		109.6	23.2	19.46	75.36	2 297.88
扰动后	2 089.78	14.81	2 774.81	0.76	290.03	160.47		138.6	145	34.06	83.87	5 732.19
治理后								3.18	8.81			11.99

表 4-57　设计水平年各防治分区及项目综合目标值监测结果

防治分区	扰动土地整治率（%）	水土流失总治理度（%）	土壤流失控制比	拦渣率（%）	林草植被恢复率（%）	林草覆盖率（%）
主体工程区	99.97	99.95	1.33	99.81	99.95	79.33
业主营地区	100.00	96.55	1.33	97.26	96.55	44.44
永久道路区	99.58	99.25	1.33	98.52	99.17	49.92
库区	100.00		1.33	99.99	98.48	98.48
弃渣场区	99.74	99.74	1.33	99.32	99.70	86.35
料场区	99.68	99.68	1.33	99.97	99.68	99.42
临时堆料场区						
施工生产生活区	100.00	100.00	1.33	84.60	100.00	4.39
临时道路区	99.49	97.83	1.11	83.89		0
移民安置区	98.80	96.15	1.33	90.54	96.15	29.99
移民专项设施区	99.93	99.84	1.33	53.41	99.82	38.12
综合	99.95	99.59	1.33	99.75	99.55	64.89

　　河南省河口村水库工程建设管理局委托具有甲级水土保持监测资质的机构进行了监测，符合水土保持监测的有关规定；监测组织相对健全、监测分区较合理；监测时段划分基本正确；监测内容较全面，方法可行；监测点位布设相对有代表性；监测频次基本满足要求；监测结果相对可信。

4.7.4.2　水土保持监理工作开展情况

1. 监理的实施

　　本项目水土保持监理于 2008 年 8 月、2010 年 12 月委托河南省河川工程监理有限公司承担，并签订水土保持监理合同。监理单位接受委托后，成立了现场监理机构，采用直线制结构组织形式，实行总监理工程师负责制。设总监理工程师 1 人、监理工程师 4 人。

　　监理单位接受委托后，立即组织水土保持监理技术人员进行了现场查勘，编制完成了《工程建设监理规划》和《监理实施细则》。监理规划中明确了监理制度和监理机构，配备了具有相关经验的监理工程师和监理设备。根据相关法律法规和强制性条文，完成水土保持工程的质量控制、进度控制和投资控制，同时依据《水土保持工程施工监理规范》（SL 523—2011）完成各项水土保持监理工作，提交监理日志、施工过程设计变更的审核和签发，施工结束后提交了《沁河河口村水库工程水土保持监理工作总结报告》。

　　1）监理方法

　　监理单位主要采用现场记录、发布文件、旁站监理、签发监理通知、现场测量、巡视检验、跟踪检测、平行检测、协调等方法进行监理，对水土保持工程措施几何尺寸、检测工程质量、抽查植物措施成活率、检查施工单位填报的单元工程质量评定表和分部工程质量评定及验收资料、对存在的共性问题和较大问题报请建设单位采取有效措施等工作方式。

2）监理过程

（1）定期或不定期排查。

一是按照水土保持相关法律法规及技术规范要求，根据监理合同及批准备案的监理规划、监理实施细则，不定期进行现场巡查，特别是雨季和施工高峰期加强了巡查频次。通过监理例会、现场指示、监理工程师通知单等形式要求各施工单位提高水土保持工作的重视程度，督促其做好水土流失治理工作，保证最大限度地减少建设过程中的水土流失。将检查结果以监理月报的形式报水土保持主管部门备案。

二是检查"三同时"制度落实情况。特别是对临时措施、植物措施是否及时开展、是否达到设计标准要求等认真督导。把握植树季节，及时提出建议，严格按照"三同时"的原则对各水土流失防治区开展水土保持工程监理。

三是针对场区内乱倒乱弃、建筑材料随意堆放、建筑垃圾乱弃乱堆等问题，督促施工单位及时清理。

四是检查各施工单位对监理部发出的监理通知的落实情况。通过现场检查，找出存在的主要问题，以监理工程师通知单的形式通知各相关单位，要求其尽快整改到位。

（2）专项检查，签发通知。

一是根据水土保持方案和水土保持初步设计文件要求，现场检查各水土流失防治分区的治理情况，对存在的问题，以监理通知单的形式通知各相关单位，要求其尽快整改到位。

二是认真贯彻落实跟踪流域管理机构及各级地方水行政主管部门的督查实施意见，协助制定、落实整改方案；对工程实施过程需要加强长效机制的建设项目提出合理建议，把做好水土保持工程放在与主体工程建设同等重要的位置；组织相关参建施工单位召开水土保持专题会议，使之高度重视做好水土保持工作的重要性与必要性；同时联合相关负责部门加强对现场的检查力度，适当实行奖优惩劣制度，全面促进整改意见落到实处。

2. 主要监理成果

1）质量控制

质量控制贯穿于工程施工的全过程。在项目实施过程中，主体工程监理主要对主体工程中所含水土保持功能措施进行质量把关，移民监理对移民安置区、移民专项设施区具有水土保持功能措施进行质量把关，水土保持监理重点对方案新增水土保持设施根据批准的《工程建设监理规划》及《监理实施细则》以及设计文件、相关技术规范，运用巡视、试验、测量、审查施工单位报告、报表、发布指令性文件、施工现场协调、工地会议、联合质量检查等手段，从影响工程质量的施工放样及规格测量、原材料、干（浆）砌石基础开挖及砌护、网格护坡、排水沟（渠）、挡渣坝墙、苗木栽植、人工种草、土地整治等方面进行了全过程的质量控制，对发现的问题及时通知施工单位整改和完善，对重大共性问题通过专题报告的形式报送河南省河口村水库工程建设管理局，以加大督促整改力度。

项目实施过程中，水土保持监理单位首先依据《开发建设项目水土保持技术规范》（GB 50433—2008），按照点状建设项目水土流失特点和沁河河口村水库工程水土保持方案及水土保持初步设计的要求，结合施工阶段水土保持工程的施工图设计情况，严格按照质量标准进行控制。

其次,对质量特性指标进行度量,并与设计要求和技术标准进行比较,作为对施工质量评定的依据。参照主体工程质量检验程序,结合水土保持工程特点,重点做好对工程中使用的石料、水泥、苗木质量等按批试验并查看产品合格证,在施工现场对砂浆、混凝土进行施工前的强度试验,施工中随机取样,以验证施工质量;制定施工单位的"三检"制度。督促施工单位建立健全工程质量保证体系,每一工序完成后,施工单位必须实施班组初检、施工队复检、项目部专职质检员终检的三检制,然后报监理验收,以保证工程施工质量,监理工程师定期检查验收。监理单位要求施工单位对进场材料自检合格后进行报验,经监理复核合格后方可进入下道工序,对混凝土浇筑等关键部位进行现场旁站,对重要隐蔽工程进行四方联合验收。

最后,确保工程质量,水土保持监理主要以"监理工程师通知单"及"整改通知"的方式对巡查中发现的问题及时通知相关施工单位负责人按要求整改,随后由专业监理工程师检查落实,使问题及时得到纠正。在监理过程中,对一些重大问题,及时组织召开专题会议,形成会议纪要。

通过上述质量控制措施的实施,质量控制效果见表 4-58、表 4-59。

2)进度控制

根据监理规划及实施细则确定的进度控制实施系统,结合批准的工程总体施工进度计划、阶段进度计划,经过一系列监理活动,使本项目实施进度达到最优化。采取的主要进度控制措施有:

(1)要求施工单位编制水土保持施工组织设计,并结合主体工程进展情况制定进度控制要求,对上报的施工组织设计等进行审核。

(2)根据施工组织设计,核查工程进展情况,监督施工单位按批准的工程进度计划施工,针对实际进度与计划进度的差别,及时分析原因,采取动态控制措施,限期完成。

(3)植物措施按项目进度计划结合植物生长的有效时期控制进度。

通过上述进度控制措施的实施,水土保持工程的主要措施建设与主体工程建设进度基本同步。进度控制结果见表 4-60。

表 4-58　工程措施和植物措施质量控制效果

项目名称	施工自检			监理抽检		
	自检点数（个）	合格点数（个）	合格率（%）	抽检点数（个）	合格点数（个）	合格率（%）
河南省河口村水库道路水土保持工程	569	530	93.1	195	173	88.7
2 号弃渣场水土保持工程	1 316	1 166	88.6	445	381	85.6
1 号、2 号渣场整治及水土保持工程	1 945	1 763	90.6	668	581	87.0

项目名称	施工自检			监理抽检		
	自检点数（个）	合格点数（个）	合格率（%）	抽检点数（个）	合格点数（个）	合格率（%）
3 号渣场及石料场水土保持工程	2 040	1 773	86.9	711	598	84.1
坝后排水系统整治及水土保持工程	622	561	90.0	218	187	85.8
坝后 220 平台渣场水土保持工程	3 001	2 870	95.6	1 042	945	90.7
坝下河道河心滩水土保持工程	2 517	2 342	93.0	862	784	91.0
坝下河道岸坡及滩地水土保持工程 I 标段	2 056	1 902	92.5	695	622	89.5
坝下河道岸坡及滩地水土保持工程 II 标段	1 035	954	92.2	362	312	86.2
1 号道路工程	697	641	92.0	229	205	89.5
2 号道路工程	672	613	91.2	224	194	86.6
3 号道路工程	60	51	85.0	25	20	80.0
4 号道路工程	256	247	96.5	81	72	88.9
5 号道路工程	330	319	96.7	115	105	91.3
9 号道路工程	582	511	87.8	199	157	80.5
场外道路工程	163	141	86.5	51	42	82.4
ZT2 标引水发电工程	312	268	85.9	112	93	83.0
ZT4 标大坝工程	15 724	15 241	96.9	5 178	4 722	91.2
SG10 标道路改建 1 标段	1 322	1 258	95.2	445	405	91.0
SG11 标道路改建 2 标段	2 359	2 192	92.9	789	702	89.0
合计	37 578	35 343	94.1	12 646	11 300	89.4

表 4-59　临时措施项目施工自检及监理抽检情况统计

项目名称	施工自检			监理跟踪检测		
	自检点数（个）	合格点数（个）	合格率（%）	抽检点数（个）	合格点数（个）	合格率（%）
ZT1 标泄洪洞工程	1 053	869	82.5	1 053	869	82.5
ZT2 标引水发电工程	303	243	80.2	303	243	80.2
ZT3 标防渗系统工程	126	104	82.5	126	104	82.5
ZT4 标大坝工程	4 391	3 580	81.5	4 391	3 580	81.5
ZT5 标溢洪道工程	1 950	1 557	79.8	1 950	1 557	79.8
金滩沁河大桥工程	66	55	83.3	66	55	83.3
施工电源工程	27	20	74.1	27	20	74.1
房屋建筑工程	99	75	75.6	99	75	75.6
3 号道路工程	72	61	84.7	72	61	84.7
7 号道路工程	120	95	79.2	120	95	79.2
8 号道路工程	138	109	79.0	138	109	79.0
9 号道路工程	63	49	77.8	63	49	77.8
SG2 标河口村水库道路水土保持工程	39	31	79.5	39	31	79.5
SG4 标河南省河口村水库工程管理码头施工标	150	125	83.3	150	125	83.3
SG5 标泄洪建筑物出口河道整治工程施工 1 标段	93	74	79.6	93	74	79.6
SG6 标泄洪建筑物出口河道整治工程施工 2 标段	60	49	81.7	60	49	81.7
SG7 标泄洪建筑物出口河道整治工程施工 3 标段	72	60	83.3	72	60	83.3
SG8 标泄洪建筑物出口河道整治工程施工 3 标段	90	75	83.3	90	75	83.3
SG9 标济源供水跨河段管网工程	120	101	84.2	120	101	84.2
SG13 标封闭工程	57	49	86.0	57	49	86.0
2 号弃渣场水土保持工程	60	45	75.0	60	45	75.0
1 号、2 号渣场整治及水土保持工程	86	65	75.6	86	65	75.6

项目名称	施工自检			监理跟踪检测		
	自检点数（个）	合格点数（个）	合格率（%）	抽检点数（个）	合格点数（个）	合格率（%）
3 号渣场及石料场水土保持工程	90	74	82.2	90	74	82.2
坝后排水系统整治及水土保持工程	240	198	82.5	240	198	82.5
坝后 220 平台渣场水土保持工程	54	42	77.8	54	42	77.8
坝下河道河心滩水土保持工程	192	152	79.2	192	152	79.2
坝下河道岸坡及滩地水土保持工程 I 标段	38	31	81.6	38	31	81.6
坝下河道岸坡及滩地水土保持工程 II 标段	66	49	74.2	66	49	74.2
合计	9 915	8 037	81.1	9 915	8 037	81.1

表 4-60　水土保持工程进度控制结果

序号	施工标段	合同开、完工时间（年-月-日）	实际开、完工时间（年-月-日）
1	ZT1 标泄洪洞工程	2011-04-30 ~ 2014-12-28	2011-04-30 ~ 2015-12-31
2	ZT2 标引水发电工程	2011-05-08 ~ 2013-04-06	2011-05-08 ~ 2015-10-30
3	ZT3 标防渗系统工程	2011-04-30 ~ 2013-10-15	2011-04-30 ~ 2014-01-08
4	ZT4 标大坝工程	2011-05-05 ~ 2014-08-16	2011-05-05 ~ 2016-09-01
5	ZT5 标溢洪道工程	2011-11-01 ~ 2014-11-14	2011-11-01 ~ 2015-12-31
6	SG2 标河口村水库道路水土保持工程	2011-02-28 ~ 2011-10-30	2011-02-28 ~ 2012-11-23
7	SG4 标河南省河口村水库工程管理码头施工标	2014-02-27 ~ 2014-10-25	2014-02-27 ~ 2014-08-29
8	SG5 标泄洪建筑物出口河道整治工程施工 1 标段	2014-12-14 ~ 2015-07-29	2014-12-14 ~ 2016-04-06
9	SG6 标泄洪建筑物出口河道整治工程施工 2 标段	2015-01-04 ~ 2015-08-20	2015-01-04 ~ 2016-03-04
10	SG7 标泄洪建筑物出口河道整治工程施工 3 标段	2014-12-10 ~ 2015-08-05	2014-12-10 ~ 2015-02-10

序号	施工标段	合同开完工时间	实际开完工时间
11	SG8 标泄洪建筑物出口河道整治工程施工 3 标	2015-07-21 ~ 2015-10-19	2015-07-21 ~ 2015-12-29
12	SG9 标济源供水跨河段管网工程	2015-06-16 ~ 2015-09-14	2015-06-16 ~ 2016-01-04
13	SG10 道路改建施工 Ⅰ 标段	2015-07-26 ~ 2015-11-22	2015-07-26 ~ 2016-07-30
14	SG11 道路改建施工 Ⅱ 标段	2015-07-26 ~ 2015-11-22	2015-07-26 ~ 2016-08-12
15	SG12 道路改建施工 Ⅲ 标段	2015-07-23 ~ 2015-11-19	2015-07-23 ~ 2016-07-29
16	SG13 标封闭工程	2016-03-05 ~ 2016-08-03	2016-03-07 ~ 2016-10-07
17	河南省河口村水库道路水土保持工程	2011-02-28 ~ 2011-10-31	2011-02-28 ~ 2012-11-23
18	2 号弃渣场水土保持工程	2013-03-04 ~ 2014-03-04	2013-03-04 ~ 2016-03-29
19	1 号、2 号弃渣场整治及水土保持工程	2016-02-23 ~ 2016-05-22	2016-02-23 ~ 2016-09-05
20	3 号弃渣场及石料场水土保持工程	2016-02-23 ~ 2016-05-22	2016-02-23 ~ 2016-08-23
21	坝后排水系统整治及水土保持工程	2016-02-23 ~ 2016-05-22	2016-02-23 ~ 2016-09-07
22	坝后 220 平台渣场水土保持工程	2016-02-23 ~ 2016-05-22	2016-02-23 ~ 2016-09-15
23	坝下河道河心滩水土保持工程	2016-02-23 ~ 2016-05-22	2016-02-27 ~ 2016-07-11
24	坝下河道岸坡及滩地水土保持工程 Ⅰ 标段	2016-02-23 ~ 2016-05-22	2016-02-23 ~ 2016-09-15
25	坝下河道岸坡及滩地水土保持工程 Ⅱ 标段	2016-02-23 ~ 2016-05-22	2016-02-25 ~ 2016-10-16
26	外线公路	2008-06-12 ~ 2008-11-12	2008-06-12 ~ 2008-11-17
27	前期工程场内 1 号道路	2008-12-29 ~ 2009-08-29	2008-12-29 ~ 2009-06-17
28	前期工程场内 2 号道路	2008-12-16 ~ 2009-08-16	2008-12-16 ~ 2010-07-20
29	前期工程场内 3 号道路	2008-06-12 ~ 2008-11-12	2008-06-12 ~ 2008-11-27
30	前期工程场内 4 号道路	2009-06-04 ~ 2009-12-04	2009-06-04 ~ 2010-12-20
31	前期工程场内 5 号道路	2009-06-04 ~ 2009-12-04	2009-06-04 ~ 2010-07-11
32	前期工程场内 7 号道路	2009-06-13 ~ 2009-12-13	2009-06-13 ~ 2010-09-15
33	前期工程场内 8 号道路	2009-06-21 ~ 2009-10-21	2009-06-21 ~ 2010-08-10
34	前期工程场内 9 号道路	2010-08-15 ~ 2010-12-15	2010-08-15 ~ 2011-07-16

3）投资控制

首先,通过健全监理组织机构,完善职责分工和相关制度,严格按施工合同规定支付工程款,及时进行计划费用与实际支付费用的比较分析,防止超支现象发生。新增工程费用严格按照规定进行审核认定。工程开始施工前,由施工、监理、发包等单位对原始地形进行联合测量,根据测量结果绘制原始地形图,作为工程计量的原始依据。施工中需现场计量工程量时,由承包人通知监理人、发包人共同进行联测,三方共同填写并签认"联合计量签证单",新增和变更项目的现场计量同时请设计单位参加,填写"联合计量签证单",以作为工程结算的原始依据。

其次,认真审核承包人的施工组织设计和施工措施计划,组织合理施工,以求施工费用最省。严格执行工程计量联合签证制度、付款审核签认制度,执行计量与支付程序,确保完成工作量、计量、支付的统一。

再次,按实际完成的工程量和施工合同条款规定支付工程款,防止过早、过量地支付工程款。全面、正确履行合同条款,减少或杜绝承包人提出索赔的条件和机会,正确处理索赔。

最后,严格控制合同增项项目。主要是控制工程变更,要求承包人遵守工程变更程序,监理人员做好施工现场原始记录,作为工程计量支付的依据。变更后工程项目单价要按规定的变更程序进行报批确认。对于部分施工现场即时发生的新增项目,按变更处理程序执行。经发包人同意后,由发包人、监理人和承包人联合现场计量,填写"联合计量签证单",作为工程结算凭证,否则不予结算。投资控制结果详见表4-61。

表4-61 投资控制结果

序号	措施类型	方案批复水土保持措施投资（万元）	初步设计批复水土保持措施投资（万元）	监理控制水土保持措施投资（万元）	说明
一	主体已有	925.76	922.58	1 343.48	
1	工程措施	718.48	743.84	1 015.70	
2	植物措施	207.28	178.74	327.77	
二	方案新增	2 233.15	2 574.6	4 724.7	只列措施费
1	工程措施	1 917.4	2 179.36	2 417.33	
2	植物措施	140.68	300.83	2 197.54	
3	临时措施	175.07	94.42	109.84	
	合计	3 158.3	3 497.2	6 068.18	

4.7.5 单位工程验收情况

2013年2月23日,河南省河口村水库工程建设管理局组织对河南省河口村水库道路水土保持工程进行单位工程验收,并组织成立了验收工作组。验收工作组由河南省河口村水库工程建设管理局、黄河勘测规划设计有限公司、河南省河川工程监理有限公司、河南宏森绿化工程有限公司、河南省水土保持监督监测总站等单位的代表组成。由河南省河口村水库工程建设管理局主持,河南省水利水电工程建设质量监测监督站派员列席参加,监督验收工作开展情况。验收工作组通过听取施工单位工程建设汇报、检查工程完成情况、查阅工程相关档案资料,认为所验收单位工程已按合同要求完成了建设任务,达到了设计标准,施工过程中未发生工程质量事故,工程资料基本齐全,工程质量等级为合格。

2016 年 9 月 2 日，河南省河口村水库工程建设管理局组织对 2 号弃渣场水土保持工程单位工程验收，并成立了验收工作组。验收工作组由河南省河口村水库工程建设管理局、黄河勘测规划设计有限公司、河南省河川工程监理有限公司、河南宏森绿化工程有限公司、河南省水土保持监督监测总站等单位的代表组成，河南省河口村水库工程建设管理局主持，河南省水利水电工程建设质量监测监督站派员列席参加，以监督验收工作开展情况。验收工作组听取了施工单位工程建设汇报、检查了工程完成情况、查阅了工程相关档案资料，认为所验收单位工程已按合同要求完成了建设任务，达到设计标准，施工过程中未发生工程质量事故，工程资料齐全，工程质量等级为合格。

2016 年 11 月 7 日，河南省河口村水库工程建设管理局组织对 3 号渣场及石料场水土保持工程、坝后排水系统及水土保持工程等 2 个单位工程进行验收，成立了验收工作组。验收工作组由河南省河口村水库工程建设管理局、黄河勘测规划设计有限公司、河南省河川工程监理有限公司、陕西盛鑫建筑安装工程有限公司、驻马店水利工程局、河南省水土保持监督监测总站、河南省河口村水库工程建设管理局等单位的代表组成，河南省水利水电工程建设质量监测监督站派员列席。验收组听取了施工单位工程建设汇报、检查了工程完成情况、查阅了工程相关档案资料，认为所验收单位工程已按合同要求完成了建设任务，达到设计标准，施工过程中未发生工程质量事故，工程资料齐全，3 号渣场及石料场水土保持单位工程质量等级为合格，坝后排水系统整治及水土保持工程质量等级为优良。

2016 年 11 月 22 日，河南省河口村水库工程建设管理局组织对 1 号、2 号渣场整治及水土保持工程，坝后 220 平台渣场水土保持工程，坝下河道河心滩水土保持工程，坝下河道岸坡及滩地水土保持工程 Ⅰ 标等 4 个单位工程进行单位工程验收，并组织成立了验收工作组。验收工作组由河南省河口村水库工程建设管理局、黄河勘测规划设计有限公司、河南省朝阳建筑设计有限公司、河南省河川工程监理有限公司、洛阳水利工程局有限公司、河南省武消园林景观绿化工程有限公司、黄河园林集团有限公司、河南水建集团有限公司、河南省水土保持监督监测总站、河南省河口村水库工程建设管理局等单位的代表组成。由河南省河口村水库工程建设管理局主持单位工程验收，河南省水利水电工程建设质量监测监督站派员列席会议，监督验收工作开展情况。验收工作组通过听取了施工单位工程建设汇报、检查了工程完成情况、查阅了工程相关档案资料，认为所验收单位工程已按合同要求完成了建设任务，达到设计标准，施工过程中未发生工程质量事故，工程资料齐全，工程质量等级均为优良。

2016 年 12 月 1 日，河南省河口村水库工程建设管理局组织对坝下河道岸坡及滩地水土保持工程 Ⅱ 标进行单位工程验收，并组织成立了验收工作组。验收工作组由河南省河口村水库工程建设管理局、河南省朝阳建筑设计有限公司、河南省河川工程监理有限公司、河南宏森绿化工程有限公司、河南省水土保持监督监测总站等单位的代表组成。由河南省河口村水库工程建设管理局主持单位工程验收，河南省水利水电工程建设质量监测监督站派员列席会议，监督验收工作开展情况。验收工作组通过听取了施工单位工程建设汇报、检查了工程完成情况、查阅了工程相关档案资料，认为所验收单位工程已按合同要求完成了建设任务，达到设计标准，施工过程中未发生工程质量事故，工程资料齐全，工程质量等级为优良。

4.7.6 水行政主管部门监督检查意见及落实情况

工程建设期间,各级水行政主管部门多次深入现场督查指导工作。一方面加强水土保持法律法规的宣传,明确工程建设中存在的问题,督促各项水土保持措施的落实;另一方面从水土保持技术层面对工程建设中水土流失防治工作给以实地指导,为水土流失防治工作的开展奠定了良好基础。河南省河口村水库工程建设管理局对各级水行政主管部门提出的问题和督查意见非常重视,并一一落实。督查过程中,以交流指导为主,形成书面文件的只有一次。

具体情况如下:

2014 年 9 月 17 日,黄河水利委员会组织河南省水利厅、济源市水利局对本项目水土保持工作和工程实施情况进行了监督检查,并以《黄委水保局关于印发沁河河口村水库工程水土保持监督检查意见的函》(水保函〔2014〕31 号)下发了督查意见。检查意见中对河南省河口村水库工程建设管理局在建设过程中高度重视水土保持工作,全面履行各项水土保持法定义务给予肯定,同时要求对存在的问题进行限期整改,积极配合水土保持监督部门的监督执法工作。

具体意见如下:

建设单位重视水土保持工作,组织开展了水土保持设计、监测和监理,监测报告制度落实到位;同步实施了水土保持措施,特别是大部分道路、弃渣场等高陡边坡的防治措施体系较为完善,植物措施实施效果好,有效防治了建设过程中的水土流失。

4.7.6.1 主要问题

(1)3 号弃渣场水土保持措施不完善,临时道路两侧边坡有坍塌,存在水土流失隐患;2 号弃渣场顶部未平整复耕。

(2)土(石)料场和临时堆料场的水土保持临时防护措施未落实。

(3)部分施工道路未修建临时排水设施,一些道路排水沟存在淤积问题。

4.7.6.2 整改要求

(1)抓紧落实 2 号、3 号弃渣场的各项水土保持措施,消除水土流失隐患。

(2)尽快实施土(石)料场和临时堆料场的水土保持临时措施。

(3)完善施工道路临时排水设施,及时解决排水沟的淤积问题。

(4)加强已实施水土保持措施管理维护,强化施工管理,及时落实各项水土流失防治措施。

(5)妥善解决水土保持补偿费问题。

针对监督检查提出的整改要求,河南省河口村水库工程建设管理局及时召开水土保持专题会,要求施工单位加强对已实施水土保持措施管理维护,特别是临时道路两侧边坡坍塌区域进行修复平整、对排水沟及时清淤,块石料场加强干砌石拦挡、临时堆料场加强浆砌石拦挡,对 2 号弃渣场进行招标治理。

对应监督意见,河南省河口村水库工程建设管理局立即做出了整改规划和安排,要求各施工单位在条件成熟的情况下,立即进行措施的实施和完善,并于 2015 年 1 月对成熟的片区基本完成水土保持措施的布设。逐条整改落实情况如下：

（1）2014年11月，完成了3号弃渣场水土保持措施；2号渣场顶部因有两个项目部营地压占，已列入2016年水土保持措施实施计划，要求施工单位及时实施水土保持措施，成熟一片，实施一片。

（2）2014年10月开始实施土（石）料场和临时堆料场的水土保持临时防护措施，在土（石）料场和临时堆料场坡脚修建了临时挡墙和排水沟，于2014年11月实施完成。

（3）5号道路临时排水沟、9号道路排水沟实施，1号、2号、4号道路排水沟全面清理疏通工程均于2014年10月开始，2014年12月底完成。

（4）2014年11月，各施工标段对所负责工程进行了全面排查，对损坏和损毁部位进行了整修。

（5）关于水土保持补偿费的问题已于2014年9月21日以豫水河建〔2014〕56号向河南省水利厅上报请示。

4.7.7　水土保持补偿费缴纳情况

本项目水土保持方案批复的水土保持补偿费为191.31万元。初步设计阶段根据发改投资〔2011〕2586号《国家发改委关于核定河南省沁河河口村水库工程初步设计概算的通知》，取消了水土保持补偿费。

4.7.8　水土保持设施管理维护

本着"谁使用、谁保护"的原则，施工结束后，项目建设所租用的临时占地已复耕或交由土地所有权的单位和个人管理维护，并与土地所有权人签订土地移交签证表；项目永久占地范围内的水土保持设施由河南省河口村水库工程建设管理局负责管理和维护。河南省河口村水库工程建设管理局成立了水土保持工作管理领导小组，制定了《水土保持工程管理制度》。

河南省河口村水库工程建设管理局于2015年12月1日以豫水河管〔2015〕8号文《河南省河口村水库管理局关于成立河南省河口村水库水土保持工作管理领导小组的通知》成立了水土保持工作管理领导小组。组长李永江，副组长曹先升、严实，成员解枫赞、建剑波、魏水平、汪军、许建设、吴东福。领导小组下设办公室，办公室设在局工程科，魏水平兼任办公室主任，具体负责水库区域内水土保持工作，其主要职责是制定区域内水土保持管理制度，做好水土保持工程和设施管理，发挥水土保持工程效益，加强水土保持宣传教育工作，普及水土保持科学知识，增强全员的水土保持意识，保持库区和谐水生态环境，创建优美国家水利风景区。

《水土保持工程管理制度》中明确了水土保持工程管理和维护的岗位职责、养护内容、养护标准、技术管理、安全管理、考核评定等相关内容和标准；制定了工程科科长负责养护管理的全面工作及对养护工作周密布署，专人负责养护任务的派发及养护管理人员的考核，各科室具体负责界区内的养护管理工作，并对工作完成情况进行考核和评定，划分责任区，分片包干，落实到人，承包人对承包区片的养护工作负全责，每日巡查并按严格的养护标准上报详尽的养护内容等制度。片区巡查人员负责辖区内的排水系统、挡渣墙、绿化措施等巡查工作。根据工程养护管理及绿化管理制度,巡查员每天对所管辖片段进行一次巡检,并认真填写巡查记录,对发现的问题及时填写任务单,报负责人签发,同时通知施工单位做好准备工作。签发后的任务单在规定时间内送达施工单位。

绿化管理制度中明确了根据植物的生长需要及时采取浇水、施肥、除草、松土、修剪、补植和病虫害防治等技术措施及对绿化地病虫害实行保洁管理措施,制定了一般灌水的时间、灌水的方法及绿化地排水措施;肥料种类、施肥方法和施肥时间;中耕除草、整形和修剪、病虫害防治、苗木补栽的时间和方法。制定了管理目标,建立了以李永江为组长,曹先升、严实为副组长,魏水平等为组员的绿化养护管理机构,明确了绿化管理职责,提出了花草、树木要定期修剪,科学养护,做到花草繁茂,树木旺盛;花卉树木要及时浇水,合理施肥,根据病虫害发生情况,适时喷洒农药、防虫、治虫,要求病害危害程度控制在5%以下,无药害发生。确保成活率和生长茂盛;绿地内保持无污物,无垃圾,严禁乱丢杂物;花草及苗木要无死枝、枯枝,无人为损害花卉树木现象;各种花卉树木要明确其科属和生长习性,以便科学管理;绿化要按照统一的规划和布局设计,不得随意变更,花卉树木确需变更的必须经领导研究批准;任何人不得随便砍伐和损坏树木、花卉,砍伐或者增植新的花卉树木都必须经过领导批准,损坏花卉树木的必须按照有关规定重新补栽并赔偿相应的经济损失。

本项目运行以来,水土保持设施的管理维护措施基本落实,植物措施能够及时补播补栽,对死苗、死株及时更换,绝大部水土保持措施运行效果较好。但个别区域地表有裸露,挡渣墙有损毁、排水沟有堵塞、损毁、淤积,个别地段边坡有较多冲沟等现象,建议加强水土保持设施的养护管理,保障水土保持设施安全运行,最大限度地控制水土流失。

综上所述,经自查初验后认为本项目水土保持设施管理维护责任明确,机构人员落实,制度健全,效果显著,具备正常运行条件,符合交付使用要求。

4.8　自验结论及评估整改意见

4.8.1　自验结论

(1)沁河河口村水库工程水土保持方案审批手续完备,水土保持初步设计、施工、监理、质量评定、监测、财务支出等建档资料齐全。

(2)本项目水土流失防治分区合理,防治措施选择得当,形成综合防治体系,能够按批复的水土保持方案、水土保持初步设计、施工图设计和设计变更要求建成,全部单位工程自查初验合格,其中66.7%为优良,符合水土保持要求;所涉及的水土保持措施单位工程中,工程措施、植物措施质量全部合格,且植物措施为优良,工程项目总体评价为优良。

(3)实施水土保持措施后,扰动土地整治率99.95%、水土流失总治理度99.60%、土壤流失控制比1.33、拦渣率99.75%、林草植被恢复率99.55%、林草覆盖率64.89%。均达到批复水土保持方案设定的防治目标值,且达到水土流失一级防治标准要求。

(4)水土保持投资管理组织、财务制度健全,投资控制和价款结算程序严格。涉及水土保持工程项目的财务支出合理,投资使用符合审批要求,水土保持措施总投资较水土保持方案批复投资增加 2 746.51 万元(其中方案新增措施投资增加 2 334.39 万元),变化的主要原因是在实施中增加泄洪建筑物出口下游的河道整治工程,同时完善了植物措施和排水系统的布设,使工程措施和植物措施的投资均有增加,且植物措施增加较多;临时措施类型和实施量增加,使临时措施费增加;实际支出的独立费用据实计列;水土保持补偿费在初步设计批复中核减。综合分析,水土保持措施总投资增加 2 746.51 万元。

(5)项目临时占地范围内的水土保持设施,已全部移交给土地所有权的单位和个人使用、管理、管护;项目永久占地范围内的水土保持设施由河南省河口村水库工程建设管理局负责建设,河南省河口村水库工程建设管理局负责养护管理,具备正常运行条件,能持续、安全、有效运转,符合交付使用条件。

综上所述,自验组认为,工程涉及的各项水土保持措施已按照水土保持方案要求实施完成,工程质量总体合格,发挥了水土流失防治作用,满足水土保持设施验收要求。工程运行期间,水土保持设施由河南省河口村水库工程建设管理局负责管理维护。

4.8.2 评估整改意见及问题处理结果

4.8.2.1 评估整改意见

2017 年 3 月 24 ~ 25 日,评估单位长江水利委员会长江科学院、中铁第四勘察设计院集团有限公司、中国科学院水利部水土保持研究所组成的技术评估组到现场开展了内业资料及现场核查,形成整改意见如下:

(1)完善移民安置区、变电站等各分区的水土保持措施统计及其工程质量评定。

(2)根据防治分区,复核完善水土保持工程项目划分及划分结果,据此完善工程质量评定,完善分部工程验收签证和单位工程验收鉴定书。

(3)完善工程总平面图,细化工程组成。

4.8.2.2 问题处理结果

根据评估单位意见,建设单位逐条进行完善,自验报告完善情况如下:

(1)完善移民安置区、变电站等各分区的水土保持措施统计及其工程质量评定。

处理情况:根据评估意见,对移民安置区水土保持措施统计进行了说明,由于移民安置区由当地移民部门实施,水土保持方案和水土保持初步设计仅将植物措施界定为水土保持工程,并作为主体已有计列,故水土保持设施自验报告也只统计汇总植物措施的工程量,对工程措施的实施情况不再汇总说明;同时在"前言部分"和"措施布局"中加以说明,并附质量评定资料。

(2)根据防治分区,复核完善水土保持工程项目划分及划分结果,据此完善工程质量评定,完善分部工程验收签证和单位工程验收鉴定书。

处理情况:根据评估意见,在项目划分结果和评定结果表中补充水土流失防治分区一列,并根据变电站植物措施的单元划分情况,完善项目划分结果统计。

(3)完善工程总平面图,细化工程组成。

处理情况:根据评估意见,补充沁河河口村水库工程总平面布置图。建设单位已对技术评估单位提出的所有问题进行了整改完善,整改到位,现已发挥应有的水土保持作用。

4.8.2.3 经验总结

（1）加强组织领导，是水土保持建设的基本保证。在工程建设中，从河南省水利厅、河南省河口村水库工程建设管理局、各科室均设置专门的配套的管理机构，制定了严格的管理制度，是保证水土保持设施顺利实施的关键。

（2）强化监督检查，是水土保持设施能够保质保量完成的有力措施。本项目水土保持设施在实施过程中，黄河水利委员会、河南省水利厅、济源市水务局等水行政主管部门多次亲临现场督查指导，加强施工中的监督检查，使水土保持设施能够保质保量完成，及时消除水土流失隐患，是水土保持工程实施可借鉴的宝贵经验。

（3）有效实施灌溉、遮阳保水措施，是确保苗木种草成活的关键。由于项目绿化建设标准较高，苗木规格相对较大，且大多位于河道内，沿河多风，因此苗木栽植后的遮阴和大规格苗木的固定是种草苗木成活的关键措施。